高等学校教材

# 应用随机过程

第二版

浙江大学

赵敏智　张帼奋　王秀云　编

中国教育出版传媒集团

高等教育出版社·北京

**内容提要**

本书是随机过程的入门教材,内容由浅入深,例题典型新颖,注重随机过程的应用。全书共五章:第一章回顾概率论的基本知识,第二章介绍随机过程的基本概念,第三章介绍离散时间马尔可夫链的定义、常返和暂留、平稳分布等,第四章介绍泊松过程、复合泊松过程和布朗运动,第五章介绍平稳过程。第二至五章配备了思考题,便于读者对所学内容进行更清晰的梳理。

本次修订调整了一些内容,力图使叙述更清晰易懂;增加了一些实用的例子和 4 个附录,以及时间可逆马尔可夫链、马尔可夫链蒙特卡罗方法、复合泊松过程等;新增 7 个典型概念视频讲解,均以二维码的形式呈现。

本书可作为非数学类专业本科生的教材,也可供其他科研人员参考。

**图书在版编目(CIP)数据**

应用随机过程 / 赵敏智,张帼奋,王秀云编 . --2 版 . -- 北京:高等教育出版社,2023.6

ISBN 978-7-04-060273-9

Ⅰ.①应… Ⅱ.①赵… ②张… ③王… Ⅲ.①随机过程－高等学校－教材 Ⅳ.① O211.6

中国国家版本馆 CIP 数据核字(2023)第 054924 号

Yingyong Suiji Guocheng

| 策划编辑 | 胡 颖 | 责任编辑 | 刘 荣 | 封面设计 | 姜 磊 | 版式设计 | 李彩丽 |
| 责任绘图 | 于 博 | 责任校对 | 张 然 | 责任印制 | 刘思涵 | | |

| | | | |
|---|---|---|---|
| 出版发行 | 高等教育出版社 | 网　址 | http://www.hep.edu.cn |
| 社　址 | 北京市西城区德外大街4号 | | http://www.hep.com.cn |
| 邮政编码 | 100120 | 网上订购 | http://www.hepmall.com.cn |
| 印　刷 | 三河市骏杰印刷有限公司 | | http://www.hepmall.com |
| 开　本 | 787 mm × 1092 mm　1/16 | | http://www.hepmall.cn |
| 印　张 | 12.25 | 版　次 | 2017 年 3 月第 1 版 |
| 字　数 | 200 千字 | | 2023 年 6 月第 2 版 |
| 购书热线 | 010-58581118 | 印　次 | 2023 年 6 月第 1 次印刷 |
| 咨询电话 | 400-810-0598 | 定　价 | 28.60 元 |

本书如有缺页、倒页、脱页等质量问题,请到所购图书销售部门联系调换

版权所有　侵权必究

物 料 号　60273-00

# 第二版前言

本书是在第一版 (2017 年出版) 的基础上修订而成的, 主要介绍了随机过程中最基本、应用最广泛的内容: 马尔可夫链、泊松过程、布朗运动以及平稳过程, 适合非数学类专业本科生选用。书中有四处标记了星号, 以供部分读者选学使用。使用本书授课时, 除去标记星号的内容, 建议学时为 24 学时。

本次修订时, 我们修改了第一版中存在的不当之处, 力图使叙述更清晰易懂; 补充了一些证明, 以满足不同读者的需要; 增加了一些实用的例子, 以及时间可逆马尔可夫链、马尔可夫链蒙特卡罗方法、复合泊松过程等内容; 在附录中增加了柯西 – 施瓦茨不等式和全期望公式等书中要用到的结果, 并增加了非齐次泊松过程的模拟算法。

本书配套的随机过程慕课课程于 2021 年 11 月上线, 本次修订时选取了部分讲解视频, 均以二维码的形式呈现。

一些兄弟院校使用本教材并提出宝贵建议, 在此我们表示诚挚的感谢。我们也非常感谢高等教育出版社的胡颖女士和刘荣先生为本书顺利出版提供的帮助。

限于编者的水平, 书中恐仍有不足之处, 恳请各位同行、专家及广大读者朋友批评指正。

编　者
2022 年 12 月

# 第一版前言

　　本书是随机过程的入门教材,只要有概率论基础,又对随机过程感兴趣,就可以通过学习本书获得一定的随机过程知识。基于这个出发点,我们主要介绍了随机过程中最基本、应用最广泛的内容:马尔可夫链、泊松过程、布朗运动以及平稳过程。全书的内容是这样安排的:第一章作为预备知识,主要是回顾概率论的基本知识;第二章介绍随机过程的定义、分布及数字特征;第三章介绍马尔可夫链的定义、状态的分类、平稳分布、吸收概率与平均吸收时间;第四章主要描述泊松过程与布朗运动的基本特征;第五章介绍平稳过程的定义及其相关性质。除第一章外,后面各章都配备思考题,便于读者对该章内容进行更清晰的梳理。

　　本书内容由浅入深,例题和习题都尽可能贴近生活且兼顾趣味性,从而帮助读者更好地理解随机过程的概率直观和实际应用。此外,我们还把随机过程的一些模拟结果做成了二维码,以期让读者更直观地了解随机过程的变化规律。书后的附录介绍了马尔可夫链、泊松过程和布朗运动的模拟算法以及在 R 软件上的编程实现。

　　本书是在《概率论、数理统计与随机过程》(2011 年出版)的基础上修订完成的,采用本书进行教学约需 24 学时。

　　我们非常感谢对本书提出很多有益建议的审稿人,在改进本书的过程中,他们的意见发挥了重大的作用;我们也衷心感谢高等教育出版社的胡颖女士,她为本书的顺利出版提供了很多帮助。

　　由于编者水平有限,书中还有许多不足之处,恳请各位同行、专家及广大读者朋友批评指正。

编　者

2017 年 1 月

# 目 录

# 第 1 章　预备知识

## 1.1　随机变量及其分布

由随机试验所有可能结果构成的集合称为样本空间, 用 $S$ 表示. 定义在样本空间 $S$ 上的实值单值函数 $X$ 称为随机变量. 函数 $F(x) = P(X \leqslant x)$ 称为随机变量 $X$ 的分布函数.

若随机变量 $X$ 的所有可能取值是有限个或可列个, 则称 $X$ 为离散型随机变量. 设随机变量 $X$ 的所有可能取值为 $x_1, x_2, \cdots, x_n, \cdots$, 则

$$P(X = x_k) = p_k, \quad k = 1, 2, \cdots$$

称为离散型随机变量 $X$ 的分布律或分布列, 也可以用表 1.1.1 表示.

表 1.1.1　离散型随机变量分布律表

| $X$ | $x_1$ | $x_2$ | $\cdots$ | $x_n$ | $\cdots$ |
|---|---|---|---|---|---|
| $p$ | $p_1$ | $p_2$ | $\cdots$ | $p_n$ | $\cdots$ |

分布律的性质: (1) $p_i \geqslant 0$, $i = 1, 2, \cdots$; (2) $\displaystyle\sum_{i=1}^{\infty} p_i = 1$.

对于随机变量 $X$ 的分布函数 $F(x)$, 若存在非负函数 $f(x)$, 使得对于任意实数 $x$, 有

$$F(x) = \int_{-\infty}^{x} f(t)\mathrm{d}t,$$

则称 $X$ 为连续型随机变量, 其中 $f(x)$ 称为 $X$ 的概率密度函数, 简称密度函数.

密度函数的性质:

(1) $f(x) \geqslant 0$;

(2) $\displaystyle\int_{-\infty}^{\infty} f(x)\mathrm{d}x = 1$;

(3) 在 $f(x)$ 的连续点 $x$ 处, $F'(x) = f(x)$;

(4) 对于任意实数 $x_1, x_2 (x_1 < x_2)$, 有

$$P(x_1 < X \leqslant x_2) = F(x_2) - F(x_1) = \int_{x_1}^{x_2} f(t)\mathrm{d}t.$$

常用的随机变量的分布见附表 1.

特别地, 当随机变量 $X \sim U(a,b)$ 时, 对 $(a,b)$ 的子区间 $(c,d)$, 有

$$P(c < X < d) = \frac{d-c}{b-a}.$$

当随机变量 $X \sim N(0,1)$ 时, 分布函数 $\Phi(x) = \int_{-\infty}^{x} \frac{1}{\sqrt{2\pi}}\mathrm{e}^{-\frac{t^2}{2}}\mathrm{d}t$ 可以通过查附表 2 或利用 Excel 表得到, 而且

$$\Phi(-x) = 1 - \Phi(x), \quad X^2 \sim \chi^2(1), \quad D(X^2) = 2.$$

当随机变量 $X \sim N(\mu, \sigma^2)$ 时, $P(X \leqslant x) = \Phi\left(\dfrac{x-\mu}{\sigma}\right).$

## 1.2　多元随机变量及其分布

### (一) $n$ 元随机变量及其分布函数

给定样本空间 $S$, 如果 $X_1, X_2, \cdots, X_n$ 都是随机变量, 那么称 $(X_1, X_2, \cdots, X_n)$ 为 $n$ 元随机变量, 称 $n$ 元函数

$$F(x_1, x_2, \cdots, x_n) = P(X_1 \leqslant x_1, X_2 \leqslant x_2, \cdots, X_n \leqslant x_n)$$

为 $n$ 元随机变量 $(X_1, X_2, \cdots, X_n)$ 的分布函数.

设二元随机变量 $(X,Y)$ 的分布函数为 $F(x,y)$, 则 $X$ 的边际分布函数

$$F_X(x) = P(X \leqslant x) = F(x, \infty).$$

同理, $Y$ 的边际分布函数

$$F_Y(y) = P(Y \leqslant y) = F(\infty, y).$$

若对于任意实数 $x, y$,

$$F(x,y) = F_X(x)F_Y(y),$$

则称随机变量 $X$ 与 $Y$ 相互独立.

对于 $x$, 若 $P(X = x) > 0$, 则

$$F_{Y|X}(y \mid x) = P(Y \leqslant y \mid X = x)$$

称为在 $\{X = x\}$ 条件下 $Y$ 的条件分布函数. 若 $P(X = x) = 0$, 且对所有 $\varepsilon > 0$, 有 $P(x - \varepsilon < X < x + \varepsilon) > 0$, 则 $Y$ 的条件分布函数为

$$F_{Y|X}(y \mid x) = \lim_{\varepsilon \to 0^+} P(Y \leqslant y \mid x - \varepsilon < X < x + \varepsilon).$$

## (二) 二元离散型随机变量

若 $(X, Y)$ 的取值只有有限对或可列无限对, 则称 $(X, Y)$ 为二元离散型随机变量. 设二元离散型随机变量 $(X, Y)$ 的取值为 $(x_i, y_j), i, j = 1, 2, \cdots$, 称

$$P(X = x_i, Y = y_j) = p_{ij}, \quad i, j = 1, 2, \cdots$$

为 $(X, Y)$ 的联合分布律.

联合分布律的性质: (1) $p_{ij} \geqslant 0, i, j = 1, 2, \cdots$; (2) $\sum_{j=1}^{\infty} \sum_{i=1}^{\infty} p_{ij} = 1$.

设 $(X, Y)$ 的联合分布律为 $p_{ij}, i, j = 1, 2, \cdots$, 则 $X, Y$ 的边际分布律或边缘分布律分别为

$$P(X = x_i) = \sum_{j=1}^{\infty} p_{ij} \xlongequal{\text{def}} p_{i \cdot}, \quad i = 1, 2, \cdots,$$

$$P(Y = y_j) = \sum_{i=1}^{\infty} p_{ij} \xlongequal{\text{def}} p_{\cdot j}, \quad j = 1, 2, \cdots,$$

如表 1.2.1 所示.

若 $P(X = x_i) = p_{i \cdot} > 0$, 则当 $\{X = x_i\}$ 时 $Y$ 的条件分布律为

$$P(Y = y_j \mid X = x_i) = \frac{p_{ij}}{p_{i \cdot}}, \quad j = 1, 2, \cdots;$$

若 $P(Y = y_j) = p_{\cdot j} > 0$, 则当 $\{Y = y_j\}$ 时 $X$ 的条件分布律为

$$P(X = x_i \mid Y = y_j) = \frac{p_{ij}}{p_{\cdot j}}, \quad i = 1, 2, \cdots.$$

随机变量 $X$ 与 $Y$ 相互独立当且仅当对于任意的 $(x_i, y_j), i, j = 1, 2, \cdots$, 有

$$P(X = x_i, Y = y_j) = P(X = x_i)P(Y = y_j).$$

表 1.2.1　$(X, Y)$ 的联合分布律与边际分布律表

| X | Y | | | | | $P(X = x_i)$ |
|---|---|---|---|---|---|---|
| | $y_1$ | $y_2$ | $\cdots$ | $y_j$ | $\cdots$ | |
| $x_1$ | $p_{11}$ | $p_{12}$ | $\cdot$ | $p_{1j}$ | $\cdot$ | $p_{1\cdot}$ |
| $x_2$ | $p_{21}$ | $p_{22}$ | | $p_{2j}$ | | $p_{2\cdot}$ |
| $\vdots$ | $\vdots$ | $\vdots$ | | $\vdots$ | | $\vdots$ |
| $x_i$ | $p_{i1}$ | $p_{i2}$ | $\cdots$ | $p_{ij}$ | $\cdots$ | $p_{i\cdot}$ |
| $\vdots$ | $\vdots$ | $\vdots$ | | $\vdots$ | | $\vdots$ |
| $P(Y = y_j)$ | $p_{\cdot 1}$ | $p_{\cdot 2}$ | $\cdots$ | $p_{\cdot j}$ | $\cdots$ | 1 |

## (三) 二元连续型随机变量

设 $(X, Y)$ 是二元随机变量, 联合分布函数为 $F(x, y)$, 若存在二元非负函数 $f(x, y)$, 使得对于任意实数 $x$ 和 $y$, 有

$$F(x, y) = \int_{-\infty}^{x} \int_{-\infty}^{y} f(u, v) \mathrm{d}u \mathrm{d}v,$$

则称 $(X, Y)$ 为二元连续型随机变量, 称 $f(x, y)$ 为 $(X, Y)$ 的联合概率密度函数, 简称联合密度函数.

联合密度函数的性质:

(1) $f(x, y) \geqslant 0$;

(2) $\int_{-\infty}^{\infty} \int_{-\infty}^{\infty} f(x, y) \mathrm{d}x \mathrm{d}y = 1$;

(3) $P((X, Y) \in D) = \iint\limits_{D} f(x, y) \mathrm{d}x \mathrm{d}y$;

(4) 在 $f(x, y)$ 的连续点 $(x, y)$ 处, $\dfrac{\partial^2 F(x, y)}{\partial x \partial y} = f(x, y)$.

设随机变量 $(X, Y)$ 的联合密度函数为 $f(x, y)$, 则 $X, Y$ 的边际密度函数分别为

$$f_X(x) = \int_{-\infty}^{\infty} f(x, y) \mathrm{d}y, \quad f_Y(y) = \int_{-\infty}^{\infty} f(x, y) \mathrm{d}x.$$

当 $f_Y(y) \neq 0$ 时, 在 $\{Y = y\}$ 条件下 $X$ 的条件密度函数为

$$f_{X|Y}(x \mid y) = \frac{f(x,y)}{f_Y(y)};$$

当 $f_X(x) \neq 0$ 时, 在 $\{X = x\}$ 条件下 $Y$ 的条件密度函数为

$$f_{Y|X}(y \mid x) = \frac{f(x,y)}{f_X(x)}.$$

设随机变量 $(X,Y)$ 的联合密度函数为 $f(x,y)$, $X$ 与 $Y$ 的边际密度函数分别为 $f_X(x)$ 和 $f_Y(y)$, 则 $X$ 与 $Y$ 相互独立当且仅当 $f(x,y) = f_X(x)f_Y(y)$ 在平面上除去面积为零的区域外处处成立.

## (四) 二元随机变量常见分布

### 1. 二元均匀分布

设 $D$ 是二维有界区域, 称随机变量 $(X,Y)$ 在 $D$ 上服从均匀分布, 如果 $(X,Y)$ 的联合密度函数为

$$f(x,y) = \begin{cases} (D\text{的面积})^{-1}, & (x,y) \in D, \\ 0, & (x,y) \notin D. \end{cases}$$

若 $G \subset D$, 则

$$P((X,Y) \in G) = \iint\limits_{G} f(x,y)\mathrm{d}x\mathrm{d}y = \frac{G \text{ 的面积}}{D \text{ 的面积}}.$$

### 2. 二元正态分布

设二元随机变量 $(X,Y)$ 的联合密度函数为

$$f(x,y) = \frac{1}{2\pi\sigma_1\sigma_2\sqrt{1-\rho^2}} \exp\left\{ \frac{-1}{2(1-\rho^2)} \cdot \right.$$
$$\left. \left[ \frac{(x-\mu_1)^2}{\sigma_1^2} - 2\rho\frac{x-\mu_1}{\sigma_1}\frac{y-\mu_2}{\sigma_2} + \frac{(y-\mu_2)^2}{\sigma_2^2} \right] \right\},$$

其中 $-\infty < \mu_1, \mu_2 < \infty$, $\sigma_1, \sigma_2 > 0$, $-1 < \rho < 1$, 则称 $(X,Y)$ 服从二元正态分布, 记为 $(X,Y) \sim N(\mu_1, \mu_2, \sigma_1^2, \sigma_2^2, \rho)$.

## (五) $n$ 元正态分布

设 $\boldsymbol{X} = (X_1, X_2, \cdots, X_n)$ 是 $n$ 元随机变量. 如果存在向量 $\boldsymbol{\mu} = (\mu_1, \mu_2, \cdots, \mu_n)$ 和 $n \times n$ 的对称半正定矩阵 $\boldsymbol{B}$, 使得对任何 $\boldsymbol{z} = (z_1, z_2, \cdots, z_n)$ 都有

$$E(\mathrm{e}^{\mathrm{i}z\boldsymbol{X}^{\mathrm{T}}}) = \exp\left[\mathrm{i}z\boldsymbol{\mu}^{\mathrm{T}} - \frac{1}{2}z\boldsymbol{B}z^{\mathrm{T}}\right],$$

则称 $\boldsymbol{X}$ 服从 ($n$ 元) 正态分布, 记为 $\boldsymbol{X} \sim N(\boldsymbol{\mu}, \boldsymbol{B})$. 此时 $\boldsymbol{\mu}$ 是 $\boldsymbol{X}$ 的均值向量, 即对 $1 \leqslant i \leqslant n$, 有 $E(X_i) = \mu_i$. 而 $\boldsymbol{B}$ 是 $\boldsymbol{X}$ 的协方差矩阵, 即对 $1 \leqslant i, j \leqslant n$, 有 $\mathrm{Cov}(X_i, X_j) = B_{ij}$. 这说明 $n$ 元正态分布由它的均值向量和协方差矩阵确定. 当 $|\boldsymbol{B}| = 0$ 时, 也称 $\boldsymbol{X}$ 服从 $n$ 元退化正态分布. 当 $|\boldsymbol{B}| > 0$ 即 $\boldsymbol{B}$ 可逆时, $\boldsymbol{X}$ 具有联合概率密度函数

$$f(x_1, x_2, \cdots, x_n) = \frac{1}{(2\pi)^{n/2}|\boldsymbol{B}|^{1/2}} \exp\left[-\frac{1}{2}(\boldsymbol{x} - \boldsymbol{\mu})\boldsymbol{B}^{-1}(\boldsymbol{x} - \boldsymbol{\mu})^{\mathrm{T}}\right],$$

这里 $\boldsymbol{x} = (x_1, x_2, \cdots, x_n)$.

值得注意的是, $X_1, X_2, \cdots, X_n$ 都服从一元正态分布并不能推出 $(X_1, X_2, \cdots, X_n)$ 服从 ($n$ 元) 正态分布. 例如, 二元随机变量 $(X, Y)$ 具有联合概率密度函数

$$f(x, y) = \frac{1}{2\pi}\mathrm{e}^{-\frac{x^2+y^2}{2}}(1 + \sin x \sin y),$$

则 $X \sim N(0, 1)$, $Y \sim N(0, 1)$, 但 $(X, Y)$ 不服从二元正态分布.

$n$ 元正态分布的性质:

(1) 设 $(X_1, X_2, \cdots, X_n)$ 服从 $n$ 元正态分布, 则它的任意 $k$ 元 ($k = 1, 2, \cdots, n$) 分量 $(X_{i_1}, X_{i_2}, \cdots, X_{i_k})$ 服从正态分布. 特别地, 每一个分量 $X_i$ 都服从正态分布. 反之, 若 $X_i (i = 1, 2, \cdots, n)$ 都服从正态分布, 且相互独立, 则 $(X_1, X_2, \cdots, X_n)$ 服从正态分布.

(2) $(X_1, X_2, \cdots, X_n)$ 服从 $n$ 元正态分布的充要条件是它的 $n$ 个分量的任意线性组合均服从一元正态分布.

(3) (正态分布的线性变换不变性) 若 $(X_1, X_2, \cdots, X_n)$ 服从 $n$ 元正态分布, 设 $Y_1, Y_2, \cdots, Y_k$ 都是 $X_1, X_2, \cdots, X_n$ 的线性组合, 则 $(Y_1, Y_2, \cdots, Y_k)$ 也服从正态分布.

(4) 若 $(X_1, X_2, \cdots, X_n)$ 服从 $n$ 元正态分布, 则 $X_1, X_2, \cdots, X_n$ 相互独立当且仅当它们两两不相关.

# 1.3　随机变量的数字特征

## (一) 数学期望

设离散型随机变量 $X$ 的分布律为

$$P(X = x_k) = p_k, \quad k = 1, 2, \cdots,$$

若 $\sum\limits_{k=1}^{\infty} |x_k| p_k < \infty$, 则称 $X$ 的数学期望存在, 数学期望

$$E(X) = \sum_{k=1}^{\infty} x_k p_k.$$

设连续型随机变量 $X$ 的密度函数为 $f(x)$, 若 $\int_{-\infty}^{\infty} |x| f(x) \mathrm{d}x < \infty$, 则称 $X$ 的数学期望存在, 数学期望

$$E(X) = \int_{-\infty}^{\infty} x f(x) \mathrm{d}x.$$

设 $Y = g(X)$. 当离散型随机变量 $X$ 具有分布律

$$P(X = x_k) = p_k, \quad k = 1, 2, \cdots$$

时, 若 $\sum\limits_{k=1}^{\infty} |g(x_k)| p_k < \infty$, 则 $Y$ 的数学期望存在, 且

$$E(Y) = E(g(X)) = \sum_{k=1}^{\infty} g(x_k) p_k;$$

当连续型随机变量 $X$ 的密度函数为 $f(x)$ 时, 若 $\int_{-\infty}^{\infty} |g(x)| f(x) \mathrm{d}x < \infty$, 则 $Y$ 的数学期望存在, 且

$$E(Y) = E(g(X)) = \int_{-\infty}^{\infty} g(x) f(x) \mathrm{d}x.$$

设 $Z = h(X, Y)$. 当离散型随机变量 $(X, Y)$ 具有联合分布律

$$P(X = x_i, Y = y_j) = p_{ij}, \quad i, j = 1, 2, \cdots$$

时, 若

$$\sum_{i=1}^{\infty} \sum_{j=1}^{\infty} |h(x_i, y_j)| p_{ij} < \infty,$$

则 $Z$ 的数学期望存在, 且

$$E(Z) = E(h(X, Y)) = \sum_{i=1}^{\infty} \sum_{j=1}^{\infty} h(x_i, y_j) p_{ij};$$

当连续型随机变量 $(X, Y)$ 的联合密度函数为 $f(x, y)$ 时, 若

$$\int_{-\infty}^{\infty} \int_{-\infty}^{\infty} |h(x, y)| f(x, y) \mathrm{d}x \mathrm{d}y < \infty,$$

则 $Z$ 的数学期望存在, 且

$$E(Z) = E(h(X, Y)) = \int_{-\infty}^{\infty} \int_{-\infty}^{\infty} h(x, y) f(x, y) \mathrm{d}x \mathrm{d}y.$$

若 $Y = X^k$, $k = 1, 2, \cdots$ 的数学期望存在, 则称 $E(X^k)$ 为 $X$ 的 $k$ 阶 (原点) 矩; 若 $E[(X - E(X))^k]$ 存在, 则称它为 $X$ 的 $k$ 阶中心矩.

数学期望的性质: 对随机变量 $X, Y$ 和常数 $a, b, c$,

(1) 线性性: $E(aX + bY + c) = aE(X) + bE(Y) + c$;

(2) 若 $X$ 与 $Y$ 相互独立, 则 $E(XY) = E(X)E(Y)$;

(3) 马尔可夫 (Markov) 不等式: 若 $E(|X|^k)$ 存在, 则对于 $\varepsilon > 0$,

$$P(|X| \geqslant \varepsilon) \leqslant \frac{E(|X|^k)}{\varepsilon^k}.$$

## (二) 方差

二阶中心矩 $E[(X - E(X))^2]$ 也称为方差, 记为 $D(X)$. 称 $\sigma(X) = \sqrt{D(X)}$ 为标准差或均方差.

方差的计算公式为

$$D(X) = E[(X - E(X))^2] = E(X^2) - (E(X))^2.$$

方差的性质: 对随机变量 $X, Y$ 和常数 $a, c$,

(1) $D(aX + c) = a^2 D(X)$;

(2) $D(X) = 0$ 当且仅当 $P(X = c) = 1$, 这里 $c = E(X)$;

(3) $D(X + Y) = D(X) + D(Y) + 2\operatorname{Cov}(X, Y)$;

特别地, 当 $X$ 与 $Y$ 相互独立时, $D(X + Y) = D(X) + D(Y)$;

(4) 切比雪夫 (Chebyshev) 不等式: 对于 $\varepsilon > 0$,

$$P(|X - E(X)| \geqslant \varepsilon) \leqslant \frac{D(X)}{\varepsilon^2}.$$

## (三) 协方差与相关系数

随机变量 $X$ 与 $Y$ 的协方差定义为

$$\text{Cov}(X,Y) = E[(X - E(X))(Y - E(Y))].$$

协方差的计算公式为

$$\text{Cov}(X,Y) = E(XY) - E(X)E(Y).$$

协方差的性质: 对随机变量 $X$, $Y$, $X_1$, $X_2$ 和常数 $a$, $b$, $c$, $d$,

(1) $\text{Cov}(X,Y) = \text{Cov}(Y,X)$;

(2) $D(X) = \text{Cov}(X,X)$;

(3) $\text{Cov}(aX_1 + bX_2 + c, Y) = a\,\text{Cov}(X_1,Y) + b\,\text{Cov}(X_2,Y)$,

$\text{Cov}(aX + bY, cX + dY) = acD(X) + (ad + bc)\,\text{Cov}(X,Y) + bdD(Y)$,

$D(aX + bY + c) = a^2 D(X) + 2ab\,\text{Cov}(X,Y) + b^2 D(Y)$.

随机变量 $X$ 与 $Y$ 的相关系数定义为

$$\rho_{XY} = \frac{\text{Cov}(X,Y)}{\sqrt{D(X)D(Y)}}.$$

相关系数的性质: 对随机变量 $X$, $Y$,

(1) $-1 \leqslant \rho_{XY} \leqslant 1$;

(2) $|\rho_{XY}| = 1$ 当且仅当存在 $a, b \neq 0$, 使得 $P(Y = a + bX) = 1$.

相关系数反映了 $Y$ 与 $X$ 的线性相关性: $|\rho_{XY}|$ 越接近 $1$, $Y$ 与 $X$ 的线性相关性越强; 当 $|\rho_{XY}| = 1$ 时, $Y$ 与 $X$ 以概率 $1$ 存在线性关系; $|\rho_{XY}|$ 越接近 $0$, $Y$ 与 $X$ 的线性相关性越弱. 特别地, 当 $\rho_{XY} = 0$ 时, 称 $Y$ 与 $X$ 不相关或零相关; 而当 $\rho_{XY} > 0\ (< 0)$ 时, 称 $Y$ 与 $X$ 正 (负) 相关. 若 $X$ 与 $Y$ 相互独立, 则 $X$ 与 $Y$ 不相关; 但反之不一定成立.

# 1.4  极限定理

## (一) 大数定律

设 $Y_1, Y_2, \cdots, Y_n, \cdots$ 是一随机变量序列, 若存在常数 $c$, 使得对于任给的 $\varepsilon > 0$,

$$\lim_{n \to \infty} P(|Y_n - c| \geqslant \varepsilon) = 0,$$

等价于

$$\lim_{n\to\infty} P(|Y_n - c| < \varepsilon) = 1,$$

则称 $\{Y_n\}$ 依概率收敛到 $c$, 记为 $Y_n \xrightarrow{P} c$.

依概率收敛的性质:

(1) 若 $Y_n \xrightarrow{P} c$, $g(x)$ 在点 $c$ 处连续, 则 $g(Y_n) \xrightarrow{P} g(c)$;

(2) 若 $Y_n \xrightarrow{P} c$, $Z_n \xrightarrow{P} d$, $g(x, y)$ 在点 $(c, d)$ 处连续, 则 $g(Y_n, Z_n) \xrightarrow{P} g(c, d)$.

切比雪夫大数定律　设 $X_1, X_2, \cdots, X_n, \cdots$ 相互独立, $E(X_i) = \mu$, $D(X_i) = \sigma^2$, $i = 1, 2, \cdots, n$, 则当 $n \to \infty$ 时, $\dfrac{1}{n}\sum\limits_{i=1}^{n} X_i \xrightarrow{P} \mu$.

辛钦 (Khinchin) 大数定律　设 $X_1, X_2, \cdots, X_n, \cdots$ 独立同分布, $E(X_1) = \mu$, 则当 $n \to \infty$ 时, $\dfrac{1}{n}\sum\limits_{i=1}^{n} X_i \xrightarrow{P} \mu$.

## (二) 中心极限定理

独立同分布中心极限定理　设 $X_1, X_2, \cdots, X_n, \cdots$ 独立同分布, 数学期望 $E(X_1) = \mu$, 方差 $D(X_1) = \sigma^2$, 则当 $n \to \infty$ 时,

$$\lim_{n\to\infty} P\left( \frac{\sum\limits_{i=1}^{n} X_i - n\mu}{\sqrt{n}\sigma} \leqslant x \right) = \Phi(x) = \frac{1}{\sqrt{2\pi}} \int_{-\infty}^{x} \mathrm{e}^{-\frac{t^2}{2}} \mathrm{d}t,$$

即当 $n$ 充分大时, $\sum\limits_{i=1}^{n} X_i \overset{\text{近似}}{\sim} N(n\mu, n\sigma^2)$.

棣莫弗-拉普拉斯 (de Moivre-Laplace) 中心极限定理　设 $n_A$ 为 $n$ 重伯努利 (Bernoulli) 试验中事件 $A$ 发生的次数, $p$ 为事件 $A$ 在每次试验中发生的概率 $(0 < p < 1)$, 则当 $n \to \infty$ 时,

$$\lim_{n\to\infty} P\left( \frac{n_A - np}{\sqrt{np(1-p)}} \leqslant x \right) = \Phi(x) = \frac{1}{\sqrt{2\pi}} \int_{-\infty}^{x} \mathrm{e}^{-\frac{t^2}{2}} \mathrm{d}t,$$

即当 $n$ 充分大时, $n_A \overset{\text{近似}}{\sim} N(np, np(1-p))$.

# 第 2 章 随机过程基本概念

在自然界和现实生活中, 存在着一些随时间演变的随机现象, 比如降雨量的变化、股票价格的波动、保险公司理赔人数的变化、人的一生中身高的变化等. 图 2.0.1 展示了某医院检验科屏幕和某排队叫号信息播放系统的滚动显示. 随机过程就是研究这些随时间演化的随机现象. 例如, 考虑某大学食堂一天中就餐人数的变化, 假设食堂每天早上 6: 00 开门, 晚上 10: 00 关门, 对任何 $6 \leqslant t \leqslant 22$, 以 $X(t)$ 表示 $t$ 时刻食堂就餐人数, 则 $X(t)$ 是一个随机变量. 而就餐人数随时间变化而变化, 一般 7: 00 — 8: 00, 11: 00 — 12: 30, 17: 00 — 19: 00 是就餐高峰时期. 所以对不同的 $t$, 随机变量 $X(t)$ 也可能不同, 于是 $\{X(t); 6 \leqslant t \leqslant 22\}$ 就是一个随机过程. 它牵涉无穷多个随机变量. 任取一天, 观察这一天就餐人数的变化, 对所有的 $6 \leqslant t \leqslant 22$, 把 $t$ 时刻就餐的人数记录下来, 就是对随机过程 $\{X(t); 6 \leqslant t \leqslant 22\}$ 进行了一次随机试验. 根据观察到的结果可得到 $t$ 的某个函数 $x(t), 6 \leqslant t \leqslant 22$, 这个函数被称为随机过程的一个样本函数 (或样本轨道), 或说是对随机过程的一次实现.

(a)

(b)

图 2.0.1

随机过程是概率论的"动力学"部分, 最早源于对物理学的研究, 如吉布斯 (Gibbs)、玻尔兹曼 (Boltzmann)、庞加莱 (Poincaré) 等人对统计力学的研究. 1907 年, 马尔可夫在研究相依随机变量序列时, 提出了现今称之为马尔可夫链的概念; 1931 年, 柯尔莫哥洛夫 (Kolmogorov) 发表了《概率论的解析方法》, 奠定了马尔可夫过程的理论基础; 1934 年, 辛钦发表了《平稳过程的相关理论》; 从 1938 年开始, 莱维 (Lévy) 系统深入地研究了布朗运动 (Brownian motion), 1948 年, 他出版了著作《随机过程与布朗运动》. 现代随机过程论的另外两个代表人物是杜布 (Doob) 和伊藤 (Itô), 前者创立了鞅论, 后者创立了布朗运动的随机积分理论.

随机过程可以按照它本身的统计特性分成很多类, 比如马尔可夫过程、更新过程、高斯 (Gauss) 过程、平稳过程、鞅等. 随机过程在现实生活中被广泛应用, 泊松 (Poisson) 过程、布朗运动、马尔可夫链等都是重要的随机过程, 它们常被用来作为排队论、保险、金融和经济的模型, 如经典的布莱克–斯科尔斯 (Black–Scholes) 模型就是假设股票价格服从几何布朗运动的. 在天气预报、统计物理、天体物理、运筹决策、人口理论、可靠性及计算机科学等很多领域都要经常用到随机过程的理论来建立数学模型.

本章中有三个注解, 第一遍阅读时可跳过这些注解, 等到学完第 4.1 节后回看例 2.2.4 后的注解, 学完第 5.1 节后回看例 2.3.1 和例 2.3.4 后的注解.

# 2.1 定义和例子

**定义 2.1.1** 设 $S$ 是样本空间, $P$ 是概率, $T \subset \mathbf{R}$, 如果对任何 $t \in T$, $X(t)$ 是 $S$ 上的随机变量, 则称 $\{X(t); t \in T\}$ 是 $S$ 上的随机过程 (stochastic process), $T$ 称为参数集.

用映射来表示:

$$X(t, e) : T \times S \to \mathbf{R},$$

即 $X(\cdot, \cdot)$ 是定义在 $T \times S$ 上的二元单值函数. 固定 $t$, $X(t, \cdot)$ 是 $S$ 上的随机变量; 固定 $e$, $X(\cdot, e)$ 是 $T$ 上的函数, 称为随机过程的样本函数或样本轨道 (sample path), 或随机过程的一个实现. 取遍 $t \in T$, $X(t)$ 的所有可能取值全体称为状态空间 (state space), 记为 $I$.

以后 $X(t, e)$ 也记为 $X_t(e)$. 很多情况下, $T$ 可以理解为时间参数, 如果 $T$ 至多可列, 则称为离散时间; 如果 $T$ 是一个实数区间, 则称为连续时间. 常用的 $T$ 有 (1) $T = \{0, 1, 2, \cdots\}$;

(2) $T = \mathbf{Z} = \{\cdots, -2, -1, 0, 1, 2, \cdots\}$; (3) $T = (a, b)$; (4) $T = [0, \infty)$; (5) $T = (-\infty, \infty)$, 其中 (1) (2) 属于离散时间, (3)—(5) 属于连续时间.

如果状态空间至多可列, 则称 $\{X_t; t \in T\}$ 为离散状态的随机过程, 否则称为连续状态的随机过程. 这样, 按照时间参数和状态空间, 随机过程可包含以下四类: (1) 离散时间离散状态的随机过程; (2) 离散时间连续状态的随机过程; (3) 连续时间离散状态的随机过程; (4) 连续时间连续状态的随机过程.

为了便于理解, 让我们先人为地构造一个例子.

**例 2.1.1** 为研究某只股票一天中价格的变化, 在 243 个股票交易日中任选 1 天, 于是样本空间为 $S = \{1, 2, \cdots, 243\}$, 对 $e \in S$ 都有 $P(e) = \dfrac{1}{243}$. 观察这一天该只股票的价格变化, 令 $X(t)$ 为这天 $t$ 时刻的股票价格. 注意到股票交易时间是上午 9: 30—11: 30, 下午 13: 00—15: 00, 所以 $t \in T = [9.5, 11.5] \cup [13, 15]$. 对给定的 $t \in T$, 由于取到的交易日是随机的, 所以 $X(t)$ 是随机变量, 它是 $S$ 上的函数, 共有 243 个可能的取值. 用二元函数来刻画, $X(t, e)$ 为第 $e$ 个交易日 $t$ 时刻的股票价格, 这里 $t \in T$, $e \in S$. 特别地, $X(9.5, e)$ 和 $X(15, e)$ 分别表示第 $e$ 个交易日的开盘价和收盘价. 在此随机过程 $\{X(t); t \in T\}$ 中, 对每一个 $e \in S$, 都有一个样本函数 $X(\cdot, e)$, 它表示第 $e$ 个交易日该支股票价格随时间的变化函数. 因此共有 243 个样本函数. 如果取到第 1 个交易日 (或第 10 个交易日), 那么将观察到图 2.1.1(a) (或 (b)) 的样本函数. 我们自然会问, 开盘价 $X(9.5)$ 和收盘价 $X(15)$ 分别服从什么分布? 它们的联合分布又是怎样的? 它们的均值分别是多少? 它们之间是否线性相关? 等等. 对于这些问题我们可以用有限维分布、均值函数和协方差函数等来进行刻画.

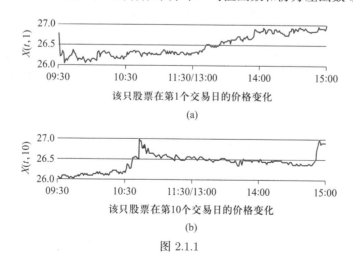

图 2.1.1

尽管在例 2.1.1 中我们写出了样本空间 $S$ 以及 $X(t, e)$, 但通常我们并不会对样本空间以及二元函数 $X(t, e)$ 的具体含义感兴趣, 更关心的是随机过程的有限维分布、均值函数和协方差函数等. 所以我们一般不会特别指出样本空间 $S$ 以及二元函数 $X(t, e)$.

例 2.1.2 (二项过程) 某人在打靶, 每次命中率是 $p$, 且设各次的结果相互独立. 用 $S_n$ 表示前 $n$ 次命中的次数, 则 $\{S_n; n = 1, 2, \cdots\}$ 是一个离散时间离散状态的随机过程, 它的状态空间 $I = \{0, 1, 2, \cdots\}$. 所有样本函数 $\{(s_1, s_2, \cdots); s_1 = 0$ 或 $s_1 = 1$, 对 $i \geqslant 1$ 有 $s_{i+1} = s_i$ 或 $s_{i+1} = s_i + 1\}$. 图 2.1.2 给出一个样本函数.

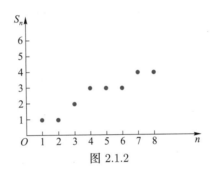

图 2.1.2

例 2.1.3 (Z 上的随机游动) 甲、乙两人在打比赛, 每次甲得 1 分的概率为 $p$, 扣 1 分 (记为 $-1$ 分) 的概率为 $1 - p$, 且设各次的得分情况相互独立. 用 $S_n$ 表示前 $n$ 次甲获得的总分数, 则 $\{S_n; n = 0, 1, 2, \cdots\}$ 是一个离散时间离散状态的随机过程, 它的状态空间 $I = \{\cdots, -2, -1, 0, 1, 2, \cdots\}$. 这样的过程称为 Z 上的随机游动, 其样本轨道见图 2.1.3.

特别地, 当 $p = \dfrac{1}{2}$ 时, 称 $\{S_n\}$ 为 Z 上的对称随机游动. 图 2.1.4 给出一条样本轨道.

例 2.1.4 考虑顾客到某商场消费的情况, 将第 $i$ 个人消费的金额记为 $X_i, i = 1, 2, \cdots$. 设 $X_1, X_2, \cdots, X_n, \cdots$ 独立同分布, 令 $S_n$ 表示前 $n$ 个人消费的总金额, 则 $\{S_n; n = 0, 1, 2, \cdots\}$ 是一个离散时间的随机过程, 且 $S_n = \sum_{i=1}^{n} X_i$. 这样的过程称为 R 上的随机游动.

例 2.1.5 (随机相位余弦波) 考虑

$$X(t) = a\cos(\omega t + \Theta), \quad t \in (-\infty, \infty),$$

这里 $a, \omega$ 是正常数, $\Theta \sim U[0, 2\pi]$, 则 $\{X(t)\}$ 是连续时间连续状态的随机过程, 状态空间 $I = [-a, a]$. 这里 $\Theta$ 可理解为初始相位, 它服从 $[0, 2\pi]$ 上的均匀分布. 一旦初始相位确定,

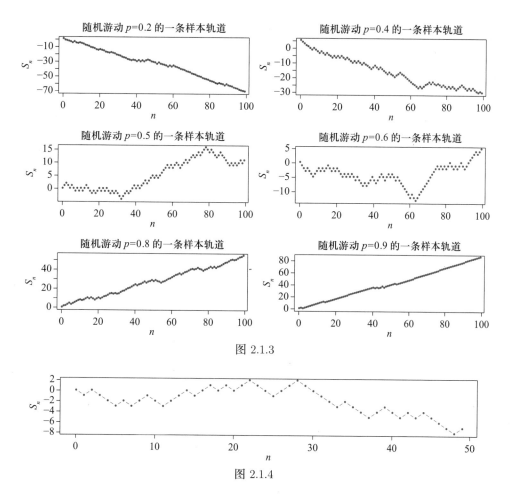

图 2.1.3

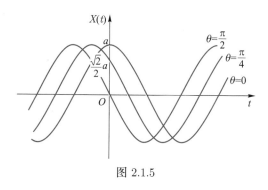

图 2.1.4

整个过程就完全确定. 所有的样本函数是

$$\{x(t) = a\cos(\omega t + \theta); \quad t \in (-\infty, \infty), \ \theta \in [0, 2\pi]\}.$$

这族样本函数的周期都是 $\dfrac{2\pi}{\omega}$, 差异就在于初始相位 $\theta$ 的不同. 图 2.1.5 给出了当 $\theta = 0, \dfrac{\pi}{4}, \dfrac{\pi}{2}$

图 2.1.5

时对应的 3 个样本函数.

**例 2.1.6** 考虑 $(0,t]$ 内到某保险公司进行索赔的人数, 记为 $N(t)$, 则 $\{N(t);\ t \geqslant 0\}$ 是一个连续时间离散状态的随机过程, 状态空间 $I = \{0,1,2,\cdots\}$. 假设不会有两人或两人以上同时索赔, 且第 $i$ 人索赔的时刻为 $t_i$, 则 $0 < t_1 < t_2 < \cdots$, 对应的样本函数如图 2.1.6 所示.

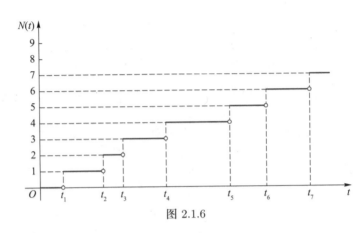

图 2.1.6

**例 2.1.7** 考虑

$$X(t) = V\cos(\omega t), \quad t \in (-\infty, \infty),$$

这里 $\omega$ 是正常数, $V \sim U\,[0,1]$, 则 $\{X(t)\}$ 是连续时间连续状态的随机过程, 状态空间 $I = [-1,1]$. 一旦振幅 $V$ 确定, 整个过程就完全确定. 所有的样本函数是

$$\{x(t) = v\cos(\omega t); \quad t \in (-\infty, \infty),\ v \in [0,1]\}.$$

这族样本函数的差异就在于振幅 $v$ 的不同. 图 2.1.7 给出了当 $v = \dfrac{1}{2}$ 和 $v = 1$ 时对应的样本函数.

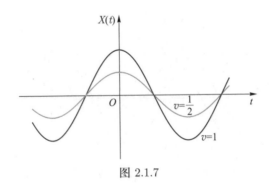

图 2.1.7

随机过程在任一时刻的状态是随机变量, 因此可以利用随机变量的描述方法, 即分布函数和数字特征等方法, 来描述随机过程的统计特性.

## 2.2 有限维分布

对任意的 $n$, 任何 $t_1, t_2, \cdots, t_n \in T$, $n$ 维随机变量 $(X(t_1), X(t_2), \cdots, X(t_n))$ 的分布函数

有限维分布的例子

$$F_X(x_1, x_2, \cdots, x_n; t_1, t_2, \cdots, t_n)$$
$$= P(X(t_1) \leqslant x_1, X(t_2) \leqslant x_2, \cdots, X(t_n) \leqslant x_n),$$

称其为随机过程 $\{X(t); t \in T\}$ 的 $n$ 维分布函数. 所有 $n$ 维分布函数组成的集合称为随机过程 $\{X(t)\}$ 的 $n$ 维分布函数族. 集合

$$\{F_X(x_1, x_2, \cdots, x_n; t_1, t_2, \cdots, t_n); t_1, t_2, \cdots, t_n \in T, n = 1, 2, \cdots\}$$

称为随机过程 $\{X(t)\}$ 的有限维分布函数族.

让我们回忆一下一族随机变量 $\{X_t; t \in T\}$ 相互独立的概念. 如果对任何 $n \geqslant 2$, 任何不同的 $t_1, t_2, \cdots, t_n \in T$, 有 $X_{t_1}, X_{t_2}, \cdots, X_{t_n}$ 相互独立, 则称这族随机变量 $\{X_t; t \in T\}$ 相互独立. 在例 2.1.4 中, 随机过程 $\{X_n; n = 1, 2, \cdots\}$ 中各随机变量是相互独立的. 但在很多情况下, 随机过程在不同参数点的随机变量是不独立的, 它们的联合分布需要根据具体过程的性质加以计算, 而不能直接作为独立的随机变量来处理.

**例 2.2.1** 一物体做匀加速直线运动, 初始速度为 $V$, 加速度为 $A$, 则它在时间 $t$ 内的位移 $S(t) = Vt + \frac{1}{2}At^2$. 由于受随机因素影响, $V$ 和 $A$ 都是随机变量. 设

$$P(V = 0, A = 1) = 0.2,$$
$$P(V = 1, A = 0) = 0.2,$$
$$P(V = 1, A = 1) = 0.6.$$

(1) 写出并画出 $\{S(t); t \geqslant 0\}$ 的所有样本函数;

(2) 计算 $(S(1), S(2))$ 的联合分布律和边际分布律.

**解** (1) 初始速度 $V$ 和加速度 $A$ 决定了位移过程 $\{S(t); t \geqslant 0\}$. $(V, A)$ 共有三个取值,

分别为 $(0,1), (1,0), (1,1)$, 对应的样本函数分别为

$$S(t) = \frac{1}{2}t^2, \quad S(t) = t, \quad S(t) = t + \frac{1}{2}t^2,$$

如图 2.2.1 所示.

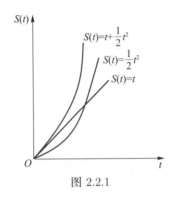

图 2.2.1

(2) 当 $(V, A)$ 是 $(0,1), (1,0), (1,1)$ 时, 对应的 $(S(1), S(2))$ 分别为 $\left(\frac{1}{2}, 2\right)$, $(1, 2)$, $\left(\frac{3}{2}, 4\right)$, 从而 $(S(1), S(2))$ 的联合分布律和边际分布律如下:

| $S(1)$ | $S(2)$ | | $P(S(1) = i)$ |
|:---:|:---:|:---:|:---:|
| | 2 | 4 | |
| $\frac{1}{2}$ | 0.2 | 0 | 0.2 |
| 1 | 0.2 | 0 | 0.2 |
| $\frac{3}{2}$ | 0 | 0.6 | 0.6 |
| $P(S(2) = j)$ | 0.4 | 0.6 | 1 |

□

**例 2.2.2** 有 10 支步枪, 其中有 2 支已校正, 命中率为 $p_1$, 其余未校正, 命中率为 $p_2$, 这里 $p_1 > p_2$. 某人任取一支枪开始打靶, 以 $X_n$ 表示第 $n$ 次命中的次数, 即

$$X_n = \begin{cases} 1, & \text{第 } n \text{ 次命中}, \\ 0, & \text{第 } n \text{ 次未命中}, \end{cases}$$

$S_n$ 表示前 $n$ 次命中的次数, 则 $S_n = X_1 + X_2 + \cdots + X_n$.

(1) 求 $X_n$ 的分布律和 $S_n$ 的分布律;

(2) 对任何 $m < n$, $X_m$ 和 $X_n$ 相互独立吗? 为什么?

(3) 若 $p_1 = 1$, $p_2 = 0$, 求出随机过程 $\{S_n; n = 1, 2, \cdots\}$ 的所有样本函数, 并求 $(X_1, X_2, \cdots, X_n)$ 的分布律和 $(S_1, S_2, \cdots, S_n)$ 的分布律.

**解** 令 $A$ 为事件 "此人取到的是已校正的枪".

(1) 由全概率公式可得

$$P(X_n = 1) = P(X_n = 1 \mid A)P(A) + P(X_n = 1 \mid \overline{A})P(\overline{A})$$
$$= 0.2p_1 + 0.8p_2,$$
$$P(X_n = 0) = 1 - P(X_n = 1) = 0.2(1 - p_1) + 0.8(1 - p_2),$$
$$P(S_n = k) = P(S_n = k \mid A)P(A) + P(S_n = k \mid \overline{A})P(\overline{A})$$
$$= C_n^k [0.2 p_1^k (1 - p_1)^{n-k} + 0.8 p_2^k (1 - p_2)^{n-k}],$$
$$k = 0, 1, \cdots, n.$$

(2) 对任何 $m < n$, 由全概率公式可得

$$P(X_m = 1, X_n = 1)$$
$$= P(X_m = 1, X_n = 1 \mid A)P(A) + P(X_m = 1, X_n = 1 \mid \overline{A})P(\overline{A})$$
$$= 0.2 p_1^2 + 0.8 p_2^2 > (0.2 p_1 + 0.8 p_2)^2$$
$$= P(X_m = 1)P(X_n = 1).$$

所以 $X_m$ 和 $X_n$ 不相互独立.

(3) 若 $p_1 = 1$, $p_2 = 0$, 则当 $A$ 发生时, 就百发百中; 当 $A$ 不发生时, 就永不命中. 所以 $\{S_n\}$ 一般只有两个样本函数: $\{1, 2, 3, \cdots\}$ 和 $\{0, 0, 0, \cdots\}$, 并且

$$P(X_1 = 1, X_2 = 1, \cdots, X_n = 1) = P(A) = 0.2,$$
$$P(X_1 = 0, X_2 = 0, \cdots, X_n = 0) = P(\overline{A}) = 0.8;$$
$$P(S_1 = 1, S_2 = 2, \cdots, S_n = n) = P(A) = 0.2,$$
$$P(S_1 = 0, S_2 = 0, \cdots, S_n = 0) = P(\overline{A}) = 0.8. \qquad \square$$

事实上, 在例 2.2.2(3) 中, 当 $p_1 = 1, p_2 = 0$ 时, 打一枪即可知所有结果. 若第一枪命中, 即 $X_1 = 1$, 则知取到的是已校正的枪, 从而百发百中, 即 $X_n = 1$ 对所有 $n$ 成立; 若第一枪未命中, 即 $X_1 = 0$, 则知取到的是未校正的枪, 从而永不命中, 即 $X_n = 0$ 对所有 $n$ 成立. 因此, $X_1 = X_2 = \cdots = X_n$, 即 $X_1$ 的值决定了所有 $X_n$ 的值, 从而 $X_1, X_2, \cdots, X_n$ 不是相

互独立的.

**例 2.2.3** 设 $X(t) = V\cos t$, $t \in (-\infty, \infty)$, $V \sim U[0,1]$. 求:

(1) $X\left(\dfrac{\pi}{3}\right)$, $X\left(\dfrac{2\pi}{3}\right)$ 的密度函数;

(2) $P\left(X\left(\dfrac{\pi}{3}\right) > \dfrac{1}{4}, X\left(\dfrac{2\pi}{3}\right) > -\dfrac{3}{8}\right)$.

**解** 令 $a = \cos t$. 若 $a \neq 0$, 则 $X(t)$ 的密度函数为

$$f_{X(t)}(y) = f_V\left(\frac{y}{a}\right)\frac{1}{|a|} = \begin{cases} \dfrac{1}{|a|}, & \dfrac{y}{a} \in [0,1], \\ 0, & \text{其他}, \end{cases}$$

即若 $\cos t > 0$, 则 $X(t) \sim U[0, \cos t]$; 若 $\cos t < 0$, 则 $X(t) \sim U[\cos t, 0]$; 若 $\cos t = 0$, 则 $P(X(t) = 0) = 1$. 于是

(1) $f_{X\left(\frac{\pi}{3}\right)}(y) = \begin{cases} 2, & y \in \left[0, \dfrac{1}{2}\right], \\ 0, & \text{其他}, \end{cases}$ $\quad f_{X\left(\frac{2\pi}{3}\right)}(y) = \begin{cases} 2, & y \in \left[-\dfrac{1}{2}, 0\right], \\ 0, & \text{其他}. \end{cases}$

(2) $P\left(X\left(\dfrac{\pi}{3}\right) > \dfrac{1}{4}, X\left(\dfrac{2\pi}{3}\right) > -\dfrac{3}{8}\right) = P\left(\dfrac{V}{2} > \dfrac{1}{4}, -\dfrac{V}{2} > -\dfrac{3}{8}\right)$

$$= P\left(\frac{1}{2} < V < \frac{3}{4}\right) = \frac{1}{4}. \qquad \square$$

在上例中, 各 $X(t)$ 不是相互独立的. 事实上, 若 $\cos t_1 \neq 0$, $\cos t_2 \neq 0$, 则 $X_{t_1}$ 和 $X_{t_2}$ 是完全线性相关的.

**例 2.2.4** 甲、乙两人在打比赛, 每次甲赢 1 分的概率为 $p$, 输 1 分 (记为 $-1$ 分) 的概率为 $q = 1 - p$, 这里 $0 < p < 1$. 设各次的得分情况相互独立, 用 $S_n$ 表示前 $n$ 次甲获得的总分数.

(1) 计算 $S_n$ 的分布律;

(2) 计算 $P(S_1 = 1, S_3 = 1, S_6 = 2)$;

(3) 若 $p = 0.36$, 游戏一直到甲恰好赢 50 次为止, 则比赛次数超过 100 的概率为多少?

**解** 令 $X_i$ 表示第 $i$ 次甲获得的分数, 则 $X_1, X_2, \cdots, X_n, \cdots$ 独立同分布, 且

$$P(X_i = 1) = p, \quad P(X_i = -1) = q, \quad i = 1, 2, \cdots.$$

于是 $S_n = X_1 + X_2 + \cdots + X_n$.

(1) 假设在前 $n$ 次中, 甲赢 $i$ 次, 则输 $n-i$ 次, 于是

$$S_n = i - (n-i) = 2i - n.$$

由于 $0 \leqslant i \leqslant n$, 所以 $-n \leqslant S_n \leqslant n$, 且 $S_n$ 与 $n$ 有相同的奇偶性. 由 $2i - n = k$ 解得 $i = \dfrac{n+k}{2}$, 这说明 $S_n = k$ 当且仅当前 $n$ 次中甲赢 $\dfrac{n+k}{2}$ 次. 因此

$$P(S_n = k) = C_n^{\frac{n+k}{2}} p^{\frac{n+k}{2}} q^{\frac{n-k}{2}},$$

这里 $k$ 与 $n$ 奇偶性相同且 $-n \leqslant k \leqslant n$.

(2) 注意到

$$P(S_1 = 1, S_3 = 1, S_6 = 2) = P(S_1 = 1, S_3 - S_1 = 0, S_6 - S_3 = 1).$$

由于 $X_1, X_2, \cdots, X_6$ 独立同分布, 所以 $X_1, X_2 + X_3, X_4 + X_5 + X_6$ 相互独立, $X_2 + X_3$ 与 $X_1 + X_2$ 同分布, $X_4 + X_5 + X_6$ 与 $X_1 + X_2 + X_3$ 同分布. 也就是说 $S_1, S_3 - S_1, S_6 - S_3$ 相互独立, $S_3 - S_1$ 与 $S_2$ 同分布, $S_6 - S_3$ 与 $S_3$ 同分布. 这推得

$$
\begin{aligned}
P(S_1 = 1, S_3 &= 1, S_6 = 2) \\
&= P(S_1 = 1)P(S_3 - S_1 = 0)P(S_6 - S_3 = 1) \\
&= P(S_1 = 1)P(S_2 = 0)P(S_3 = 1) \\
&= p(2pq)(3p^2q) = 6p^4q^2.
\end{aligned}
$$

(3) 令 $V_n$ 表示前 $n$ 次甲赢的次数, 则 $V_n \sim B(n,p)$. 以 $W_n$ 表示甲恰好赢 $n$ 次所需的比赛次数, 则题目所求为

$$P(W_{50} > 100) = P(V_{100} < 50).$$

又由中心极限定理, $V_{100}$ 近似服从 $N(100p, 100pq)$, 所以所求为

$$P(W_{50} > 100) = P(V_{100} < 50) = P(V_{100} \leqslant 49)$$

$$\approx \Phi\left(\frac{49 - 100p}{10\sqrt{pq}}\right) = \Phi(2.71) = 0.996\,6. \qquad \square$$

**注** 本例中, 对任何 $n > m \geqslant 0$, $S_n - S_m$ 与 $S_{n-m}$ 同分布, 这说明 $\{S_n\}$ 是平稳增量过程 (见定义 4.1.1). 另外, 对任何 $k \geqslant 2$, $0 \leqslant n_0 < n_1 < \cdots < n_k$ 有 $S_{n_1} - S_{n_0}, S_{n_2} - S_{n_1}, \cdots, S_{n_k} - S_{n_{k-1}}$ 相互独立, 这说明 $\{S_n\}$ 也是独立增量过程 (见定义 4.1.1).

## 2.3 均值函数和协方差函数

对于随机过程 $\{X(t); t \in T\}$, 除了研究它的有限维分布族外, 我们还需研究它的一些数字特征, 如均值函数、协方差函数等. 以下定义都是在假设它们存在的条件下给出的.

**定义 2.3.1** 对任何 $t \in T$, 定义

$$\mu_X(t) = E(X(t)), \quad \Psi_X^2(t) = E\left(X^2(t)\right),$$
$$\sigma_X^2(t) = D_X(t) = D(X(t)), \quad \sigma_X(t) = \sqrt{D(X(t))},$$

它们都是参数 $t$ 的函数, 分别称为随机过程 $\{X(t); t \in T\}$ 的均值函数、均方值函数、方差函数和标准差函数.

对任何 $t, s \in T$, 定义

$$R_X(t, s) = E(X(t)X(s)), \quad C_X(t, s) = \mathrm{Cov}(X(t), X(s)),$$

则 $R_X$ 和 $C_X$ 是定义在 $T \times T$ 上的函数, 分别称为随机过程 $\{X(t); t \in T\}$ 的 (自) 相关函数和 (自) 协方差函数.

显然,

$$\Psi_X^2(t) = R_X(t, t), \quad \sigma_X^2(t) = C_X(t, t),$$
$$C_X(t, s) = R_X(t, s) - \mu_X(t)\mu_X(s).$$

另外, $R_X$ 和 $C_X$ 都是对称函数, 即

$$R_X(t, s) = R_X(s, t), \quad C_X(t, s) = C_X(s, t).$$

现在来考虑一些特殊的过程. 如果对任何 $t \in T$, $E(X^2(t))$ 存在, 则称随机过程 $\{X(t); t \in T\}$ 是二阶矩过程. 由柯西 – 施瓦茨 (Cauchy-Schwarz) 不等式 $(E(|XY|) \leqslant \sqrt{E(X^2)}\sqrt{E(Y^2)}$, 证明见附录 2) 知, 若 $\{X(t)\}$ 是二阶矩过程, 则对任何 $t, s \in T$,

$$E(|X(t)|) \leqslant \sqrt{E(X^2(t))}\sqrt{E(1)} < \infty,$$
$$E(|X(t)X(s)|) \leqslant \sqrt{E(X^2(t))}\sqrt{E(X^2(s))} < \infty.$$

这说明二阶矩过程的均值函数、自相关函数和自协方差函数都是存在的.

**例 2.3.1** 计算随机相位余弦波 $\{X(t)\}$ 的均值函数、方差函数、自相关函数和自协方差函数, 这里

$$X(t) = a\cos(\omega t + \Theta), \quad t \in (-\infty, \infty),$$

$$\Theta \sim U[0, 2\pi], \quad a, \omega \text{ 是正常数.}$$

**解**  $\mu_X(t) = E(X(t)) = \displaystyle\int_0^{2\pi} a\cos(\omega t + \theta)\frac{1}{2\pi}\mathrm{d}\theta = 0,$

$$\begin{aligned}
R_X(t, s) &= E(X(t)X(s)) \\
&= \int_0^{2\pi} a^2 \cos(\omega t + \theta)\cos(\omega s + \theta)\frac{1}{2\pi}\mathrm{d}\theta \\
&= \frac{a^2}{4\pi}\int_0^{2\pi}\cos[\omega(t+s)+2\theta]\mathrm{d}\theta + \frac{a^2}{4\pi}\int_0^{2\pi}\cos[\omega(t-s)]\mathrm{d}\theta \\
&= \frac{a^2}{2}\cos[\omega(s-t)],
\end{aligned}$$

$$C_X(t, s) = R_X(t, s) - \mu_X(t)\mu_X(s) = \frac{a^2}{2}\cos[\omega(s-t)],$$

$$\sigma_X^2(t) = C_X(t, t) = \frac{a^2}{2}. \qquad \qquad \square$$

**注**  本例中 $\mu_X(t)$ 是常值函数, $R_X(t, s)$ 只是时间差 $s - t$ 的函数, 称这样的随机过程为宽平稳过程 (见定义 5.1.2).

**例 2.3.2**  设 $X(t) = \dfrac{1}{U^t}$, $t \geqslant 0$, 这里 $U \sim U(0, 1)$. 请问 $\{X(t); t \geqslant 0\}$ 是二阶矩过程吗?

**解**  对任何 $t \geqslant 0$,

$$E(X^2(t)) = \int_0^1 \frac{1}{u^{2t}}\mathrm{d}u = \begin{cases} \dfrac{1}{1-2t}, & t < \dfrac{1}{2}, \\ \infty, & t \geqslant \dfrac{1}{2}, \end{cases}$$

所以 $\{X(t); t \geqslant 0\}$ 不是二阶矩过程.  $\qquad\qquad\square$

设 $\{X(t); t \in T\}$ 是一随机过程, 如果对任何 $n$, 任何 $t_1, t_2, \cdots, t_n \in T$, $(X(t_1), X(t_2), \cdots, X(t_n))$ 服从 $n$ 元正态分布, 则称 $\{X(t); t \in T\}$ 是正态过程 (或高斯过程 (Gaussian process)). 正态过程是二阶矩过程, 它的有限维分布完全由它的均值函数和自协方差函数确定. 事实上

$$(X(t_1), X(t_2), \cdots, X(t_n)) \sim N(\boldsymbol{\mu}, \boldsymbol{B}),$$

其中 $\boldsymbol{\mu} = (\mu_X(t_1), \mu_X(t_2), \cdots, \mu_X(t_n)),$

$$
\boldsymbol{B} = \begin{pmatrix} C_X(t_1, t_1) & C_X(t_1, t_2) & \cdots & C_X(t_1, t_n) \\ C_X(t_2, t_1) & C_X(t_2, t_2) & \cdots & C_X(t_2, t_n) \\ \vdots & \vdots & & \vdots \\ C_X(t_n, t_1) & C_X(t_n, t_2) & \cdots & C_X(t_n, t_n) \end{pmatrix}.
$$

**例 2.3.3** 设 $\{X(t); t \geqslant 0\}$ 是正态过程, $\mu_X(t) = t$, $C_X(t, s) = ts + 1$. 求 $X(1), X(2)$, $X(1) + X(2)$ 的分布.

**解** 因为 $\{X(t); t \geqslant 0\}$ 是正态过程, $\mu_X(t) = t$, $D_X(t) = C_X(t, t) = t^2 + 1$, 所以 $X(t) \sim N(t, t^2 + 1)$. 特别地, $X(1) \sim N(1, 2)$, $X(2) \sim N(2, 5)$.

因为 $\{X(t); t \geqslant 0\}$ 是正态过程, 所以 $(X(1), X(2))$ 服从二元正态分布, 因此 $X(1) + X(2)$ 服从正态分布. 而

$$
\begin{aligned}
E(X(1) + X(2)) &= 3, \\
D(X(1) + X(2)) &= C_X(1, 1) + C_X(2, 2) + 2C_X(1, 2) \\
&= 2 + 5 + 6 = 13,
\end{aligned}
$$

所以, $X(1) + X(2) \sim N(3, 13)$. □

**例 2.3.4** 设 $X(t) = A\cos t + B\sin t$, $t \in (-\infty, \infty)$, 这里随机变量 $A$ 和 $B$ 相互独立, 且 $E(A) = E(B) = 0$, $D(A) = D(B) = \sigma^2 > 0$.

(1) 计算 $\{X(t)\}$ 的均值函数、自相关函数和自协方差函数;

(2) 若 $A$ 和 $B$ 同分布, 且 $P(A = \sigma) = P(A = -\sigma) = \dfrac{1}{2}$, 计算 $X(0)$ 和 $X\left(\dfrac{\pi}{4}\right)$ 的分布律;

(3) 若 $A, B \sim N(0, \sigma^2)$, 证明 $\{X(t)\}$ 是正态过程, 并分别求出 $X(0)$, $X\left(\dfrac{\pi}{4}\right)$, $X(0) + X\left(\dfrac{\pi}{4}\right)$ 的分布.

**解** (1) $\mu_X(t) = E(A\cos t + B\sin t) = \cos t E(A) + \sin t E(B) = 0$,

$$
\begin{aligned}
C_X(t, s) &= \mathrm{Cov}(A\cos t + B\sin t, A\cos s + B\sin s) \\
&= \cos t \cos s D(A) + \sin t \sin s D(B) \\
&= \sigma^2 \cos(s - t), \\
R_X(t, s) &= C_X(t, s) + \mu_X(t)\mu_X(s) = \sigma^2 \cos(s - t).
\end{aligned}
$$

(2) 因为 $X(0) = A$, $X\left(\dfrac{\pi}{4}\right) = \dfrac{\sqrt{2}}{2}(A + B)$, 所以

$$P(X(0) = \sigma) = P(X(0) = -\sigma) = \frac{1}{2},$$

而

$$P\left(X\left(\frac{\pi}{4}\right) = \sqrt{2}\sigma\right) = P(A = \sigma, B = \sigma) = \frac{1}{4},$$

$$P\left(X\left(\frac{\pi}{4}\right) = 0\right) = P(A = \sigma, B = -\sigma) + P(A = -\sigma, B = \sigma) = \frac{1}{2},$$

$$P\left(X\left(\frac{\pi}{4}\right) = -\sqrt{2}\sigma\right) = P(A = -\sigma, B = -\sigma) = \frac{1}{4}.$$

(3) 若 $A, B \sim N(0, \sigma^2)$, 因为 $A$ 和 $B$ 相互独立, 所以二维随机变量 $(A, B)$ 服从二元正态分布. 对任意 $n, t_1, t_2, \cdots, t_n \in T$, 由于对任何 $i, X(t_i) = A\cos t_i + B\sin t_i$ 是 $(A, B)$ 的线性组合, 根据正态分布的线性变换不变性, $n$ 维随机变量 $(X(t_1), X(t_2), \cdots, X(t_n))$ 也服从 $n$ 元正态分布. 所以 $\{X(t)\}$ 是正态过程.

因为 $\mu_X(t) = 0, D_X(t) = C_X(t, t) = \sigma^2$, 且 $\{X(t)\}$ 是正态过程, 所以对任何 $t, X(t) \sim N(0, \sigma^2)$. 特别地, $X(0) \sim N(0, \sigma^2), X\left(\frac{\pi}{4}\right) \sim N(0, \sigma^2)$. 而

$$X(0) + X\left(\frac{\pi}{4}\right) = \left(\frac{\sqrt{2}}{2} + 1\right)A + \frac{\sqrt{2}}{2}B \sim N(0, (2 + \sqrt{2})\sigma^2). \qquad \Box$$

**注** 本例中, 由于 $\mu_X(t) = 0$ 是常值函数, $R_X(t, s) = \sigma^2\cos(s - t)$ 只是时间差 $s - t$ 的函数, 所以 $\{X(t)\}$ 是宽平稳过程. 但 (2) 中 $X(0)$ 和 $X\left(\frac{\pi}{4}\right)$ 不同分布, 这说明 (2) 中 $\{X(t)\}$ 不是严平稳过程. (3) 中由于 $\{X(t)\}$ 还是正态过程, 所以它也是严平稳过程 (见定义 5.1.1 和定义 5.1.2). (2)(3) 对应的两个随机过程具有相同的均值函数和自协方差函数, 但它们的有限维分布并不相同.

由第 1.2.5 小节中 $n$ 元正态分布的性质 (2) 可得

**命题 2.3.1** 随机过程 $\{X(t); t \in T\}$ 是正态过程当且仅当对任何正整数 $n$, 任何 $t_1, t_2, \cdots, t_n \in T$ 和任何实数 $a_1, a_2, \cdots, a_n, \sum_{i=1}^{n} a_i X(t_i)$ 服从一元正态分布.

下面考虑两个随机过程之间的关系.

**定义 2.3.2** 设 $\{X(t); t \in T\}$ 和 $\{Y(t); t \in T\}$ 是两个随机过程, 定义

$$R_{XY}(t, s) = E(X(t)Y(s)),$$
$$C_{XY}(t, s) = \text{Cov}(X(t), Y(s)),$$

它们是 $T \times T$ 上的函数, 分别称为 $\{X(t); t \in T\}$ 和 $\{Y(t); t \in T\}$ 的互相关函数和互协方差函数.

如果对任何 $t, s \in T, C_{XY}(t, s) = 0$, 则称随机过程 $\{X(t)\}$ 和 $\{Y(t)\}$ 不相关.

如果对任何 $m, n, t_1, t_2, \cdots, t_m \in T, s_1, s_2, \cdots, s_n \in T, (X(t_1), X(t_2), \cdots, X(t_m))$ 与 $(Y(s_1), Y(s_2), \cdots, Y(s_n))$ 相互独立, 则称随机过程 $\{X(t)\}$ 和 $\{Y(t)\}$ 相互独立.

一般地, 随机过程 $\{X(t); t \in T\}$ 和 $\{Y(t); t \in T\}$ 不相关, 不能推出它们相互独立. 但如果它们相互独立, 且都是二阶矩过程, 则它们一定不相关.

**例 2.3.5** 设某保险公司的收入由老人寿险收入和儿童平安保险收入组成. 设到时刻 $t$ 为止, 老人寿险收入为 $X(t)$, 儿童平安保险收入为 $Y(t)$, 保险公司总收入为 $Z(t)$. 已知 $\mu_X(t), \mu_Y(t), C_X(t, s), C_Y(t, s), \{X(t); t > 0\}$ 和 $\{Y(t); t > 0\}$ 不相关, 求 $\{Z(t); t > 0\}$ 的均值函数和自协方差函数.

**解** 由题可知 $Z(t) = X(t) + Y(t)$, 所以

$$\mu_Z(t) = E(X(t) + Y(t)) = \mu_X(t) + \mu_Y(t),$$
$$C_Z(t, s) = \text{Cov}(X(t) + Y(t), X(s) + Y(s))$$
$$= C_X(t, s) + C_Y(t, s). \qquad \square$$

 思考题二

1. 设 $\{X(t); t \in T\}$ 是一随机过程, 则对任何 $t \neq s, X(t)$ 和 $X(s)$ 相互独立, 对吗?
2. 随机过程的均值函数和自相关函数是否一定存在?
3. 如果两个随机过程对应的有限维分布族相同, 则对应的均值函数和自协方差函数 (如果存在的话) 相同, 对吗?
4. 如果两个过程的均值函数和自协方差函数相同, 则它们对应的有限维分布相同, 对吗?
5. 如果两个正态过程的均值函数和自协方差函数相同, 则它们对应的有限维分布相同, 对吗?
6. 两个随机过程相互独立和不相关的关系是怎样的?
7. 如果对任何 $t \in T, X(t)$ 都服从一元正态分布, 则 $\{X(t); t \in T\}$ 一定是正态过程, 对吗?

 习题二

1. 独立重复地掷一颗均匀的骰子, 用 $Y_n$ 表示前 $n$ 次中掷出的最大点数.
(1) 计算 $Y_n$ 的分布律, 这里 $n \geqslant 1$;
(2) 计算 $P(Y_1 = 2, Y_3 = 2, Y_4 = 6, Y_6 = 6)$.

2. 设 $X(t) = At + B, t \geqslant 0$, 这里 $A$ 和 $B$ 独立同分布, $P(A = 1) = P(A = -1) = \dfrac{1}{2}$.
(1) 写出并画出 $\{X(t)\}$ 的所有样本函数;
(2) 计算 $(X(1), X(2))$ 的联合分布律和边际分布律.

3. 设 $X(t) = At + (1-|A|)B, t \geqslant 0$, 这里 $A$ 和 $B$ 独立同分布,

$$P(A=0) = P(A=1) = P(A=-1) = \frac{1}{3}.$$

(1) 写出 $\{X(t)\}$ 的所有样本函数;

(2) 计算 $P(X(1)=1)$, $P(X(2)=1)$ 和 $P(X(1)=1, X(2)=1)$.

4. 设 $Z(t) = AXt + 1 - A, t \geqslant 0$, 这里 $A$ 和 $X$ 相互独立, $P(A=0) = P(A=1) = \frac{1}{2}$, $X \sim N(1,1)$.

(1) 计算 $P(Z(1)<1)$, $P(Z(2)<2)$, $P(Z(1)<1, Z(2)<2)$;

(2) 计算 $\mu_Z(t), R_Z(s,t)$.

5. 独立重复地掷一颗均匀的骰子, 用 $Z_n$ 表示前 $n$ 次中掷出 6 点的次数.

(1) 计算 $P(Z_2=1, Z_5=3, Z_7=5)$;

(2) 求 $P(Z_{18\,000} > 2\,900)$ 的近似值;

(3) 若掷骰子一直到恰好出现 20 次 6 点为止, 问需掷多于 180 次的概率近似为多少?

6. 设某支股票价格过程 $\{S_n; n=0,1,\cdots\}$ 满足 $S_0 = 100$, $S_n = \max\{S_{n-1} + X_n, 1\}$, $\forall n \geqslant 1$. 这里 $X_1, X_2, \cdots$ 独立同分布, $P(X_i = -1) = P(X_i = 3) = 0.5$, $i = 1, 2, \cdots$. 计算 $P(S_1 > 100, S_2 > 100, S_3 > 100, S_4 > 100)$ 和 $P(S_{20} = 116 \mid S_{10} = 110, S_{16} = 112)$.

7. 甲、乙两人在玩一种游戏, 用 $V_n$ 表示前 $n$ 次甲胜的总次数, $W_n$ 表示甲恰好胜 $n$ 次所需的游戏次数, 则对任何 $k, n \geqslant 1$, 事件 $\{W_k > n\}$, $\{W_k \geqslant n\}$, $\{W_k < n\}$, $\{W_k \leqslant n\}$ 分别与下列哪个事件相等:

(A) $\{V_n \leqslant k\}$,　　 (B) $\{V_n < k\}$,　　 (C) $\{V_n > k\}$,　　 (D) $\{V_n \geqslant k\}$

(E) $\{V_{n-1} \leqslant k\}$,　 (F) $\{V_{n-1} < k\}$,　 (G) $\{V_{n-1} > k\}$,　 (H) $\{V_{n-1} \geqslant k\}$.

8. 设 $\{X(t); t \geqslant 0\}$ 是正态过程, $\mu_X(t) = 0$, $C_X(t,s) = \cos(t-s)$. 问 $X(t)$, $X(t) + X(s)$ 分别服从什么分布?

9. 设 $X(t) = At + B, t \geqslant 0$, 这里 $A$ 和 $B$ 独立同分布, $E(A) = \mu$, $D(A) = \sigma^2 > 0$.

(1) 计算 $\mu_X(t)$, $R_X(s,t)$ 和 $C_X(s,t)$;

(2) 若 $A \sim N(0,1)$, 证明 $\{X(t)\}$ 是正态过程; 并求出 $X(t)$, $X(t) - X(s)$, $X(t) + X(s)$ 的分布.

10. 设 $X_0, X_1, \cdots$ 独立同分布,

$$P(X_0 = 1) = p = 1 - P(X_0 = 0), \quad 0 < p < 1.$$

令 $Y_n = X_n + X_{n+1} + X_{n+2}$. 计算

(1) $Y_n$ 的分布律;

(2) 在 $\{Y_0 = 2\}$ 条件下, $Y_1$ 的条件分布律;

(3) $P(Y_0 = 1, Y_1 = 0, Y_2 = 1)$;

(4) $\{Y_n\}$ 的均值函数和自协方差函数.

11. 设 $\xi_1, \xi_2, \cdots, \xi_n$ 相互独立, 具有相同的分布函数 $F$, 即 $F(t) = P(\xi_i \leqslant t)$. 对 $t \in (-\infty, \infty)$, $i = 1, 2, \cdots, n$, 令

$$X_i(t) = \begin{cases} 1, & \xi_i \leqslant t, \\ 0, & \text{其他}, \end{cases} \qquad X(t) = \frac{1}{n}\sum_{i=1}^{n} X_i(t).$$

计算 $\{X(t); -\infty < t < \infty\}$ 的均值函数和自协方差函数.

12. 设 $\{Z_n; n \in \mathbf{Z}\}$ 是两两不相关的随机变量序列, 对 $n \in \mathbf{Z}$ 有 $E(Z_n) = 0$, $D(Z_n) = 1$. 令

$$X_n = \sum_{i=0}^{r} \alpha_i Z_{n-i}, \quad n \in \mathbf{Z},$$

这里 $r \geqslant 0$, $\alpha_0, \alpha_1, \cdots, \alpha_r$ 是常数. 求 $\{X_n; n \in \mathbf{Z}\}$ 的均值函数和自协方差函数.

13. 一台接收机接收信号, 发报机在时刻 $t$ 发出的信号是 $X(t)$, 但来自附近的其他通信噪声影响了接收机接收信号. 假设现有 $n$ 台其他的发报机, 第 $i$ 台发报机的强度为 $a_i$, 在时刻 $t$ 发出的信号是 $X_i(t)$, 则接收机在时刻 $t$ 收到的信号为

$$Z(t) = X(t) + \sum_{i=1}^{n} a_i X_i(t).$$

假设随机过程 $\{X(t); t \geqslant 0\}$, $\{X_i(t); t \geqslant 0\}$ $(i = 1, 2, \cdots, n)$ 两两不相关. 已知 $\mu_X(t)$, $\mu_{X_i}(t)$, $C_X(t, s)$, $C_{X_i}(t, s)$, 计算 $\mu_Z(t)$, $C_Z(t, s)$, $C_{ZX}(t, s)$.

14. 设随机过程 $\{X(t); t \in T\}$ 和 $\{Y(t); t \in T\}$ 不相关,

$$Z(t) = a(t)X(t) + b(t)Y(t) + c(t), \quad t \in T,$$

这里 $a(t)$, $b(t)$, $c(t)$ 都是通常的函数. 已知 $\mu_X(t)$, $\mu_Y(t)$, $C_X(s, t)$, $C_Y(s, t)$, 求 $\mu_Z(t)$ 和 $C_Z(s, t)$.

15. 已知随机过程 $\{X(t); t \in (-\infty, \infty)\}$ 的均值函数和自相关函数, 求随机过程 $\{Y(t); t \in (-\infty, \infty)\}$ 的均值函数和自相关函数, 并求 $R_{XY}(s, t)$, 这里

$$Y(t) = X(t) + X(t+1), \quad t \in (-\infty, \infty).$$

16. 设随机过程 $\{X(t); t \in (-\infty, \infty)\}$ 和 $\{Y(t); t \in (-\infty, \infty)\}$ 相互独立, 已知它们的均值函数和自相关函数. 令 $Z(t) = X(t)Y(t)$, $t \in (-\infty, \infty)$, 求 $\mu_Z(t)$, $R_Z(s, t)$, $R_{XZ}(s, t)$.

# 第 3 章　马尔可夫链

马尔可夫链最早由俄国数学家马尔可夫提出. 在此基础上衍生出隐马尔可夫模型 (HMMs)、半马尔可夫模型和马尔可夫决策过程 (MDP) 等模型, 并得到了广泛的应用. 如在天气预报、人口模型、生命科学、统计物理、金融分析、网页排序、排队过程、语音识别和通信系统中都会利用马尔可夫过程进行建模. 而基于马尔可夫链的蒙特卡罗 (Monte Carlo) 方法 (MCMC) 也在贝叶斯 (Bayes) 分析等领域大放异彩.

## 3.1　马尔可夫链的定义

本章中涉及的条件概率 $P(A \mid B)$ 都假设 $P(B) > 0$.

**例 3.1.1**　在例 2.2.4 中计算 $P(S_{n+1} = j \mid S_1 = i_1, \cdots, S_{n-1} = i_{n-1}, S_n = i)$ 和 $P(S_{n+1} = j \mid S_n = i)$, 它们相等吗?

**解**　计算可知

$$P(S_{n+1} = j \mid S_1 = i_1, \cdots, S_{n-1} = i_{n-1}, S_n = i)$$
$$= P(S_{n+1} - S_n = j - i \mid S_1 = i_1, \cdots, S_{n-1} = i_{n-1}, S_n = i)$$
$$= P(X_{n+1} = j - i \mid S_1 = i_1, \cdots, S_{n-1} = i_{n-1}, S_n = i)$$
$$= P(X_{n+1} = j - i),$$

最后一个等号是因为 $X_{n+1}$ 与 $(S_1, \cdots, S_{n-1}, S_n)$ 相互独立. 同理,

$$P(S_{n+1} = j \mid S_n = i) = P(S_{n+1} - S_n = j - i \mid S_n = i)$$
$$= P(X_{n+1} = j - i).$$

故

$$P(S_{n+1} = j \mid S_1 = i_1, \cdots, S_{n-1} = i_{n-1}, S_n = i)$$

$$= P(S_{n+1} = j \mid S_n = i).$$ □

**定义 3.1.1** 设随机过程 $\{X_n; n = 0, 1, \cdots\}$ 的状态空间 $I$ 有限或可列, 如果它具有马尔可夫性, 即对任何 $n \geqslant 1, i_0, \cdots, i_{n-1}, i, j \in I$, 有

$$P(X_{n+1} = j \mid X_0 = i_0, \cdots, X_{n-1} = i_{n-1}, X_n = i)$$
$$= P(X_{n+1} = j \mid X_n = i), \tag{3.1.1}$$

则称 $\{X_n; n = 0, 1, \cdots\}$ 是马尔可夫链 (Markov chain).

状态空间有限的马尔可夫链称为有限马尔可夫链.

例 2.2.4 中随机过程 $\{S_n\}$ 就是一马尔可夫链. 若以 $n$ 代表现在的时刻, 记 $A = \{X_0 = i_0, \cdots, X_{n-1} = i_{n-1}\}$, $B = \{X_n = i\}$, $C = \{X_{n+1} = j\}$, 则 $A$ 代表过去, $B$ 代表现在, $C$ 代表将来, (3.1.1) 式为 $P(C \mid AB) = P(C \mid B)$. 因此, 马尔可夫性的直观含义是当知道到现在为止的所有状态时, 将来的分布只与现在的状态有关, 而与过去的状态无关, 就好像忘记了它过去的轨迹, 所以马尔可夫性也称为无记忆性 (图 3.1.1). 读者可以证明 (3.1.1) 式等价于给定 $n, i, j$ 后, 条件概率 $P(X_{n+1} = j \mid X_0 = i_0, \cdots, X_{n-1} = i_{n-1}, X_n = i)$ 与过去的状态 $i_0, \cdots, i_{n-1}$ 无关. 因为

$$P(AC \mid B) = \frac{P(ABC)}{P(B)} = \frac{P(C \mid AB)P(AB)}{P(B)}$$
$$= P(C \mid AB)P(A \mid B),$$

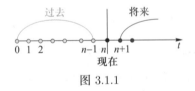

图 3.1.1

所以 (3.1.1) 式等价于

$$P(AC \mid B) = P(C \mid B)P(A \mid B).$$

因此, 马尔可夫性也可以理解为在知道现在状态的条件下, 过去与将来相互独立. 需要注意的是, 马尔可夫性并不是指过去与将来相互独立.

另外, 马尔可夫性也等价于对任何 $k \geqslant 1, n_0 < n_1 < \cdots < n_{k+1}$ 和 $i_0, \cdots, i_{k-1}, i, j \in I$, 有

$$P(X_{n_{k+1}} = j \mid X_{n_0} = i_0, \cdots, X_{n_{k-1}} = i_{k-1}, X_{n_k} = i)$$
$$= P(X_{n_{k+1}} = j \mid X_{n_k} = i).$$

记 $p_{ij}(m, m+n) = P(X_{m+n} = j \mid X_m = i)$ 为 $m$ 时处于状态 $i$ 的条件下, 经过 $n$ 步后转移到状态 $j$ 的转移概率, 则 $p_{ij}(m, m+n) \geqslant 0$ 且

$$\sum_j p_{ij}(m, m+n) = P(X_{m+n} \in I \mid X_m = i) = 1.$$

设状态空间 $I = \{x_1, x_2, \cdots\}$, 其元素个数为 $K$ (允许 $K$ 取无穷大). 令

$$\boldsymbol{P}(m, m+n) = (p_{x_i x_j}(m, m+n))_{K \times K}$$

$$= \begin{pmatrix} p_{x_1 x_1}(m, m+n) & p_{x_1 x_2}(m, m+n) & \cdots \\ p_{x_2 x_1}(m, m+n) & p_{x_2 x_2}(m, m+n) & \cdots \\ \vdots & \vdots & \end{pmatrix}$$

为 $m$ 时到 $m+n$ 时的 $n$ 步转移矩阵, 则它所有元素非负, 且每一行的元素之和为 1.

若 $p_{ij} = P(X_{n+1} = j \mid X_n = i)$ 不依赖于 $n$, 则称 $\{X_n\}$ 是时间齐次 (或时齐) 的马尔可夫链, $p_{ij}$ 称为从 $i$ 到 $j$ 的一步转移概率 (one-step transition probability). 显然 $p_{ij} \geqslant 0$ 且 $\sum_j p_{ij} = 1$. 令 $\boldsymbol{P} = \boldsymbol{P}(n, n+1)$ 为一步转移矩阵. 对于时齐马尔可夫链, 也可用状态转移图来表示一步转移概率: 用 ⓘ 来表示状态 $i$, 如果 $p_{ij} > 0$, 则用箭头从 $i$ 连到 $j$, 并在箭头上标上 $p_{ij}$. 状态转移图可以让我们对过程的演化有一个直观的认识. 对于时齐马尔可夫链, 一旦到达状态 $i$, 就独立于过去且忘记所处的时间, 接下来的行为就如同 0 时刻从状态 $i$ 出发的行为, 下一步以概率 $p_{ij}$ 到达状态 $j$.

**例 3.1.2** (0–1 传输系统) 在如图 3.1.2 所示的只传输 0 和 1 的串联传输系统中, 设每一级的传真率 (输入、输出一致的概率) 为 $p$, 误码率 (输入、输出不同的概率) 为 $q = 1 - p$. 以 $X_0$ 表示第一级的输入, $X_n$ 表示第 $n$ 级的输出 $(n \geqslant 1)$. 设各级传输相互独立, 且独立于 $X_0$, 则 $\{X_n; n \geqslant 0\}$ 的状态空间 $I = \{0, 1\}$. 它是马尔可夫链吗?

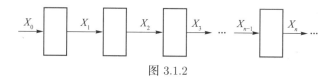

图 3.1.2

解　令

$$\xi_i = \begin{cases} 1, & \text{第 } i \text{ 级传输正确}, \\ 0, & \text{第 } i \text{ 级传输错误}. \end{cases}$$

因为 $(X_0, \cdots, X_n)$ 只与 $(X_0, \xi_1, \cdots, \xi_n)$ 有关, 所以 $\xi_{n+1}$ 与 $(X_0, \cdots, X_n)$ 独立. 因此对于正整数 $n$ 和状态 $i_0, i_1, \ldots, i_{n-1}, i, j$,

$$P(X_{n+1} = j \mid X_0 = i_0, \cdots, X_{n-1} = i_{n-1}, X_n = i)$$

$$= \begin{cases} P(\xi_{n+1} = 1 \mid X_0 = i_0, \cdots, X_{n-1} = i_{n-1}, X_n = i), & j = i, \\ P(\xi_{n+1} = 0 \mid X_0 = i_0, \cdots, X_{n-1} = i_{n-1}, X_n = i), & j \neq i \end{cases}$$

$$= \begin{cases} P(\xi_{n+1} = 1) = p, & j = i, \\ P(\xi_{n+1} = 0) = q, & j \neq i, \end{cases}$$

与 $i_0, i_1, \cdots, i_{n-1}$ 无关. 所以它是马尔可夫链, 而且是时齐马尔可夫链, 一步转移矩阵为

$$\boldsymbol{P} = \begin{pmatrix} p & q \\ q & p \end{pmatrix}.$$

对应的状态转移图见图 3.1.3. □

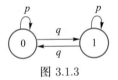

图 3.1.3

**例 3.1.3** (埃伦费斯特 (Ehrenfest) 模型) 如图 3.1.4 所示, 容器 A, B 共有 $m$ $(m \geqslant 1)$ 个粒子. 每过一个单位时间任取一个粒子, 让它从所在的容器跳到另一个容器. 以 $X_n$ 表示 $n$ 时容器 A 中的粒子数, 则 $\{X_n\}$ 是时齐马尔可夫链, 状态空间是 $I = \{0, 1, \cdots, m\}$,

$$p_{i,i+1} = \frac{m-i}{m}, \ p_{i,i-1} = \frac{i}{m}, \quad 0 \leqslant i \leqslant m.$$

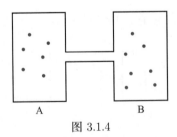

图 3.1.4

埃伦费斯特模型样本轨道

**例 3.1.4** (一维随机游动) 甲、乙两人玩游戏, 每一局甲得 1 分的概率为 $p$, 扣 1 分 (记为 $-1$ 分) 的概率为 $q = 1 - p$, $0 < p < 1$. 令 $S_n$ 表示 $n$ 局后甲获得的总分数, 则 $\{S_n\}$ 是时齐马尔可夫链, 状态空间 $I = \{\cdots, -2, -1, 0, 1, 2, \cdots\}$,

$$p_{i,i+1} = p, \quad p_{i,i-1} = q, \quad \forall i.$$

状态转移图见图 3.1.5.

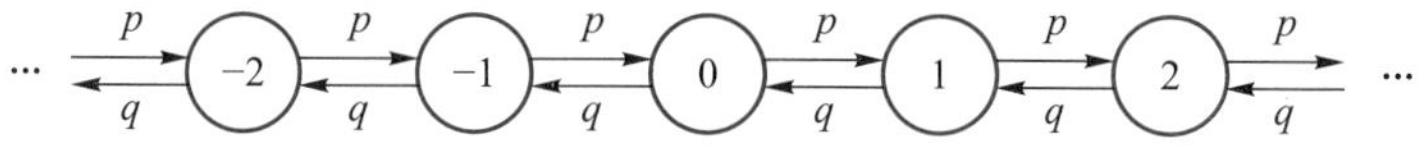

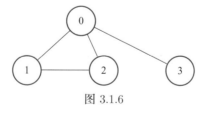

图 3.1.5

**例 3.1.5** (图上的简单随机游动) 设 $V$ 是一个简单图的顶点集合, 对任何 $i, j \in V$, 如果 $i, j$ 有边相连, 则称 $j$ 是 $i$ 的邻居. 假设每个顶点至少有一个邻居. 现在有一个粒子在 $V$ 上跳动, 如果第 $n$ 步在顶点 $i$, 则下一步等可能地到达 $i$ 的邻居. 以 $X_n$ 表示 $n$ 步后粒子所在的顶点, 则 $\{X_n\}$ 是时齐马尔可夫链, 状态空间 $I = V$. 若 $j$ 不是 $i$ 的邻居, 则 $p_{ij} = 0$; 若 $j$ 是 $i$ 的邻居, 则 $p_{ij} = \dfrac{1}{d_i}$, 这里 $d_i$ 表示 $i$ 的邻居数.

图 3.1.6 上的简单随机游动对应的状态空间 $I = \{0, 1, 2, 3\}$,

$$\boldsymbol{P} = \begin{pmatrix} 0 & \dfrac{1}{3} & \dfrac{1}{3} & \dfrac{1}{3} \\ \dfrac{1}{2} & 0 & \dfrac{1}{2} & 0 \\ \dfrac{1}{2} & \dfrac{1}{2} & 0 & 0 \\ 1 & 0 & 0 & 0 \end{pmatrix}.$$

图 3.1.6

**例 3.1.6** 如图 3.1.7 所示, 由两块相同设备并联组成的系统, 两设备独立工作, 每天的可靠性为 $\alpha \in [0, 1]$ (即在一天里损坏的概率为 $1 - \alpha$). 一开始两块设备正常工作, 以 $X_n$ 表示第 $n$ 天结束时正常工作的块数, 则 $\{X_n; n \geqslant 0\}$ 是时齐马尔可夫链 $I = \{0, 1, 2\}$,

$$p_{ij} = \begin{cases} \mathrm{C}_i^j \alpha^j (1-\alpha)^{i-j}, & j \leqslant i, \\ \\ 0, & \text{其他.} \end{cases}$$

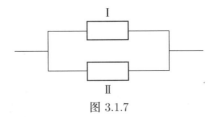

图 3.1.7

状态转移图如图 3.1.8 所示.

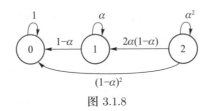

图 3.1.8

设 $\{X_n; n \geqslant 0\}$ 是一时齐马尔可夫链, $i$ 是一状态, 若 $p_{ii} = 1$, 则称状态 $i$ 是一吸收态. 如例 3.1.6 中状态 0 就是吸收态. 马尔可夫链一旦进入吸收态 $i$, 它将永远待在状态 $i$. 当马尔可夫链有好几个吸收态时, 我们有时会关心被其中某个吸收态吸收的概率, 比如经典的输光问题 (见例 3.5.1) 和迷宫中的老鼠问题 (见本章习题 20).

例 **3.1.7** 某商店为保证商品的连续供应, 在时刻 $t_n(n \geqslant 0)$ 检查, 若库存小于等于 $a$, 则补充到 $b(a < b)$, 否则不补充, 这里 $a, b$ 都是正整数. 用 $X_n$ 表示在时刻 $t_n$ 检查前的库存, 用 $Y_n$ 表示在时间区间 $[t_{n-1}, t_n)$ 内的需求量, 则

$$X_{n+1} = \begin{cases} X_n - Y_{n+1}, & a < X_n, Y_{n+1} < X_n, \\ b - Y_{n+1}, & X_n \leqslant a, Y_{n+1} < b, \\ 0, & \text{其他.} \end{cases}$$

设 $X_0 \in \{0, 1, \cdots, b\}, Y_1, Y_2, \cdots$ 独立同分布, $Y_1$ 的分布律为

$$P(Y_1 = i) = p_i, \quad i = 0, 1, 2, \cdots,$$

且 $\{Y_n; n \geqslant 1\}$ 与 $X_0$ 相互独立, 则 $\{X_n\}$ 是一时齐马尔可夫链, 状态空间 $I = \{0, 1, \cdots, b\}$, 一步转移概率

$$p_{ij} = \begin{cases} p_{b-j}, & i \leqslant a, j > 0, \\ \sum_{k \geqslant b} p_k, & i \leqslant a, j = 0, \\ p_{i-j}, & a < i \leqslant b, 0 < j \leqslant i, \\ \sum_{k \geqslant i} p_k, & a < i \leqslant b, j = 0, \\ 0, & \text{其他}. \end{cases}$$

**例 3.1.8** (排队模型) 有一修理店, 每天只能修好一个机器, 不修当天送来的机器. 假定第 $n$ 天有 $\xi_n$ 个机器损坏, 则第 $n+1$ 天把这 $\xi_n$ 个机器送往此店维修. 令 $X_n$ 表示第 $n$ 天结束时此店中机器的个数, 则

$$X_{n+1} = \max\{X_n - 1, 0\} + \xi_n.$$

如果 $\xi_1, \xi_2, \cdots$ 独立同分布, 且与 $X_0$ 独立, 则 $\{X_n; n \geqslant 0\}$ 是时齐马尔可夫链, 状态空间 $I = \{0, 1, 2, \cdots\}$. 设 $P(\xi_1 = k) = a_k, k \geqslant 0$, 则一步转移概率为

$$p_{ij} = \begin{cases} a_j, & i = 0, \\ a_{j-i+1}, & i > 0 \text{ 且 } j \geqslant i - 1, \\ 0, & \text{其他}, \end{cases}$$

一步转移矩阵为

$$\boldsymbol{P} = \begin{pmatrix} a_0 & a_1 & a_2 & a_3 & \cdots \\ a_0 & a_1 & a_2 & a_3 & \cdots \\ 0 & a_0 & a_1 & a_2 & \cdots \\ 0 & 0 & a_0 & a_1 & \cdots \\ \vdots & \vdots & \vdots & \vdots & \end{pmatrix}.$$

**例 3.1.9** (爬梯子模型) 考虑某人患某种病的情况. 对 $n \geqslant 0$, 令

$$\xi_n = \begin{cases} 0, & \text{第 } n \text{ 天没患病}, \\ 1, & \text{第 } n \text{ 天患病}. \end{cases}$$

假设 $\{\xi_n; n \geqslant 0\}$ 是时齐马尔可夫链, 状态空间为 $\{0, 1\}$, 一步转移矩阵为 $\boldsymbol{Q} = \begin{pmatrix} 1-p & p \\ q & 1-q \end{pmatrix}$, 这里 $0 < p, q < 1$. 令

$$X_n = \begin{cases} 0, & \xi_n = 0, \\ \max\{1 \leqslant k \leqslant n+1 : \xi_n \xi_{n-1} \cdots \xi_{n-k+1} = 1\}, & \xi_n = 1, \end{cases}$$

它表示第 $n$ 天时连续患病的天数. 例如

$$(\xi_0, \xi_1, \xi_2, \cdots) = (0, 1, 0, 1, 1, 1, 0, 1, 1, 0, \cdots)$$

对应

$$(X_0, X_1, X_2, \cdots) = (0, 1, 0, 1, 2, 3, 0, 1, 2, 0, \cdots).$$

事实上,

$$X_{n+1} = \begin{cases} 0, & \xi_{n+1} = 0, \\ X_n + 1, & \xi_{n+1} = 1. \end{cases}$$

那么 $\{X_n; n \geqslant 0\}$ 是时齐马尔可夫链, 状态空间为 $I = \{0, 1, 2, \cdots\}$, 一步转移概率为

$$p_{00} = q_{00} = 1 - p, \quad p_{01} = q_{01} = p,$$

$$p_{i,i+1} = q_{11} = 1 - q, \quad p_{i0} = q_{10} = q, \quad \forall i \geqslant 1.$$

**例 3.1.10** (波利亚 (Pólya) 罐子模型) 设一罐子装有 $r$ 个红球, $b$ 个黑球. 每次从罐子中任取一球, 记录其颜色后将球放回, 并加入 $a$ 个相同颜色的球. 持续进行这一过程. 令 $X_n$ 表示第 $n$ 次试验结束时罐中的红球数, 则随机过程 $\{X_n; n \geqslant 0\}$ 的状态空间 $I = \{r, r+a, r+2a, \cdots\}$. 该随机过程是马尔可夫链吗?

**解** 对于正整数 $n$ 和状态 $i_0, i_1, \cdots, i_{n-1}, i, j$, 由于在 $X_0 = i_0, \cdots, X_{n-1} = i_{n-1}, X_n = i$ 的条件下, 第 $n+1$ 次取球时罐子中共有 $r + b + na$ 个球, 其中有 $i$ 个红球, 因此

$$P(X_{n+1} = j \mid X_0 = i_0, \cdots, X_{n-1} = i_{n-1}, X_n = i)$$

$$= \begin{cases} \dfrac{i}{r+b+na}, & j = i + a, \\ 1 - \dfrac{i}{r+b+na}, & j = i, \\ 0, & \text{其他}, \end{cases}$$

与 $i_0, i_1, \cdots, i_{n-1}$ 无关, 所以 $\{X_n\}$ 是马尔可夫链. 由于

$$p_{ij}(n, n+1) = P(X_{n+1} = j \mid X_n = i)$$

$$
= \begin{cases} \dfrac{i}{r+b+na}, & j = i+a, \\ 1 - \dfrac{i}{r+b+na}, & j = i, \\ 0, & \text{其他}, \end{cases}
$$

与 $n$ 有关, 所以 $\{X_n\}$ 是非时齐的马尔可夫链. □

**例 3.1.11** (定期清理模型) 假设某人会在每周日晚上 12 : 00 整理照片并清空除本周和上周之外的所有照片. 令 $X_i$ 表示第 $i+1$ 周新产生的手机照片数量, 令 $Y_i$ 表示第 $i+2$ 周整理后手机里的照片数量, 则 $Y_i = X_i + X_{i+1}$. 设 $X_0, X_1, \cdots$ 相互独立, 同服从 $\pi(\lambda)$. $\{Y_n; n \geqslant 0\}$ 是马尔可夫链吗?

**解** 因为

$$
P(Y_2 = 0 \mid Y_0 = 0, Y_1 = 1) = P(X_2 + X_3 = 0 \mid X_0 + X_1 = 0, X_1 + X_2 = 1)
$$
$$
= P(X_2 = X_3 = 0 \mid X_0 = X_1 = 0, X_2 = 1) = 0,
$$
$$
P(Y_2 = 0 \mid Y_1 = 1) = P(X_2 + X_3 = 0 \mid X_1 + X_2 = 1)
$$
$$
= \frac{P(X_2 = 0, X_3 = 0, X_1 = 1)}{P(X_1 = 0, X_2 = 1) + P(X_1 = 1, X_2 = 0)}
$$
$$
= \frac{P(X_2 = 0)P(X_3 = 0)P(X_1 = 1)}{P(X_1 = 0)P(X_2 = 1) + P(X_1 = 1)P(X_2 = 0)}
$$
$$
= \frac{P(X_2 = 0)}{2} = \frac{\mathrm{e}^{-\lambda}}{2} \neq P(Y_2 = 0 \mid Y_0 = 0, Y_1 = 1),
$$

这说明 $\{Y_n\}$ 不是马尔可夫链. □

# 3.2  有限维分布的确定

从这一节开始, 我们都只考虑时齐马尔可夫链.

设 $\{X_n; n = 0, 1, \cdots\}$ 是时齐马尔可夫链, 状态空间为 $I$, 称 $P(X_0 = i), i \in I$ 为初始分布, $P(X_n = i), i \in I$ 为 $n$ 步分布. 若 $\lim\limits_{n \to \infty} P(X_n = i), i \in I$ 存在, 则称其为极限分布. 本节要研究它的有限维分布. 首先介绍它的多步转移概率所满足的基本方程, 也就是著名的查普曼–柯尔莫哥洛夫 (Chapman-Kolmogorov) 方程, 简称 C–K 方程.

**引理 3.2.1** (C–K 方程) 对任何 $n, m, l \geqslant 0$, $i, j \in I$,

$$p_{ij}(n, n+m+l) = \sum_k p_{ik}(n, n+m)p_{kj}(n+m, n+m+l). \tag{3.2.1}$$

证明　由全概率公式和马尔可夫性,

$$\begin{aligned}
p_{ij}(n, n+m+l) &= P(X_{n+m+l} = j \mid X_n = i)\\
&= \sum_k P(X_{n+m} = k \mid X_n = i)P(X_{n+m+l} = j \mid X_{n+m} = k, X_n = i)\\
&= \sum_k p_{ik}(n, n+m)p_{kj}(n+m, n+m+l). \qquad \square
\end{aligned}$$

C–K 方程基于这样的事实: "在时刻 $n$ 从状态 $i$ 出发, 经过 $m+l$ 步到达状态 $j$" 这个事件可分解成 "在时刻 $n$ 从状态 $i$ 出发, 先经 $m$ 步到达某个中间状态 $k(k \in I)$, 再从状态 $k$ 出发经过 $l$ 步到达状态 $j$" 这些事件的和 (图 3.2.1).

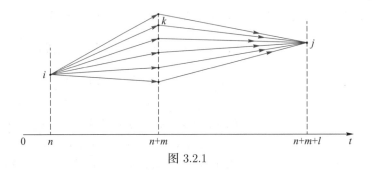

图 3.2.1

由 C–K 方程知, 转移矩阵

$$\boldsymbol{P}(n, n+m+l) = \boldsymbol{P}(n, n+m)\boldsymbol{P}(n+m, n+m+l).$$

因为 $\boldsymbol{P}(n, n+1) = \boldsymbol{P}$ 不依赖于 $n$, 所以

$$\boldsymbol{P}(n, n+2) = \boldsymbol{P}(n, n+1)\boldsymbol{P}(n+1, n+2) = \boldsymbol{P}^2$$

不依赖于 $n$. 由归纳法可推出, 对所有 $m \geqslant 1$, $\boldsymbol{P}(n, n+m) = \boldsymbol{P}^m$ 不依赖于 $n$, 简记为 $\boldsymbol{P}^{(m)}$, 称为 $m$ 步转移矩阵. 对应地, $p_{ij}(n, n+m)$ 不依赖于 $n$, 简记为 $p_{ij}^{(m)}$.

现在我们来计算 $\{X_n\}$ 的有限维分布.

**命题 3.2.1**　(1) 对任何 $n \geqslant 1$, $P(X_n = j) = \sum_i P(X_0 = i)p_{ij}^{(n)}$;

(2) 对任何 $n_1 < n_2 < \cdots < n_k$,

$$P(X_{n_1} = i_1, X_{n_2} = i_2, \cdots, X_{n_k} = i_k)$$

$$= P(X_{n_1} = i_1) p_{i_1 i_2}^{(n_2 - n_1)} \cdots p_{i_{k-1} i_k}^{(n_k - n_{k-1})}.$$

**证明** (1) 由全概率公式,

$$P(X_n = j) = \sum_i P(X_0 = i) P(X_n = j \mid X_0 = i)$$
$$= \sum_i P(X_0 = i) p_{ij}^{(n)}.$$

(2) 由乘法公式,

$$P(X_{n_1} = i_1, X_{n_2} = i_2, \cdots, X_{n_k} = i_k)$$
$$= P(X_{n_1} = i_1) P(X_{n_2} = i_2 \mid X_{n_1} = i_1) \cdots$$
$$P(X_{n_k} = i_k \mid X_{n_1} = i_1, \cdots, X_{n_{k-1}} = i_{k-1})$$
$$= P(X_{n_1} = i_1) P(X_{n_2} = i_2 \mid X_{n_1} = i_1) \cdots$$
$$P(X_{n_k} = i_k \mid X_{n_{k-1}} = i_{k-1})$$
$$= P(X_{n_1} = i_1) p_{i_1 i_2}^{(n_2 - n_1)} \cdots p_{i_{k-1} i_k}^{(n_k - n_{k-1})}.$$

倒数第二个等式是由马尔可夫性得到的. □

这个命题和 C–K 方程告诉我们, 时齐马尔可夫链的有限维分布完全由初始分布和一步转移矩阵决定. 若记初始分布为 $\boldsymbol{\mu}^{(0)}$, 第 $n$ 步的分布为 $\boldsymbol{\mu}^{(n)}$, 把 $\boldsymbol{\mu}^{(0)}$ 和 $\boldsymbol{\mu}^{(n)}$ 都写成行向量, 对应的第 $i$ 个元素分别为 $P(X_0 = i)$ 和 $P(X_n = i)$, 则由命题 3.2.1(1) 知 $\boldsymbol{\mu}^{(n)} = \boldsymbol{\mu}^{(0)} \boldsymbol{P}^n$.

**例 3.2.1** 设 $\{X_n\}$ 是一时齐马尔可夫链, 状态空间 $I = \{0, 1, 2\}$, $P(X_0 = 0) = P(X_0 = 1) = \dfrac{1}{2}$, 一步转移矩阵

$$\boldsymbol{P} = \begin{pmatrix} 0 & 1 & 0 \\ \dfrac{1}{2} & 0 & \dfrac{1}{2} \\ 0 & \dfrac{3}{4} & \dfrac{1}{4} \end{pmatrix}$$

计算:

(1) $P(X_0 = 0, X_1 = 1, X_3 = 1)$;

(2) $P(X_3 = 1, X_1 = 1 \mid X_0 = 0)$;

(3) $P(X_3 = 1)$;

(4) $P(X_0 = 0 \mid X_3 = 1)$.

解

$$\boldsymbol{P}^2 = \begin{pmatrix} \dfrac{1}{2} & 0 & \dfrac{1}{2} \\[2mm] 0 & \dfrac{7}{8} & \dfrac{1}{8} \\[2mm] \dfrac{3}{8} & \dfrac{3}{16} & \dfrac{7}{16} \end{pmatrix}, \quad \boldsymbol{P}^3 = \begin{pmatrix} 0 & \dfrac{7}{8} & \dfrac{1}{8} \\[2mm] \dfrac{7}{16} & \dfrac{3}{32} & \dfrac{15}{32} \\[2mm] \dfrac{3}{32} & \dfrac{45}{64} & \dfrac{13}{64} \end{pmatrix}.$$

(1) $P(X_0 = 0, X_1 = 1, X_3 = 1) = P(X_0 = 0)p_{01}p_{11}^{(2)} = \dfrac{1}{2} \times 1 \times \dfrac{7}{8} = \dfrac{7}{16}.$

(2) $P(X_3 = 1, X_1 = 1 \mid X_0 = 0) = p_{01}p_{11}^{(2)} = 1 \times \dfrac{7}{8} = \dfrac{7}{8}.$

(3) $P(X_3 = 1) = P(X_0 = 0)p_{01}^{(3)} + P(X_0 = 1)p_{11}^{(3)} = \dfrac{1}{2} \times \dfrac{7}{8} + \dfrac{1}{2} \times \dfrac{3}{32} = \dfrac{31}{64}.$

(4) $P(X_0 = 0 \mid X_3 = 1) = \dfrac{P(X_3 = 1 \mid X_0 = 0)P(X_0 = 0)}{P(X_3 = 1)}$

$$= \dfrac{\dfrac{1}{2}p_{01}^{(3)}}{\dfrac{31}{64}} = \dfrac{\dfrac{1}{2} \times \dfrac{7}{8}}{\dfrac{31}{64}} = \dfrac{28}{31}.$$

也可不计算 $\boldsymbol{P}^2$, $\boldsymbol{P}^3$, 根据状态转移图 (图 3.2.2) 和 C–K 方程得

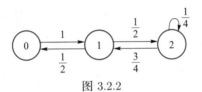

图 3.2.2

$$p_{11}^{(2)} = p_{10}p_{01} + p_{12}p_{21} = \dfrac{7}{8},$$

$$p_{01}^{(3)} = p_{01}p_{11}^{(2)} = \dfrac{7}{8},$$

$$p_{11}^{(3)} = p_{12}p_{22}p_{21} = \dfrac{3}{32}.$$

$\square$

我们要善于根据具体的问题来构造合适的马尔可夫链进行处理.

例 3.2.2　某购物网上某品牌网店有 5 家, 假设每位顾客独立地任选其中一家进行购买. 计算经过 5 位顾客购买后, 恰有 3 家网店产品被购买过的概率.

解　以 $X_n$ 表示前 $n+1$ 位顾客购买后被购买过产品的网店数目, 则 $\{X_n\}$ 是一时齐马尔可夫链, $X_0 = 1$, 状态空间 $I = \{1, 2, 3, 4, 5\}$, 一步转移概率为

$$p_{ii} = 1 - p_{i,i+1} = \dfrac{i}{5}, \quad i = 1, 2, 3, 4, 5,$$

所求为 $p_{13}^{(4)}$. 计算得

$$\boldsymbol{P}^2 = \begin{pmatrix} 0.04 & 0.48 & 0.48 & 0 & 0 \\ 0 & 0.16 & 0.60 & 0.24 & 0 \\ 0 & 0 & 0.36 & 0.56 & 0.08 \\ 0 & 0 & 0 & 0.64 & 0.36 \\ 0 & 0 & 0 & 0 & 1 \end{pmatrix}.$$

所以,

$$p_{13}^{(4)} = \sum_{i=1}^{5} p_{1i}^{(2)} p_{i3}^{(2)}$$

$$= 0.04 \times 0.48 + 0.48 \times 0.60 + 0.48 \times 0.36$$

$$= 0.48. \qquad \Box$$

**例 3.2.3** (股票的二叉树模型) 设 $\xi_1, \xi_2, \cdots$ 独立同分布, $P(\xi_1 = u) = p, P(\xi_1 = d) = 1 - p$, 这里 $u > 1 > d, 0 < p < 1$. 令 $S_n$ 表示股票在 $n$ 时的价格 (单位: 元). 设 $S_0 = s_0$ 是一个常数, 对 $n \geqslant 1$ 有 $S_n = S_0 \xi_1 \xi_2 \cdots \xi_n$. 这个股票价格模型就是简单常用的二叉树模型. 事实上 $\{S_n; n \geqslant 0\}$ 是一个时齐马尔可夫链, 状态空间为 $\{s_0 u^m d^n; m, n$ 为非负整数$\}$,

$$P(S_{n+1} = j | S_0 = s_0, \cdots, S_n = i)$$

$$= P(S_{n+1} = j | S_n = i)$$

$$= \begin{cases} p, & j = ui, \\ 1-p, & j = di, \\ 0, & 其他, \end{cases}$$

即在已知前 $n$ 时刻股票价格的条件下, 下一时刻以概率 $p$ 上涨到 $u$ 倍, 以概率 $1 - p$ 下跌到 $d$ 倍.

考虑一个允许在 $N$ 时刻以敲定价格 $K$ 元买入一只股票的欧式看涨期权. 如果 $N$ 时刻股票价格 $S_N$ 高于 $K$ 元, 期权持有者就行权, 赚得 $S_N - K$ 元; 否则就不行权. 因此这份期权在到期时刻 $N$ 的价值为 $\max\{S_N - K, 0\}$. 下面以 $u = \dfrac{3}{2}, d = \dfrac{1}{2}, s_0 = 16, p = \dfrac{1}{2}$, $N = 4, K = 8$ 为例来计算 $E(\max\{S_N - K, 0\})$ 和 $E(\max\{S_N - K, 0\} | S_1 = 8, S_2 = 4)$.

前 $N$ 时刻上涨次数服从 $B(N, p)$, 因此

$$P(S_N = xu^m d^{N-m}|S_0 = x)$$

$$= C_N^m p^m (1-p)^{N-m}, \quad m = 0, 1, \cdots, N.$$

这推出

$$P(S_4 = 81) = P(S_4 = 1) = \frac{1}{16},$$

$$P(S_4 = 27) = P(S_4 = 3) = \frac{4}{16}, \quad P(S_4 = 9) = \frac{6}{16}.$$

所以

$$E(\max\{S_N - K, 0\})$$

$$= (81 - 8) \times \frac{1}{16} + (27 - 8) \times \frac{4}{16} + (9 - 8) \times \frac{6}{16}$$

$$= \frac{155}{16} = 9.687\,5.$$

由时齐马尔可夫性知

$$P(S_4 = 9|S_1 = 8, S_2 = 4) = P(S_2 = 9|S_0 = 4) = \frac{1}{4}.$$

再结合图 3.2.3 中虚线框内部分知,

$$E(\max\{S_N - K, 0\}|S_1 = 8, S_2 = 4)$$

$$= (9 - 8) \times \frac{1}{4} = \frac{1}{4} = 0.25.$$

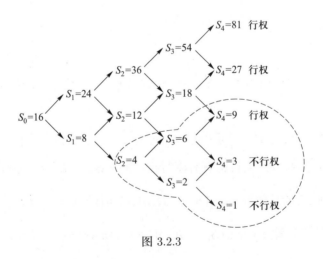

图 3.2.3

可以看到, 在连续两次下跌后这份看涨期权的平均到期价值大幅减少. $\quad\square$

## 3.3 常返和暂留

设 $\{X_n; n = 0, 1, 2, \cdots\}$ 是一时齐马尔可夫链, 从一个状态出发一定能在有限时间内返回该状态吗? 如果能够返回, 平均返回时间一定有限吗? 若有限, 平均返回时间的精确值又是多少? 接下来我们就来考虑这几个问题. 对状态 $i$, 定义

$$\tau_i = \inf\{n \geqslant 1; X_n = i\}$$

为 $i$ 的首中时 (约定 $\inf \varnothing = \infty$). 如果 $P(\tau_i < \infty \mid X_0 = i) = 1$, 则称 $i$ 常返 (recurrent), 否则称 $i$ 暂留 (transient). 如果 $i$ 常返, 令 $\mu_i = E(\tau_i \mid X_0 = i)$, 称其为状态 $i$ 的平均回转时. 如果 $\mu_i < \infty$, 则称 $i$ 正常返 (positive recurrent), 否则称 $i$ 零常返 (null recurrent). 如果所有状态都是常返 (暂留、零常返、正常返) 的, 则称此马尔可夫链常返 (暂留、零常返、正常返).

令 $f_{ij}^{(n)} = P(X_n = j, X_{n-1} \neq j, \cdots, X_1 \neq j \mid X_0 = i)$, 表示从 $i$ 出发在第 $n$ 步首次击中 $j$ 的概率. 令 $f_{ij} = P(\tau_j < \infty \mid X_0 = i)$, 表示从 $i$ 出发在有限步能击中 $j$ 的概率, 则 $f_{ij} = \sum_{n=1}^{\infty} f_{ij}^{(n)}$. 所以状态 $i$ 常返当且仅当 $f_{ii} = 1$. 若 $i$ 常返, 则 $\mu_i = \sum_{n=1}^{\infty} n f_{ii}^{(n)}$.

**例 3.3.1** 假设 $\{X_n\}$ 是时齐马尔可夫链, 状态空间为 $I = \{0, 1, 2, 3\}$, 一步转移矩阵为

$$\boldsymbol{P} = \begin{pmatrix} 0 & \dfrac{1}{2} & 0 & \dfrac{1}{2} \\ 0 & 0 & 1 & 0 \\ 0 & 0 & 0 & 1 \\ \dfrac{1}{2} & 0 & 0 & \dfrac{1}{2} \end{pmatrix}.$$

状态转移图为图 3.3.1. 讨论状态 0 和状态 3 的常返性.

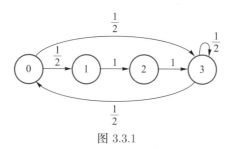

图 3.3.1

解　对于状态 0,

$$f_{00}^{(1)} = 0, \quad f_{00}^{(2)} = p_{03}p_{30} = \frac{1}{4}, \quad f_{00}^{(3)} = p_{03}p_{33}p_{30} = \frac{1}{8}.$$

当 $n \geqslant 4$ 时,

$$f_{00}^{(n)} = p_{03}p_{33}^{n-2}p_{30} + p_{01}p_{12}p_{23}p_{33}^{n-4}p_{30}$$
$$= \frac{1}{2^n} + \frac{1}{2^{n-2}}.$$

所以,

$$f_{00} = \sum_{n=1}^{\infty} f_{00}^{(n)} = \sum_{n=2}^{\infty} \frac{1}{2^n} + \sum_{n=4}^{\infty} \frac{1}{2^{n-2}} = 1.$$

这说明 0 是一个常返态. 进一步地,

$$\mu_0 = \sum_{n=2}^{\infty} n\frac{1}{2^n} + \sum_{n=4}^{\infty} n\frac{1}{2^{n-2}} = 4,$$

所以 0 是正常返态.

对于状态 3,

$$f_{33}^{(1)} = p_{33} = \frac{1}{2},$$
$$f_{33}^{(2)} = p_{30}p_{03} = \frac{1}{4},$$
$$f_{33}^{(4)} = p_{30}p_{01}p_{12}p_{23} = \frac{1}{4}.$$

所以 $f_{33} = 1$, $\mu_3 = 2$. 因此 3 也是正常返态. □

例 3.3.2　(爬梯子模型) 假设 $\{X_n\}$ 是时齐马尔可夫链, 状态空间为 $I = \{0, 1, 2, \cdots\}$, $p_{i,i+1} = p_i$, $p_{i0} = q_i = 1 - p_i$, $0 < p_i < 1$, $i \geqslant 0$. 讨论状态 0 的常返性.

解　状态转移图为图 3.3.2.

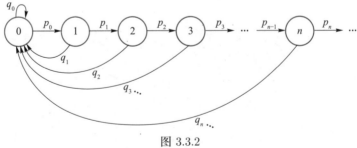

图 3.3.2

$$f_{00}^{(1)} = p_{00} = 1 - p_0,$$

$$f_{00}^{(2)} = p_{01}p_{10} = p_0(1 - p_1) = p_0 - p_0p_1.$$

对 $n \geqslant 2$,

$$f_{00}^{(n)} = p_{01}p_{12} \cdots p_{n-2,n-1}p_{n-1,0}$$

$$= p_0 p_1 \cdots p_{n-2}(1 - p_{n-1}).$$

记 $u_0 = 1, u_n = p_0 p_1 \cdots p_{n-1}, \forall n \geqslant 1$, 则对任何 $n \geqslant 1, f_{00}^{(n)} = u_{n-1} - u_n$. 因此,

$$f_{00} = (1 - u_1) + (u_1 - u_2) + (u_2 - u_3) + \cdots$$

$$= 1 - \lim_{n \to \infty} u_n.$$

所以, 0 是常返态当且仅当 $\lim_{n \to \infty} u_n = 0$.

进一步地, 如果 0 是常返态, 则

$$\mu_0 = (1 - u_1) + 2(u_1 - u_2) + 3(u_2 - u_3) + \cdots$$

$$= \sum_{n=0}^{\infty} u_n.$$

所以, 0 是正常返态当且仅当 $\sum_{n=0}^{\infty} u_n < \infty$. □

例如, 如果 $p_i = \mathrm{e}^{-\frac{1}{(i+1)^2}}$, 则 $u_n = \mathrm{e}^{-\left(1 + \frac{1}{2^2} + \cdots + \frac{1}{n^2}\right)} \to \mathrm{e}^{-\sum_{i=1}^{\infty} \frac{1}{i^2}} > 0$, 此时 0 是暂留态.

如果 $p_i = \dfrac{i+1}{i+2}$, 则 $u_n = \dfrac{1}{n+1}$, 所以 $\lim_{n \to \infty} u_n = 0$, 但 $\sum_{n=0}^{\infty} u_n = \infty$, 故 0 是零常返态.

如果 $p_i = \dfrac{(i+1)^2}{(i+2)^2}$, 则 $u_n = \dfrac{1}{(n+1)^2}$, 所以 $\lim_{n \to \infty} u_n = 0$, 且 $\sum_{n=0}^{\infty} u_n < \infty$, 故 0 是正常返态.

图 3.3.3 画出了爬梯子模型当 (1) $p_i = \mathrm{e}^{-\frac{1}{(i+1)^2}}$, (2) $p_i = \dfrac{i+1}{i+2}$, (3) $p_i = \dfrac{(i+1)^2}{(i+2)^2}$ 时的样本轨道.

下面讨论常返性的一些等价描述. 设 $i$ 是某状态, 令 $N_i = \#\{n \geqslant 0; X_n = i\}$, 表示访问 $i$ 的次数.

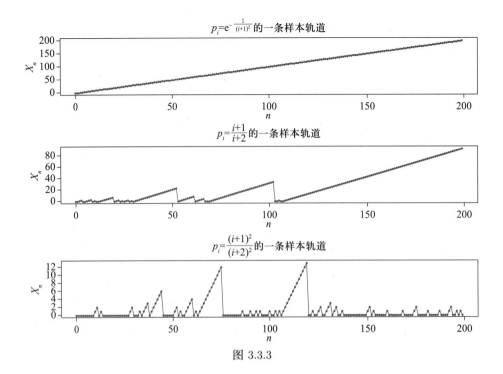

图 3.3.3

**定理 3.3.1** (1) 状态 $i$ 常返当且仅当 $P(N_i = \infty \mid X_0 = i) = 1$, 当且仅当
$$\sum_{n=0}^{\infty} p_{ii}^{(n)} = \infty;$$

(2) 状态 $i$ 暂留当且仅当 $P(N_i < \infty \mid X_0 = i) = 1$, 当且仅当 $\sum_{n=0}^{\infty} p_{ii}^{(n)} < \infty$.

证明 首先,
$$P(N_i \geqslant 1 \mid X_0 = i) = 1,$$
$$P(N_i \geqslant 2 \mid X_0 = i) = P(\tau_i < \infty \mid X_0 = i) = f_{ii}.$$

其次, 令 $A_{lm} = \{X_1 \neq i, \cdots, X_{l-1} \neq i, X_l = i, X_{l+1} \neq i, \cdots, X_{l+m-1} \neq i, X_{l+m} = i\}$, 表示事件 "第 $l$ 步首次击中 $i$, 第 $l+m$ 步第二次击中 $i$", 则
$$P(N_i \geqslant 3 \mid X_0 = i) = \sum_{l,m \geqslant 1} P(A_{lm} \mid X_0 = i).$$

对任何 $l, m \geqslant 1$, 由乘法公式、马尔可夫性和时齐性知
$$P(A_{lm} \mid X_0 = i)$$
$$= P(X_1 \neq i, \cdots, X_{l-1} \neq i, X_l = i \mid X_0 = i) \cdot$$

$$P(X_{l+1} \neq i, \cdots, X_{l+m-1} \neq i, X_{l+m} = i \mid$$

$$X_0 = i, X_1 \neq i, \cdots, X_{l-1} \neq i, X_l = i)$$

$$= P(X_1 \neq i, \cdots, X_{l-1} \neq i, X_l = i \mid X_0 = i) \cdot$$

$$P(X_{l+1} \neq i, \cdots, X_{l+m-1} \neq i, X_{l+m} = i \mid X_l = i)$$

$$= P(X_1 \neq i, \cdots, X_{l-1} \neq i, X_l = i \mid X_0 = i) \cdot$$

$$P(X_1 \neq i, \cdots, X_{m-1} \neq i, X_m = i \mid X_0 = i)$$

$$= f_{ii}^{(l)} f_{ii}^{(m)}.$$

所以

$$P(N_i \geqslant 3 \mid X_0 = i) = \sum_{l,m \geqslant 1} f_{ii}^{(l)} f_{ii}^{(m)} = f_{ii}^2.$$

同理可证, 对任何 $n \geqslant 4$, $P(N_i \geqslant n \mid X_0 = i) = f_{ii}^{n-1}$.

如果 $f_{ii} = 1$, 则

$$P(N_i = \infty \mid X_0 = i) = \lim_{n \to \infty} P(N_i \geqslant n \mid X_0 = i) = 1;$$

如果 $f_{ii} < 1$, 则

$$P(N_i = \infty \mid X_0 = i) = \lim_{n \to \infty} P(N_i \geqslant n \mid X_0 = i) = 0.$$

另一方面, 如果 $f_{ii} < 1$, 则对任何 $n \geqslant 1$,

$$P(N_i = n \mid X_0 = i)$$

$$= P(N_i \geqslant n \mid X_0 = i) - P(N_i \geqslant n + 1 \mid X_0 = i)$$

$$= f_{ii}^{n-1}(1 - f_{ii}),$$

即如果马尔可夫链从 $i$ 出发, 则访问 $i$ 的次数服从参数为 $1 - f_{ii}$ 的几何分布 (图 3.3.4), 从而

$$E(N_i \mid X_0 = i) = \frac{1}{1 - f_{ii}} < \infty.$$

令

$$Y_n = \begin{cases} 1, & X_n = i, \\ 0, & X_n \neq i, \end{cases}$$

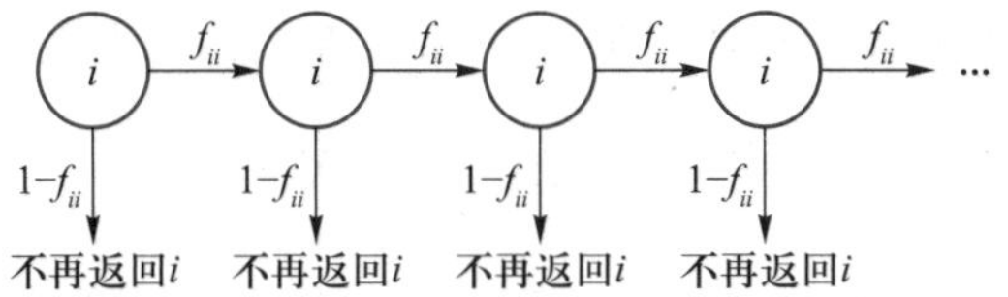

图 3.3.4

则 $N_i = \sum\limits_{n=0}^{\infty} Y_n$, 所以

$$E(N_i \mid X_0 = i) = \sum_{n=0}^{\infty} E(Y_n \mid X_0 = i) = \sum_{n=0}^{\infty} p_{ii}^{(n)},$$

即 $\sum\limits_{n=0}^{\infty} p_{ii}^{(n)}$ 表示马尔可夫链从 $i$ 出发访问状态 $i$ 的平均次数. 所以, 如果 $i$ 常返, 则

$$\sum_{n=0}^{\infty} p_{ii}^{(n)} = \infty;$$

如果 $i$ 暂留, 则

$$\sum_{n=0}^{\infty} p_{ii}^{(n)} = \frac{1}{1 - f_{ii}} < \infty. \qquad \square$$

上面定理说明 $i$ 常返当且仅当从 $i$ 出发以概率 1 无穷多次返回状态 $i$, 即 "经常返回"; 而 $i$ 暂留则意味着以概率 1 返回 $i$ 的次数有限, 即在 $i$ 处 "短暂逗留" 后将永不再返回 $i$. 令 $N_i^{(n)} = \#\{1 \leqslant k \leqslant n; X_k = i\}$, 它表示前 $n$ 步访问 $i$ 的次数. 从定理 3.3.1 的证明过程中我们不难得到,

$$\sum_{k=0}^{\infty} p_{ji}^{(k)} = E(N_i | X_0 = j), \quad \frac{1}{n} \sum_{k=1}^{n} p_{ji}^{(k)} = E\left( \left. \frac{N_i^{(n)}}{n} \right| X_0 = j \right).$$

**引理 3.3.1**

$$\lim_{n \to \infty} \frac{1}{n} \sum_{k=1}^{n} p_{ii}^{(k)} = \frac{1}{\mu_i}.$$

**证明** 如果 $i$ 暂留, 则由定理 3.3.1(2) 知 $\lim\limits_{n \to \infty} p_{ii}^{(n)} = 0$, 因而

$$\lim_{n \to \infty} \frac{1}{n} \sum_{k=1}^{n} p_{ii}^{(k)} = 0 = \frac{1}{\mu_i}.$$

若 $i$ 常返且 $X_0 = i$, 则以概率 1 返回 $i$ 无穷次. 记这些返回 $i$ 的时间间隔依次为 $\sigma_1, \sigma_2, \cdots$ (图 3.3.5). 由马尔可夫性知, 它们独立同分布, 且 $E(\sigma_1) = \mu_i$. 令 $S_n = \sum\limits_{k=1}^{n} \sigma_i$ 表

示第 $n$ 次返回 $i$ 的时刻, 由大数定律知当 $n \to \infty$ 时,

$$\frac{S_n}{n} = \frac{\sigma_1 + \sigma_2 + \cdots + \sigma_n}{n} \xrightarrow{P} \mu_i,$$

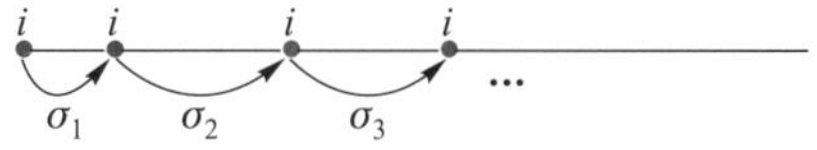

图 3.3.5

因而当 $n \to \infty$ 时,

$$\frac{S_{N_i^{(n)}}}{N_i^{(n)}} \xrightarrow{P} \mu_i, \qquad \frac{S_{N_i^{(n)}+1}}{N_i^{(n)}+1} \xrightarrow{P} \mu_i.$$

显然, $S_{N_i^{(n)}}$ 表示前 $n$ 步最后一次返回 $i$ 的时刻, $S_{N_i^{(n)}+1}$ 表示 $n$ 步后首次返回 $i$ 的时刻, 因而 $S_{N_i^{(n)}} \leqslant n < S_{N_i^{(n)}+1}$. 由此推得

$$\frac{S_{N_i^{(n)}}}{N_i^{(n)}} \leqslant \frac{n}{N_i^{(n)}} < \frac{S_{N_i^{(n)}+1}}{N_i^{(n)}+1} \cdot \frac{N_i^{(n)}+1}{N_i^{(n)}}.$$

令 $n \to \infty$ 得到 $\dfrac{n}{N_i^{(n)}} \xrightarrow{P} \mu_i$. 注意到 $0 \leqslant \dfrac{N_i^{(n)}}{n} \leqslant 1$, 因而

$$\frac{1}{n}\sum_{k=1}^{n} p_{ii}^{(k)} = E\left(\frac{N_i^{(n)}}{n}\right) \to \frac{1}{\mu_i}. \qquad \Box$$

引理 3.3.1 说明从 $i$ 出发, 虽然返回 $i$ 的时间间隔有大有小, 但长远来看, 访问 $i$ 的频率与按确定时间间隔 $\mu_i$ 是一样的 (由大数定律保证), 也就是访问 $i$ 的长远频率为 $\dfrac{1}{\mu_i}$. 若 $i$ 暂留或零常返, 则访问 $i$ 的长远频率为 0. 若 $i$ 正常返, 则访问 $i$ 的长远频率为 $\dfrac{1}{\mu_i} > 0$, $\mu_i$ 越小, 访问 $i$ 越频繁. 这与直观符合. 下面的定理给出了正常返和零常返的等价刻画 (证明略去).

**定理 3.3.2** (1) 状态 $i$ 正常返当且仅当 $\displaystyle\lim_{n\to\infty} \frac{1}{n}\sum_{k=1}^{n} p_{ii}^{(k)} > 0$; 当且仅当 $\displaystyle\limsup_{n\to\infty} p_{ii}^{(n)} > 0$;

(2) 状态 $i$ 零常返当且仅当 $\displaystyle\sum_{n=0}^{\infty} p_{ii}^{(n)} = \infty$ 但 $\displaystyle\lim_{n\to\infty} p_{ii}^{(n)} = 0$.

在例 3.3.1 中, 我们已讨论了状态 0 和状态 3 的常返性, 那么状态 1 和状态 2 的常返性又如何呢? 如果计算一下 $f_{11}^{(n)}$ 和 $f_{22}^{(n)}$, 就会发现这个计算很复杂, 那么还有什么好方法来判断常返性呢? 有, 这就是接下来要讲的利用互达的关系来判断.

设 $i, j$ 是两状态, 如果 $i = j$, 或存在 $n \geqslant 1$, 使得 $p_{ij}^{(n)} > 0$, 则称 $i$ 可达 $j$, 记为 $i \frown j$.

如果 $i \frown j$ 且 $j \frown i$, 则称 $i, j$ 互达 (communicate), 记为 $i \leftrightarrow j$.

可证明 "$\leftrightarrow$" 满足以下三条性质:

(1) 自反性: $i \leftrightarrow i$;

(2) 对称性: 如果 $i \leftrightarrow j$, 则 $j \leftrightarrow i$;

(3) 传递性: 如果 $i \leftrightarrow j, j \leftrightarrow k$, 则 $i \leftrightarrow k$.

因此互达是一个等价关系. 对任何状态 $i$ 和 $j$, $i$ 的互达等价类与 $j$ 的互达等价类不是相等就是互斥. 因此, 状态空间可表示成互不相交的互达等价类的并. 如果状态空间中任何两个状态互达, 则称此马尔可夫链不可约.

定义状态 $i$ 的周期 (period) $d(i)$ 为集合 $\{n; n \geqslant 1, p_{ii}^{(n)} > 0\}$ 中元素的最大公约数 (若该集合为空集, 则定义 $d(i) = 0$), 即可返回步数的最大公约数. 显然, 如果 $p_{ii}^{(n)} > 0$, 则 $n$ 一定是 $d(i)$ 的整数倍. 也就是说从 $i$ 出发只有在 $d(i)$ 的整数倍步数后, 才有可能以正概率返回 $i$. 如果 $d(i) = 1$, 则称 $i$ 非周期 (aperiodic). 如果所有 $i$ 非周期, 则称此马尔可夫链非周期. 若状态 $i$ 正常返且非周期, 则称 $i$ 为遍历状态. 不可约非周期正常返的马尔可夫链称为遍历的马尔可夫链 (ergodic Markov chain).

**例 3.3.3** 设 $\{X_n\}$ 是时齐马尔可夫链, 状态空间 $I = \{0, 1, 2, 3, 4, 5\}$, 一步转移矩阵

$$
\boldsymbol{P} = \begin{pmatrix}
1 & 0 & 0 & 0 & 0 & 0 \\
0 & 0 & 1 & 0 & 0 & 0 \\
0 & 0.5 & 0.5 & 0 & 0 & 0 \\
0 & 0 & 0 & 0 & 1 & 0 \\
0 & 0 & 0 & 1 & 0 & 0 \\
0.1 & 0.1 & 0.1 & 0.1 & 0.1 & 0.5
\end{pmatrix}.
$$

求出所有互达等价类, 各状态的周期和常返性.

**解** 状态转移图为图 3.3.6.

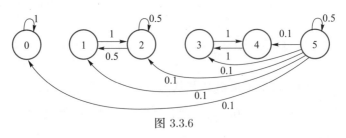

图 3.3.6

共有四个互达等价类: $\{0\}$, $\{1, 2\}$, $\{3, 4\}$, $\{5\}$.

状态 0 是吸收态. 因为 $p_{00} = 1$, 所以 $d(0) = 1$, 且 $f_{00}^{(1)} = 1$, 从而 $\mu_0 = 1$, 因此 0 也是正常返态.

因为

$$p_{11}^{(2)} = p_{12}p_{21} = 0.5 > 0, \quad p_{11}^{(3)} = p_{12}p_{22}p_{21} = 0.25 > 0,$$

所以 $d(1) = 1$. 又 $f_{11}^{(1)} = 0$,

$$f_{11}^{(n)} = p_{12}p_{22}^{n-2}p_{21} = 0.5^{n-1}, \quad \forall n \geqslant 2,$$

故有

$$f_{11} = \sum_{n=1}^{\infty} f_{11}^{(n)} = 1, \quad \mu_1 = \sum_{n=1}^{\infty} n f_{11}^{(n)} = 3 < \infty.$$

因此 1 是正常返态.

因为 $p_{22} > 0$, 所以 $d(2) = 1$. 又 $f_{22}^{(1)} = 0.5$, $f_{22}^{(2)} = 0.5$, 所以

$$f_{22} = 1, \quad \mu_2 = \sum_{n=1}^{\infty} n f_{22}^{(n)} = 1.5 < \infty.$$

因此 2 是正常返态.

因为 $p_{33}^{(n)} > 0$ 当且仅当 $n$ 是偶数, 所以 $d(3) = 2$. 又 $f_{33}^{(2)} = 1$, 故 $f_{33} = 1$ 且 $\mu_3 = 2$. 因此 3 是正常返态. 同理, $d(4) = 2, 4$ 是正常返态, 且 $\mu_4 = 2$.

因为 $p_{55} > 0$, 所以 $d(5) = 1$. 又 $f_{55}^{(1)} = 0.5$, $f_{55}^{(n)} = 0, \forall n \geqslant 2$, 故 $f_{55} = 0.5 < 1$. 因此 5 是暂留态. $\qquad\square$

**定理 3.3.3** 如果 $i \leftrightarrow j$, 则

(1) $d(i) = d(j)$;

(2) $i$ 常返当且仅当 $j$ 常返;

(3) $i$ 正常返当且仅当 $j$ 正常返.

**证明** 只需考虑 $i \neq j$ 的情形. 因为 $i \leftrightarrow j$, 所以存在正整数 $m, n$, 使得 $p_{ij}^{(m)} > 0$, $p_{ji}^{(n)} > 0$. 由 C-K 方程,

$$p_{jj}^{(k+m+n)} \geqslant p_{ji}^{(n)} p_{ii}^{(k)} p_{ij}^{(m)} = \left( p_{ji}^{(n)} p_{ij}^{(m)} \right) p_{ii}^{(k)}.$$

(1) 令 $A_i = \{k \geqslant 1; p_{ii}^{(k)} > 0\}$ 和 $A_j = \{k \geqslant 1; p_{jj}^{(k)} > 0\}$, 则上面不等式推出 $m + n \in A_j$, 并且推出 $k \in A_i$ 蕴涵 $k + m + n \in A_j$. 这说明对于任意 $k \in A_i$, $k = (k+m+n) - (m+n)$ 都

是 $d(j)$ 的倍数. 又由于 $d(i)$ 是 $A_i$ 中元素的最大公约数, 因此 $d(i) \geqslant d(j)$. 同理 $d(j) \geqslant d(i)$. 所以 $d(i) = d(j)$.

(2) 如果 $i$ 常返, 则 $\sum\limits_{k} p_{ii}^{(k)} = \infty$. 利用上面不等式得到

$$\sum_{k} p_{jj}^{(k+m+n)} \geqslant \left( p_{ji}^{(n)} p_{ij}^{(m)} \right) \sum_{k} p_{ii}^{(k)} = \infty,$$

即 $j$ 也常返.

(3) 如果 $i$ 正常返, 则 $\limsup\limits_{k\to\infty} p_{ii}^{(k)} > 0$. 根据上面不等式得

$$\limsup_{k\to\infty} p_{jj}^{(k+m+n)} > 0,$$

即 $j$ 正常返. □

物以类聚, 人以群分. 定理 3.3.3 告诉我们在同一个互达等价类中, 各状态具有相同的周期和常返性. 例如在例 3.3.3 中, 1, 2 互达, 因此它们具有相同的周期和常返性. 同样 3, 4 互达, 因此它们也具有相同的周期和常返性. 因此在判断一个状态的性质时, 我们可以从它的等价类中找到一个容易判断的状态来进行判断. 特别地, 不可约马尔可夫链中各状态性质相同, 故此马尔可夫链或者为暂留, 或者为零常返, 或者为正常返. 现在就可以利用定理 3.3.3 来讨论例 3.3.1 和例 3.3.2 中各状态的常返性了.

**例 3.3.4** 讨论例 3.3.1 和例 3.3.2 中各状态的周期和常返性.

**解** 例 3.3.1 中, 各状态互达, 因为状态 0 是正常返的, 所以所有的状态都是正常返的; 因为 $p_{33} > 0$, 所以 $d(3) = 1$, 故

$$d(0) = d(1) = d(2) = d(3) = 1.$$

这是一个不可约非周期正常返的马尔可夫链, 即遍历的马尔可夫链.

例 3.3.2 中, 各状态互达, 因为 $p_{00} > 0$, 所以 $d(0) = 1$, 因此各状态周期为 1. 这是一个不可约非周期的马尔可夫链. 各状态的常返性与状态 0 的常返性相同. 所以,

(1) 当 $\lim\limits_{n\to\infty} u_n > 0$ 时, 各状态暂留;

(2) 当 $\lim\limits_{n\to\infty} u_n = 0$ 但 $\sum\limits_{n=0}^{\infty} u_n = \infty$ 时, 各状态零常返;

(3) 当 $\sum\limits_{n=0}^{\infty} u_n < \infty$ 时, 各状态正常返. □

例 **3.3.5** ($\mathbf{Z}^d$ 上对称随机游动) 令 $X = \{X_n; n \geqslant 0\}$ 是图 $\mathbf{Z}^d$ (见例 3.1.5) 上的简单随机游动, 通常也称为 $d$ 维对称随机游动. 讨论各状态的周期和常返性.

**解** 显然这是一个不可约周期为 2 的马尔可夫链, 各状态的常返性相同. 记原点为 $o$, 则只需考虑 $o$ 的常返性. 显然 $p_{oo}^{(2n-1)} = 0$.

若 $d = 1$, 则对任意整数 $i$ 有 $p_{i,i-1} = p_{i,i+1} = \dfrac{1}{2}$, 所以

$$p_{oo}^{(2n)} = \mathrm{C}_{2n}^n \left(\frac{1}{2}\right)^{2n} = \frac{(2n)!}{n!n!}\left(\frac{1}{2}\right)^{2n}.$$

由斯特林 (Stirling) 公式 $n! \sim \sqrt{2\pi n}\,\mathrm{e}^{-n}n^n$ 得 $p_{oo}^{(2n)} \sim \dfrac{1}{\sqrt{\pi n}}$. 因此 $\displaystyle\sum_n p_{oo}^{(n)} = \infty$ 但 $\displaystyle\lim_{n\to\infty} p_{oo}^{(n)} = 0$. 所以状态 $o$ 零常返.

若 $d = 2$, 则对每一对整数 $(i,j)$ 有 (图 3.3.7)

$$p_{(i,j),(i,j+1)} = p_{(i,j),(i,j-1)} = p_{(i,j),(i-1,j)}$$
$$= p_{(i,j),(i+1,j)} = \frac{1}{4}.$$

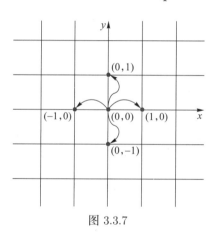

图 3.3.7

于是

$$p_{oo}^{(2n)} = \sum_{k=0}^{n} P(\text{前 } 2n \text{ 步中往上、下各走 } k \text{ 步,}$$

$$\text{往左、右各走 } n-k \text{ 步})$$

$$= \sum_{k=0}^{n} \mathrm{C}_{2n}^n \mathrm{C}_n^k \mathrm{C}_n^k \frac{1}{4^{2n}} = \frac{1}{4^{2n}}(\mathrm{C}_{2n}^n)^2 \sim \frac{1}{\pi n}.$$

这说明 $\sum\limits_{n} p_{oo}^{(n)} = \infty$ 但 $\lim\limits_{n \to \infty} p_{oo}^{(n)} = 0$. 因此状态 $o$ 零常返.

已有: 当 $d = 1$ 时, $p_{oo}^{(2n)} \sim \dfrac{1}{\sqrt{\pi n}}$; 当 $d = 2$ 时, $p_{oo}^{(2n)} \sim \dfrac{1}{\pi n}$. 事实上当 $d \geqslant 3$ 时, $p_{oo}^{(2n)} = O(n^{-d/2})$ (证略). 由此可得 $\sum\limits_{n} p_{oo}^{(n)} < \infty$, 因此状态 $o$ 暂留. $\qquad\square$

这个例子说明一维和二维对称随机游动都是零常返的, 三维和三维以上对称随机游动都是暂留的. 醉汉一定能回家, 但喝醉的小鸟却不一定. 这是因为醉汉在二维世界游走, 而醉鸟飞翔于三维空间. 给的空间越大, 越容易逃离.

尽管没有给出当 $d \geqslant 3$ 时的证明, 但我们可以试着直观理解如下:

对于 $d$ 维对称随机游动, 它有 $d$ 个坐标可以移动, 根据大数定律, 当 $n$ 足够大时, 前 $n$ 步中约有 $\dfrac{n}{d}$ 步往第 $i$ 个坐标移动. 而在这些步数中, 它其实是第 $i$ 个坐标上的一维对称随机游动. 当给定各个坐标上的移动步数后, 这 $d$ 个一维对称随机游动是相互独立的. 又由于经过 $n$ 步后返回当且仅当每个坐标上的一维对称随机游动都返回. 因此应该有

$$p_{oo}^{(2n)} = O\left(\left(\frac{1}{\sqrt{\pi n/d}}\right)^{d}\right) = O(n^{-d/2}).$$

# 3.4 平稳分布

设 $\{X_n; n = 0, 1, \cdots\}$ 是一时齐马尔可夫链, 什么时候初始分布与一步分布相同? 设初始分布为 $\boldsymbol{\pi}$, 转移矩阵为 $\boldsymbol{P}$, 则 $X_1$ 的分布为 $\boldsymbol{\pi P}$. 因此, $X_0$ 与 $X_1$ 分布相同当且仅当 $\boldsymbol{\pi P} = \boldsymbol{\pi}$, 此时称 $\boldsymbol{\pi}$ 为 $\{X_n; n = 0, 1, \cdots\}$ 的平稳分布.

**定义 3.4.1** 设 $\boldsymbol{\pi} = (\pi_j; j \in I)$ 满足

(1) $\pi_j \geqslant 0, \sum\limits_{j \in I}^{N} \pi_j = 1$;

(2) $\boldsymbol{\pi P} = \boldsymbol{\pi}$, 即 $\pi_j = \sum\limits_{i \in I}^{N} \pi_i p_{ij}, \forall j \in I$,

则称 $\boldsymbol{\pi}$ 是 $\{X_n\}$ 的平稳分布.

从定义可知, 如果初始分布为平稳分布 $\boldsymbol{\pi}$, 则对任何 $n \geqslant 1, X_n$ 的分布为

$$\boldsymbol{\pi P}^n = (\boldsymbol{\pi P})\boldsymbol{P}^{n-1} = \boldsymbol{\pi P}^{n-1} = \cdots = \boldsymbol{\pi P} = \boldsymbol{\pi}.$$

而且此时 $\{X_n; n = 0, 1, \cdots\}$ 是严平稳过程 (定义见第 5 章). 对方程组 $\pi_j = \sum\limits_i \pi_i p_{ij}$, $\forall j \in I$, 左边各式相加得 $\sum\limits_j \pi_j$, 右边各式相加得

$$\sum_j \sum_i \pi_i p_{ij} = \sum_i \pi_i \sum_j p_{ij} = \sum_i \pi_i,$$

它们自然相等. 因此这些方程线性相关, 实际计算时可以去掉一个相对复杂的方程.

我们也可以把马尔可夫链看成水的流动: 每个状态看成一个节点, 每过一个单位时间, 节点 $i$ 中就有 $p_{ij}$ 比例的水流到节点 $j$. 一开始, 节点 $i$ 的水量是 $P(X_0 = i)$, 即初始水量分布与马尔可夫链初始分布相同, 则经过一个单位时间之后节点 $k$ 的水量为

$$\sum_i P(X_0 = i) p_{ik} = P(X_1 = k),$$

即经过一个单位时间后水量的分布与马尔可夫链的一步分布相同. 同样地, 经过 $n$ 个单位时间后水量的分布与马尔可夫链的 $n$ 步分布相同. 如果想保持各节点的水量永远不变, 则当且仅当初始水量分布为马尔可夫链的平稳分布, 只有这时才能保证各节点流进水量与流出水量相同而达到 "收支平衡".

**例 3.4.1** 求例 3.1.5 中 $\{X_n\}$ 的所有平稳分布.

**解** 设平稳分布为 $\boldsymbol{\pi} = (\pi_0, \pi_1, \pi_2, \pi_3)$, 则

例 3.4.1 样本轨道及频率变化　例 3.4.1 转移矩阵变化过程

$$\begin{cases} \pi_0 + \pi_1 + \pi_2 + \pi_3 = 1, \\ \pi_1 = \dfrac{1}{3}\pi_0 + \dfrac{1}{2}\pi_2, \\ \pi_2 = \dfrac{1}{3}\pi_0 + \dfrac{1}{2}\pi_1, \\ \pi_3 = \dfrac{1}{3}\pi_0, \end{cases}$$

有唯一解 $\boldsymbol{\pi} = \left(\dfrac{3}{8}, \dfrac{1}{4}, \dfrac{1}{4}, \dfrac{1}{8}\right)$. □

有趣的是, 平稳分布与平均回转时和极限分布有着密切的联系. 直观地想象一下, 如果状态 $i$ 的平均回转时越小, 即访问状态 $i$ 的平均时间间隔越小, 则访问状态 $i$ 越频繁, 从而访问 $i$ 的概率极限 (如存在的话) 越大. 下面的定理说明当 $\{X_n\}$ 遍历时, 平稳分布唯一, $\pi_i = \dfrac{1}{\mu_i}$, 而且此时 $\lim\limits_{n \to \infty} p_{ij}^{(n)}$ 存在, 恰好是 $\pi_j$, 而与出发点 $i$ 无关.

**引理 3.4.1** (1) 设状态 $j$ 暂留或零常返, 则

(a) 对所有状态 $i$, $\lim\limits_{n\to\infty} p_{ij}^{(n)} = 0$;

(b) 不论初始分布如何, 恒有 $\lim\limits_{n\to\infty} P(X_n = j) = 0$;

(c) 设 $\boldsymbol{\pi}$ 是 $\{X_n\}$ 的平稳分布, 有 $\pi_j = 0$.

(2) 若 $\{X_n\}$ 是有限马尔可夫链, 则至少存在一个正常返态.

(3) 若 $\{X_n\}$ 是不可约的有限马尔可夫链, 则 $\{X_n\}$ 正常返.

证明 (1) (a) 由定理 3.3.1 和定理 3.3.2 知, 结论对于 $i = j$ 成立. 现设 $i \neq j$, 则

$$
\begin{aligned}
& P(X_n = j | X_0 = i) \\
&= \sum_{k=1}^{n} P(\tau_j = k | X_0 = i) P(X_n = j | X_0 = i, \tau_j = k) \\
&= \sum_{k=1}^{n} f_{ij}^{(k)} p_{jj}^{(n-k)} = \sum_{k=1}^{\infty} f_{ij}^{(k)} p_{jj}^{(n-k)},
\end{aligned}
$$

这里为方便起见规定当 $m < 0$ 时, $p_{jj}^{(m)} = 0$. 注意到 $\lim\limits_{n\to\infty} f_{ij}^{(k)} p_{jj}^{(n-k)} = 0$, $|f_{ij}^{(k)} p_{jj}^{(n-k)}| \leqslant f_{ij}^{(k)}$

且 $\sum\limits_{k=1}^{\infty} f_{ij}^{(k)} = f_{ij} \leqslant 1$, 由控制收敛定理 (见附录 4),

$$
\lim_{n\to\infty} p_{ij}^{(n)} = \sum_{k=1}^{\infty} \lim_{n\to\infty} f_{ij}^{(k)} p_{jj}^{(n-k)} = 0.
$$

(b) 根据控制收敛定理,

$$
\begin{aligned}
\lim_{n\to\infty} P(X_n = j) &= \lim_{n\to\infty} \sum_{i\in I} P(X_0 = i) p_{ij}^{(n)} \\
&= \sum_{i\in I} P(X_0 = i) \lim_{n\to\infty} p_{ij}^{(n)} = 0.
\end{aligned}
$$

(c) 设初始分布为平稳分布 $\boldsymbol{\pi}$, 则对任何 $n$ 都有 $P(X_n = j) = \pi_j$. 但另一方面根据 (b), $\lim\limits_{n\to\infty} P(X_n = j) = 0$. 这说明 $\pi_j = 0$.

(2) 用反证法. 假设 $\{X_n\}$ 没有正常返态, 则所有状态暂留或零常返. 由 (1) 知, $\lim\limits_{n\to\infty} p_{ij}^{(n)} = 0$ 对所有 $i, j$ 成立. 对任何 $n$, $1 = \sum\limits_{j\in I} p_{ij}^{(n)}$. 令 $n \to \infty$ 并注意到 $I$ 有限, 得到

$$
1 = \lim_{n\to\infty} \sum_{j\in I} p_{ij}^{(n)} = \sum_{j\in I} \lim_{n\to\infty} p_{ij}^{(n)} = 0.
$$

矛盾说明假设不成立. 因此至少存在一个正常返态.

(3) 因为 $\{X_n\}$ 不可约, 所以所有状态具有相同的常返性. 又由于是有限马尔可夫链, 由

(2) 知至少存在一个正常返态. 因此所有状态正常返.

该引理中 (1) (c) 告诉我们, 若 $\{X_n\}$ 存在平稳分布, 则至少有一个正常返态.

**定理 3.4.1** 设 $\{X_n\}$ 不可约.

(1) $\{X_n\}$ 存在平稳分布当且仅当 $\{X_n\}$ 正常返;

(2) 当 $\{X_n\}$ 正常返时, 平稳分布 $\boldsymbol{\pi}$ 唯一且对任何状态 $i, j$ 有

$$\lim_{n \to \infty} \frac{1}{n} \sum_{k=1}^{n} p_{ij}^{(k)} = \pi_j = \frac{1}{\mu_j};$$

(3) 若 $\{X_n\}$ 遍历, 则对任何状态 $i, j$ 有 $\lim\limits_{n \to \infty} p_{ij}^{(n)} = \pi_j$.

定理 3.4.1 告诉我们当 $\{X_n\}$ 不可约正常返时,

(1) 可以先算平稳分布 $\boldsymbol{\pi}$, 再利用 $\mu_i = \dfrac{1}{\pi_i}$ 算平均回转时;

(2) 访问 $j$ 的长远频率为 $\pi_j$ (与出发点无关), $\pi_j$ 越大, 访问 $j$ 越频繁;

(3) 若 $\{X_n\}$ 遍历, 则极限分布存在, 就是平稳分布 (与初始分布无关).

**例 3.4.2** 在例 3.1.2 中, 请问对 $0 \leqslant i, j \leqslant 1$, $\lim\limits_{n \to \infty} p_{ij}^{(n)}$ 存在吗? 平稳分布存在吗? 如存在, 计算它们.

**解**
$$
\begin{aligned}
p_{00}^{(n)} &= P(X_n = 0 \mid X_0 = 0) \\
&= P(\text{前 } n \text{ 次传输中误码偶数次}) \\
&= \sum_{k \text{为偶数}, k \leqslant n} \mathrm{C}_n^k (1-p)^k p^{n-k} \\
&= \frac{1}{2} \left[ \sum_{k \leqslant n} \mathrm{C}_n^k (1-p)^k p^{n-k} + \sum_{k \leqslant n} \mathrm{C}_n^k (p-1)^k p^{n-k} \right] \\
&= \frac{1}{2} \{ [p + (1-p)]^n + [p + (p-1)]^n \} \\
&= \frac{1}{2} [1 + (2p-1)^n].
\end{aligned}
$$

如果 $0 < p < 1$, 则 $\lim\limits_{n \to \infty} p_{00}^{(n)} = \dfrac{1}{2}$, 所以 $\lim\limits_{n \to \infty} p_{ij}^{(n)} = \dfrac{1}{2}, \forall i, j$, 极限存在且与出发状态无关. 也可用定理 3.4.1 来算. 此时马尔可夫链不可约非周期正常返 (因为 $I$ 有限). 现在计算它的平稳分布 $\boldsymbol{\pi} = (\pi_0, \pi_1)$. 由

$$
\begin{cases}
p\pi_0 + (1-p)\pi_1 = \pi_0, \\
\pi_0 + \pi_1 = 1
\end{cases}
$$

推出 $\pi_0 = \pi_1 = \dfrac{1}{2}$, 所以 $\lim\limits_{n \to \infty} p_{ij}^{(n)} = \dfrac{1}{2}$, $\forall i, j$, 且 $\mu_0 = \mu_1 = 2$.

如果 $p = 0$, 则 $\{X_n\}$ 不可约正常返, 但是周期为 2 (不是非周期). 对 $i \in I$,

$$p_{ii}^{(n)} = \begin{cases} 0, & n \text{ 是奇数}, \\ 1, & n \text{ 是偶数}, \end{cases} \qquad p_{i,1-i}^{(n)} = \begin{cases} 0, & n \text{ 是偶数}, \\ 1, & n \text{ 是奇数}. \end{cases}$$

因此 $\lim\limits_{n \to \infty} p_{ij}^{(n)}$ 对所有 $i, j$ 都不存在. 易算得平稳分布为 $(\pi_0, \pi_1) = \left( \dfrac{1}{2}, \dfrac{1}{2} \right)$. 这说明访问状态 $i$ 的长远频率是 $\pi_i = \dfrac{1}{2}$.

如果 $p = 1$, 则 $\{X_n\}$ 非周期正常返, 但是可约 (不是不可约).

$$\lim_{n \to \infty} p_{00}^{(n)} = \lim_{n \to \infty} p_{11}^{(n)} = 1, \qquad \lim_{n \to \infty} p_{10}^{(n)} = \lim_{n \to \infty} p_{01}^{(n)} = 0,$$

极限分布存在但与出发点有关. 设平稳分布为 $(\pi_0, \pi_1)$, 则 $\pi_0 + \pi_1 = 1$, $\pi_0 = \pi_0$, 解得 $(\pi_0, \pi_1) = (\pi_0, 1 - \pi_0)$, 这里 $0 \leqslant \pi_0 \leqslant 1$. 所以有无穷多个平稳分布. $\qquad \square$

**例 3.4.3** 在例 3.3.1 中, 易见 $\{X_n\}$ 不可约非周期. 因为 $I$ 有限, 所以 $\{X_n\}$ 正常返. 现在计算它的平稳分布 $\boldsymbol{\pi}$, 由

$$\begin{cases} \pi_0 + \pi_1 + \pi_2 + \pi_3 = 1, \\ \pi_0 = \dfrac{1}{2}\pi_3, \\ \pi_1 = \dfrac{1}{2}\pi_0, \\ \pi_2 = \pi_1, \end{cases}$$

解得 $\boldsymbol{\pi} = \left( \dfrac{1}{4}, \dfrac{1}{8}, \dfrac{1}{8}, \dfrac{1}{2} \right)$, 所以 $\boldsymbol{\mu} = (4, 8, 8, 2)$. 而在例 3.3.1 中我们已算得 $\mu_0 = 4$, $\mu_3 = 2$, 两者计算结果一致.

**例 3.4.4** 在例 3.3.2 中, 易见 $\{X_n\}$ 不可约非周期. 现在计算它的平稳分布 $\boldsymbol{\pi}$, 由 $\pi_1 = p_0 \pi_0$, $\pi_2 = p_1 \pi_1, \cdots, \pi_n = p_{n-1} \pi_{n-1}$ 得到

$$\pi_n = p_0 p_1 \cdots p_{n-1} \pi_0 = u_n \pi_0.$$

又 $\displaystyle\sum_{n=0}^{\infty} \pi_n = 1$, 所以平稳分布存在当且仅当 $\displaystyle\sum_{n=0}^{\infty} u_n < \infty$, 即 $\{X_n\}$ 正常返当且仅当 $\displaystyle\sum_{n=0}^{\infty} u_n <$

$\infty$. 而当 $\{X_n\}$ 正常返时, 它有唯一的平稳分布 $\pi_i = \dfrac{u_i}{\sum\limits_{n=0}^{\infty} u_n}$. 所以, $\mu_i = \dfrac{\sum\limits_{n=0}^{\infty} u_n}{u_i}$. 显然 $i$ 越

小, $\pi_i$ 越大, 这就说明访问状态 $i$ 越频繁. 特别地, 访问状态 0 最频繁. 事实上, 若 $j > i \geqslant 0$, 则从 0 出发要访问 $j$ 必须先访问 $i$, 而再次访问 $j$ 则必须先回到状态 0, 然后再从 0 出发访问 $j$. 所以从 0 出发每一次访问 $j$, 都必须先访问 $i$, 但每次访问 $i$ 却不一定会访问 $j$, 因此访问 $i$ 更频繁.

**例 3.4.5** 某保险公司车险产品的年保险金按照投保人的等级来定, 共分 1, 2, 3 三个等级, 对应的年保险金分别为 3 000 元, 3 500 元, 4 500 元, 新客户对应等级 2, 且投保人的等级会随理赔次数发生变化. 若上一年无理赔, 则降低一个等级或保持在等级 1; 若理赔一次或两次, 则等级不变; 若理赔三次及以上, 则增加一个等级或保持在等级 3. 设每个投保人每年独立地以概率 0.5 无理赔, 以概率 0.3 理赔一次或两次. 问长远来看, 每个投保人平均应付的年保险金是多少?

**解** 以 $X_n$ 表示一个投保人在第 $n$ 年投保时所处的等级, 则 $\{X_n\}$ 是一马尔可夫链, 状态空间 $I = \{1, 2, 3\}$,

$$\boldsymbol{P} = \begin{pmatrix} 0.8 & 0.2 & 0 \\ 0.5 & 0.3 & 0.2 \\ 0 & 0.5 & 0.5 \end{pmatrix}.$$

显然, $\{X_n\}$ 遍历. 它的平稳分布 $(\pi_1, \pi_2, \pi_3)$ 满足

$$\begin{cases} \pi_1 + \pi_2 + \pi_3 = 1, \\ \pi_1 = 0.8\pi_1 + 0.5\pi_2, \\ \pi_3 = 0.2\pi_2 + 0.5\pi_3, \end{cases}$$

解得

$$\pi_1 = \frac{25}{39}, \quad \pi_2 = \frac{10}{39}, \quad \pi_3 = \frac{4}{39}.$$

所以长远来看, 每个投保人平均应付的年保险金是

$$3\,000\pi_1 + 3\,500\pi_2 + 4\,500\pi_3$$

$$= 3\,000 \times \frac{25}{39} + 3\,500 \times \frac{10}{39} + 4\,500 \times \frac{4}{39}$$

$$= \frac{128\,000}{39} \approx 3\,282(\vec{\pi}). \qquad \Box$$

**定义 3.4.2** 称 $I$ 的子集 $C$ 为闭集, 如果对于 $i \in C$ 和 $j \notin C$, 都有 $p_{ij} = 0$.

若 $C$ 是闭集且 $P(X_0 \in C) = 1$, 则根据马尔可夫性, $P(X_n \in C) = 1, \forall n$, 即 $C$ 是封闭的, 从 $C$ 中出发将永远留在 $C$ 中 (图 3.4.1). 此时可将 $\{X_n\}$ 看成状态空间 $C$ 上的马尔可夫链. 图 3.4.2 中, $\{1\}$ 和 $\{4, 5\}$ 都是闭集, 但 $\{2, 3\}$ 不是闭集.

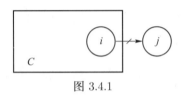

图 3.4.1

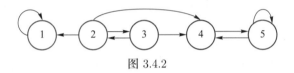

图 3.4.2

**定理 3.4.2** (1) 如果 $i$ 常返, 则 $i$ 的互达等价类是闭的;

(2) 如果 $i$ 的互达等价类是有限闭集, 则 $i$ 正常返.

**证明** (1) 设 $i$ 常返. 用反证法. 假设 $i$ 的互达等价类 $C$ 不是闭集, 则存在 $j \in C$, $k \notin C$ 使得 $p_{jk} > 0$. 故 $k$ 不可达 $j$ (图 3.4.3) (否则 $k$ 与 $j$ 互达, 从而 $k \in C$, 矛盾). 因此

$$P\left(\tau_j = \infty \mid X_0 = j\right) \geqslant p_{jk} P\left(\tau_j = \infty \mid X_0 = k\right)$$

$$= p_{jk} > 0.$$

这说明 $j$ 暂留, 从而 $i$ 也暂留, 与 $i$ 常返矛盾.

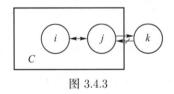

图 3.4.3

(2) 如果 $i$ 的互达等价类 $C$ 是有限闭集, 则将 $\{X_n\}$ 限制在 $C$ 上得到一个不可约的有限马尔可夫链, 那么它是正常返的. □

假设 $I$ 有限, 则 (i) $i$ 正常返当且仅当 $i$ 的互达等价类是闭集; (ii) $i$ 暂留当且仅当 $i$ 的互达等价类不是闭集; (iii) $\{X_n\}$ 没有零常返态.

假设 $I$ 可数, 则 (i) 若 $i$ 的互达等价类不是闭集, 则 $i$ 暂留; (ii) 若 $i$ 的互达等价类是有限闭集, 则 $i$ 正常返; (ii) 若 $i$ 的互达等价类是可数闭集, 则状态 $i$ 都有可能 (例如爬梯子模型是不可约的, $I$ 可数, 但它可能正常返, 可能零常返, 也可能暂留).

对有限马尔可夫链的状态进行如下分解:

$$I = T \cup C_1 \cup C_2 \cup \cdots \cup C_k,$$

这里 $C_1, C_2, \cdots, C_k$ 是所有闭的两两不相交的互达等价类, $T$ 是余下的状态, 则根据定理 3.4.2, $C_1, C_2, \cdots, C_k$ 中各状态正常返, 而 $T$ 中各状态暂留. 这个分解定理可以帮助我们认识很多问题. 一方面, 如果 $X_0$ 在某个 $C_i$ 中, 则此马尔可夫链永远不离开 $C_i$, 这样就可以把 $C_i$ 看成整个状态空间, 把 $\{X_0\}$ 限制在 $C_i$ 上就得到一个不可约正常返的马尔可夫链. 另一方面, 如果 $X_0 \in T$, 则由于 $T$ 有限且各状态暂留, 所以最终会进入某个 $C_i$ 并将不再离开. 我们有时会关心离开 $T$ 的平均时间以及最终进入 $C_i$ 的概率, 关于这方面的问题, 将在第 3.5 节介绍.

在例 3.3.3 中, 我们通过计算 $f_{ii}^{(n)}$ 来讨论各状态的常返性, 并计算了正常返态的平均回转时. 现在我们换一种方法, 这是个有限马尔可夫链, 有 4 个互达等价类: $\{0\}, \{1,2\}, \{3,4\}$, $\{5\}$, 其中 $\{0\}, \{1,2\}, \{3,4\}$ 是闭的, 而 $\{5\}$ 不闭, 所以状态 $0,1,2,3,4$ 都是正常返态, 而 $5$ 是暂留态. 因为 $0$ 是吸收态, 所以 $\mu_0 = 1$.

把 $\{X_n\}$ 限制在闭集 $\{1,2\}$ 上得到一个不可约的马尔可夫链, 状态空间为 $\{1,2\}$, 转移矩阵为 $\begin{pmatrix} 0 & 1 \\ 0.5 & 0.5 \end{pmatrix}$. 设它的平稳分布为 $(\pi_1, \pi_2)$, 则 $\pi_1 + \pi_2 = 1$ 且 $\pi_1 = 0.5\pi_2$, 解得 $\pi_1 = \dfrac{1}{3}, \pi_2 = \dfrac{2}{3}$, 所以 $\mu_1 = 3, \mu_2 = \dfrac{3}{2}$.

同样, 把 $\{X_n\}$ 限制在闭集 $\{3,4\}$ 上也得到一个不可约的马尔可夫链, 状态空间为 $\{3,4\}$, 转移矩阵为 $\begin{pmatrix} 0 & 1 \\ 1 & 0 \end{pmatrix}$. 设它的平稳分布为 $(\pi_3, \pi_4)$, 则 $\pi_3 + \pi_4 = 1$ 且 $\pi_3 = \pi_4$, 解得 $\pi_3 = \pi_4 = \dfrac{1}{2}$, 所以 $\mu_3 = \mu_4 = 2$.

最后, 我们介绍一下马尔可夫链的应用 —— 网页排名, 又称网页级别, 是一种由搜索引擎根据网页之间相互的超链接计算的网页排名技术, 可以用它来体现网页的重要性. 拉里·佩奇 (Larry Page) 和谢尔盖·布林 (Sergey Brin) 在斯坦福大学发明了这项技术, 并最终以拉里·佩奇之姓来命名.

网页排名是基于 "从许多优质网页链接过来的网页, 必定还是优质网页" 的思想来判断网页的重要性. 提高网页排名的主要因素有 3 个:

(1) 反向链接数, 即链接到这个网页的数目. 反向链接数越多, 这个网页越重要.

(2) 反向链接是否来源于推荐度高的页面, 重要网页链接的网页也重要.

(3) 反向链接页面的链接数. 一个网页的链接数越多, 它对它所链接的网页的重要性影响就越小. 如果一个网页有 $k$ 个链接, 则它的影响就被等分成 $k$ 份而平均地影响到它所链接的每一个页面.

因此我们先把所有的网页看成一个有向图 $V$, 每个网页是一个顶点. 如果网页 $i$ 超链接到网页 $j$, 就认为从 $i$ 到 $j$ 有一条边相连, $j$ 就称为 $i$ 的邻居. 现在记 $\pi_i$ 为网页 $i$ 的重要性, 规定所有网页重要性之和为 1, 即 $\sum_i \pi_i = 1$, 则由上面 3 条得到, 对任何网页 $k$,

$$\pi_k = \sum_{i:i \text{ 超链接到 } k} \pi_i \frac{1}{d_i}, \tag{3.4.1}$$

这里 $d_i$ 表示 $i$ 的邻居数, 即网页 $i$ 的超链接数目.

让我们想象一下这样的网页访问方式: 如果现在访问网页 $i$, 则下一步等可能地访问 $i$ 的邻居. 这样就定义了有向图 $V$ 上的随机游动, 它是一个时齐马尔可夫链, 状态空间为顶点集 $V$, 一步转移概率

$$p_{ij} = \begin{cases} \dfrac{1}{d_i}, & j \text{ 是 } i \text{ 的邻居,} \\ 0, & \text{其他.} \end{cases}$$

于是 (3.4.1) 式就可写成 $\pi_k = \sum_i \pi_i p_{ik}$. 这样就得到了一个有趣的事实: $(\pi_i, i \in I)$ 恰好就是刚才定义的有向图 $V$ 上随机游动的平稳分布. 特别地, 当这个随机游动遍历时, $\lim_{n \to \infty} P(X_n = i) = \pi_i$, 即访问网页 $i$ 的极限概率为 $\pi_i$, 因此 $\pi_i$ 越大, 访问网页 $i$ 越频繁, 从而网页 $i$ 越重要.

例如, 在图 3.4.4 这样的网络链接中, 对应的随机游动的状态空间是 $\{0, 1, 2, 3, 4\}$, 一步

转移矩阵为

$$\boldsymbol{P} = \begin{pmatrix} 0 & \frac{1}{4} & \frac{1}{4} & \frac{1}{4} & \frac{1}{4} \\ \frac{1}{3} & 0 & \frac{1}{3} & \frac{1}{3} & 0 \\ 0 & \frac{1}{3} & 0 & \frac{1}{3} & \frac{1}{3} \\ 0 & 0 & \frac{1}{2} & 0 & \frac{1}{2} \\ 1 & 0 & 0 & 0 & 0 \end{pmatrix}.$$

这是一个不可约非周期的马尔可夫链, 有唯一的平稳分布 $\boldsymbol{\pi} = \left( \frac{12}{45}, \frac{6}{45}, \frac{9}{45}, \frac{8}{45}, \frac{10}{45} \right)$, 所以这 5 个网页的网页排名为

(1) $\pi_0 = \frac{12}{45}$; (2) $\pi_4 = \frac{10}{45}$; (3) $\pi_2 = \frac{9}{45}$; (4) $\pi_3 = \frac{8}{45}$; (5) $\pi_1 = \frac{6}{45}$.

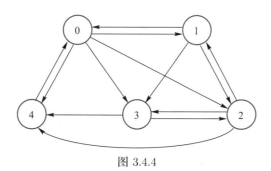

图 3.4.4

从排名可以看出, 尽管只有两个网页链接到网页 0 (它的反向链接数最少), 但是它却是被访问最频繁、重要度最高的, 主要的原因是重要的网页 4 唯一地链接它.

在本节最后, 再来看看常返、暂留的含义. 设 $X_n$ 表示 $n$ 时某系统中排队人数 (可以是某缓存区等待处理的任务数量, 也可以是某汽车修理厂等待修理的汽车数目, 等等), $X_0 = 0$, 状态空间为 $\{0, 1, 2, \cdots\}$. 若 $\{X_n\}$ 暂留, 则在每个状态停留有限时间, 因此排队人数会趋于 $\infty$, 系统会崩溃; 若 $\{X_n\}$ 常返, 则意味着在有限时间内系统将重新变空; 若 $\{X_n\}$ 零常返, 则重新变空所需的平均时间是 $\infty$, 空系统所占的时间比例趋于 0; 若 $\{X_n\}$ 正常返, 则系统是稳定的, 长远来看, 空系统所占的时间比例为 $\pi_0 > 0$.

# 3.5 吸收概率与平均吸收时间

在第 3.4 节中提到, 对于有限马尔可夫链的状态可以进行如下分解:

$$I = T \cup C_1 \cup C_2 \cup \cdots \cup C_k,$$

这里 $C_1, C_2, \cdots, C_k$ 是所有闭的互达等价类, $T$ 是所有暂留状态组成的集合. 本节将讨论如何计算最终进入 $C_i$ 的概率和进入常返态集 $C = C_1 \cup C_2 \cup \cdots \cup C_k$ 的平均时间 (一定有限, 证明略). 对于状态 $i$, 令

$$T_i = \min\{n \geqslant 0; X_n = i\}$$

为首次访问 $i$ 的时刻; 对于 $I$ 的子集 $C$, 令

$$T_C = \min\{n \geqslant 0; X_n \in C\}$$

为首次访问 $C$ 的时刻, 这里约定 $\min \varnothing = \infty$.

**例 3.5.1** (输光问题) 甲、乙两人玩抛硬币游戏, 一开始甲的分数为 $a$, 乙的分数为 $m - a$, 这里 $a, m - a$ 都是非负整数, $m > 0$. 甲独立重复地扔一枚均匀的硬币, 如果第 $n$ 次硬币出现正面, 则第 $n$ 次甲得 1 分, 乙扣 1 分, 否则甲扣 1 分, 乙得 1 分. 游戏一直到某人分数为 0 为止, 并称此人输光. 计算:

(1) 游戏在有限时间内结束的概率;

(2) 最终甲输光的概率.

**解** (1) 令 $S_n$ 表示扔 $n$ 次硬币后甲所拥有的分数, 则 $\{S_n\}$ 是一个时齐马尔可夫链, 状态空间是 $\{0, 1, \cdots, m\}$, 一步转移概率为

$$p_{i,i+1} = p_{i,i-1} = \frac{1}{2}, \ 0 < i < m, \quad p_{00} = p_{mm} = 1.$$

对应的状态转移图如图 3.5.1 所示, 共 3 个互达等价类: $\{0\}$, $\{1, 2, \cdots, m - 1\}$, $\{m\}$, 其中只有 $\{0\}$, $\{m\}$ 是闭集. 令

$$C_1 = \{0\}, \quad C_2 = \{m\}, \quad T = \{1, 2, \cdots, m - 1\},$$

则 $I = T \cup C_1 \cup C_2$ 且 $T$ 中状态暂留, 所以最终会进入 $C_1 \cup C_2$, 此时游戏结束. 因此游戏在有限时间内结束的概率为 1.

(2) 记 $h_a = P(T_0 < \infty \mid S_0 = a)$, 则最终甲输光的概率为 $h_a$, 即最终被 0 吸收的概率

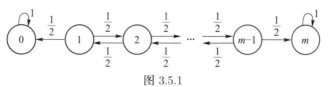

图 3.5.1

为 $h_a$. 显然, $h_0 = 1, h_m = 0$.

对 $0 < a < m$, 游戏至少需进行一次, 这一次之后甲的分数有 $\frac{1}{2}$ 的概率变成 $a+1$, 有 $\frac{1}{2}$ 的概率变成 $a-1$. 如果一次游戏之后甲的分数变为 $j$, 则由马尔可夫性, 最终甲输光的概率就是一开始甲的分数为 $j$ 的条件下甲输光的概率 (图 3.5.2). 所以, 由全概率公式和马尔可夫性, 得

$$
\begin{aligned}
h_a &= P(T_0 < \infty \mid S_0 = a) \\
&= \sum_j P(T_0 < \infty \mid S_1 = j, S_0 = a) P(S_1 = j \mid S_0 = a) \\
&= \sum_j P(T_0 < \infty \mid S_0 = j) p_{aj} = \frac{1}{2}(h_{a+1} + h_{a-1}),
\end{aligned}
$$

即 $h_{a+1} - h_a = h_a - h_{a-1}, \forall 0 < a < m$. 由此推出 $h_a = \dfrac{m-a}{m}$. 这也说明一开始分数越少, 输光的概率就越大, 这与人们的直觉是吻合的. □

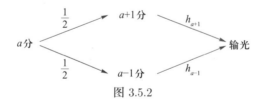

图 3.5.2

**例 3.5.2** 设 $\{X_n\}$ 是时齐马尔可夫链, 状态空间 $I = \{1, 2, 3, 4\}$, 一步转移矩阵

$$
\boldsymbol{P} = \begin{pmatrix} 0 & \dfrac{1}{2} & \dfrac{1}{2} & 0 \\ \dfrac{1}{3} & \dfrac{1}{3} & 0 & \dfrac{1}{3} \\ 0 & 0 & 1 & 0 \\ 0 & 0 & 0 & 1 \end{pmatrix}.
$$

令 $h_i = P(T_3 < \infty \mid X_0 = i)$, 即 $h_i$ 表示从 $i$ 出发在有限时间内访问状态 3 的概率, 求 $h_1$ 和 $h_2$.

**解** 显然 $h_3 = 1, h_4 = 0$. 对 $i = 1, 2$,

$$h_i = P(T_3 < \infty \mid X_0 = i)$$
$$= \sum_j P(X_1 = j \mid X_0 = i) P(T_3 < \infty \mid X_1 = j, X_0 = i)$$
$$= \sum_j p_{ij} P(T_3 < \infty \mid X_0 = j) = \sum_j p_{ij} h_j,$$

所以

$$h_1 = \frac{1}{2} h_2 + \frac{1}{2} h_3, \quad h_2 = \frac{1}{3} h_1 + \frac{1}{3} h_2 + \frac{1}{3} h_4,$$

解得 $h_1 = \dfrac{2}{3}, h_2 = \dfrac{1}{3}$. □

**例 3.5.3** 在例 3.5.2 中, $I = \{1, 2\} \cup \{3\} \cup \{4\}$, 这里 1, 2 是暂留态, 3 和 4 是吸收态. 因此不管初始状态如何, 最终都会进入集合 $C = \{3, 4\}$. 令 $a_i = E(T_C \mid X_0 = i)$, 即 $a_i$ 表示从 $i$ 出发进入 $C$ 的平均时间, 计算 $a_1$ 和 $a_2$.

**解** 显然, $a_3 = a_4 = 0$.

对于 $i = 1, 2$, 从 $i$ 出发进入 $C$ 至少需要一步, 一步后以 $p_{ij}$ 的概率到达状态 $j$. 一旦到达状态 $j$, 则由马尔可夫性可知, 进入 $C$ 的平均剩余时间就是从 $j$ 出发进入 $C$ 的平均时间 (图 3.5.3).

例 3.5.3 样本均值的变化及频率变化

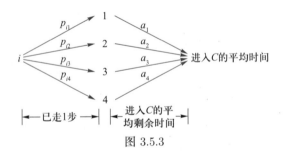

图 3.5.3

由全概率公式和马尔可夫性得, 对 $i = 1, 2$,

$$a_i = E(T_C \mid X_0 = i)$$
$$= \sum_j P(X_1 = j \mid X_0 = i) E(T_C \mid X_1 = j, X_0 = i)$$
$$= \sum_j p_{ij} [1 + E(T_C \mid X_0 = j)]$$
$$= 1 + \sum_j p_{ij} a_j.$$

所以,

$$a_1 = 1 + \frac{1}{2}a_2 + \frac{1}{2}a_3,$$

$$a_2 = 1 + \frac{1}{3}a_1 + \frac{1}{3}a_2 + \frac{1}{3}a_4,$$

解得 $a_1 = \dfrac{7}{3}$, $a_2 = \dfrac{8}{3}$. □

**例 3.5.4** 某企业员工分成三个级别: 0, 1, 2. 若处于最低级别 0 或中间级别 1, 则每月考核一次. 若处于最高级别 2, 则不再需要考核. 以 $X_n$ 表示某员工在第 $n$ 个月所处的级别. 设 $\{X_n\}$ 是马尔可夫链, 状态转移图如图 3.5.4 所示. 计算 $E(T_2 \mid X_0 = 0)$.

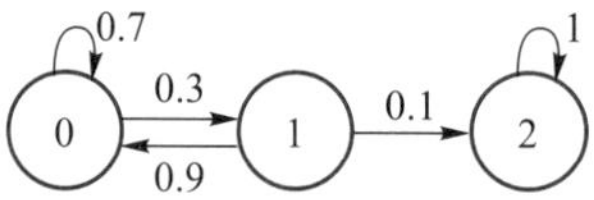

图 3.5.4

**解** 令 $a_i = E(T_2 \mid X_0 = i)$, 则

$$a_2 = 0,$$

$$a_0 = 1 + 0.7a_0 + 0.3a_1,$$

$$a_1 = 1 + 0.9a_0 + 0.1a_2,$$

解得

$$a_0 = \frac{130}{3}, \quad a_1 = 40.$$

所以 $E(T_2 \mid X_0 = 0) = a_0 = \dfrac{130}{3}$. □

上例中初始级别 $X_0$ 越低, 到最高级别所花平均时间就越长.

**例 3.5.5** 以 $X_n$ (单位: 元) 表示 $n$ 时刻某只股票的价格. 设 $\{X_n\}$ 是马尔可夫链, 状态空间 $I = \{1, 2, 3, 4\}$, 一步转移矩阵

$$\boldsymbol{P} = \begin{pmatrix} \dfrac{1}{2} & \dfrac{1}{2} & 0 & 0 \\[2mm] \dfrac{1}{3} & \dfrac{1}{3} & \dfrac{1}{3} & 0 \\[2mm] 0 & \dfrac{1}{4} & \dfrac{1}{4} & \dfrac{1}{2} \\[2mm] 0 & 0 & \dfrac{1}{2} & \dfrac{1}{2} \end{pmatrix}.$$

已知 $P(X_0 = 2) = P(X_0 = 3) = \frac{1}{2}$, 计算:

(1) 该只股票价格在涨到 4 元前不曾跌到 1 元的概率;

(2) 该只股票价格到达 4 元的平均时间.

**解** (1) 所求概率为 $P(T_4 < T_1)$. 这个值与到达 1 或 4 之后的过程没有关系, 故可将状态 1 和 4 都看成吸收态. 令 $h_i = P(T_4 < T_1 \mid X_0 = i)$, 则

$$P(T_4 < T_1) = \sum_{i=1}^{4} P(X_0 = i) h_i = \frac{1}{2} h_2 + \frac{1}{2} h_3.$$

由

$$h_1 = 0,$$
$$h_4 = 1,$$
$$h_2 = \frac{1}{3} h_1 + \frac{1}{3} h_2 + \frac{1}{3} h_3,$$
$$h_3 = \frac{1}{4} h_2 + \frac{1}{4} h_3 + \frac{1}{2} h_4$$

解得 $h_2 = \frac{2}{5}$, $h_3 = \frac{4}{5}$. 所求概率为 $\frac{1}{2} h_2 + \frac{1}{2} h_3 = 0.6$.

(2) 所求为 $E(T_4)$. 尽管 4 不是吸收态, 但到达 4 之后的过程与计算 $E(T_4)$ 没有关系, 所以可将 4 看成吸收态. 令 $a_i = E(T_4 \mid X_0 = i)$, 则

$$a_4 = 0,$$
$$a_1 = 1 + \frac{1}{2} a_1 + \frac{1}{2} a_2,$$
$$a_2 = 1 + \frac{1}{3} a_1 + \frac{1}{3} a_2 + \frac{1}{3} a_3,$$
$$a_3 = 1 + \frac{1}{4} a_2 + \frac{1}{4} a_3 + \frac{1}{2} a_4,$$

解得

$$a_1 = \frac{23}{2}, \quad a_2 = \frac{19}{2}, \quad a_3 = \frac{9}{2}.$$

故所求为

$$E(T_4) = \sum_{i=1}^{4} P(X_0 = i) E(T_4 \mid X_0 = i)$$

$$= \frac{1}{2}a_2 + \frac{1}{2}a_3 = 7.$$

**例 3.5.6** 计算例 3.5.1 中游戏持续的平均时间.

**解** 令 $C = \{0, m\}$, 则 $T_C$ 为游戏持续时间. 令 $x_i = E(T_C \mid S_0 = i)$, 则 $x_0 = 0$, $x_m = 0$. 对 $0 < i < m$,

$$x_i = 1 + \frac{1}{2}\left(x_{i+1} + x_{i-1}\right).$$

令 $d_i = x_i - x_{i-1}$, 则 $d_{i+1} = d_i - 2$. 因此

$$x_a = (x_1 - x_0) + (x_2 - x_1) + \cdots + (x_a - x_{a-1})$$

$$= d_1 + d_2 + \cdots + d_a = ad_1 - a(a-1).$$

又由于 $x_m = 0$, 所以 $d_1 = m - 1$ 从而 $x_a = a(m - a)$. 说明一开始甲分数是 $a$ 或 $m - a$ 时, 游戏持续的平均时间是一样的, 另外甲一开始分数越接近中间值 $\frac{m}{2}$, 游戏持续的平均时间越久, 这些都是符合直觉的.

# *3.6 时间可逆马尔可夫链

对于时齐马尔可夫链 $\{X_n\}$, 我们不禁要问, 当将时间逆过来看时, 它还是马尔可夫链吗? 固定一个时间 $N$, 将它看成初始时间, 那么时间逆过来的序列就是 $X_N, X_{N-1}, \cdots, X_0$. 为了便于理解, 令 $Y_i = X_{N-i}$, 这样逆向序列又可写成 $Y_0, Y_1, \cdots, Y_N$, 则对任何 $0 \leqslant m < N$, 任何状态 $i, j, i_0, \cdots, i_{m-1}$,

$$P(Y_{m+1} = j \mid Y_0 = i_0, \cdots, Y_{m-1} = i_{m-1}, Y_m = i)$$

$$= P(X_{N-m-1} = j \mid X_N = i_0, \cdots, X_{N-m+1} = i_{m-1}, X_{N-m} = i)$$

$$= \frac{P(X_{N-m-1} = j)p_{ji}p_{i,i_{m-1}} \cdots p_{i_1,i_0}}{P(X_{N-m} = i)p_{i,i_{m-1}} \cdots p_{i_1,i_0}}$$

$$= \frac{P(X_{N-m-1} = j)p_{ji}}{P(X_{N-m} = i)},$$

与过去状态 $i_0, \cdots, i_{m-1}$ 无关. 所以 $Y_0, Y_1, \cdots, Y_N$ 也是马尔可夫链. 事实上, 当将时间逆过来时, "过去、现在、将来" 就变成了 "将来、现在、过去". 而马尔可夫性是指已知现在状态的条件下, 过去与将来相互独立. 因此逆向过程仍然具有马尔可夫性.

接下来, 一个很自然的问题是, 逆向来看还是时齐的吗? 由上面推导知

$$P(Y_{m+1} = j \mid Y_m = i) = \frac{P(X_{N-m-1} = j)p_{ji}}{P(X_{N-m} = i)}.$$

然而 $P(X_{N-m} = i)$, $P(X_{N-m-1} = j)$ 通常会与 $N-m$ 有关, 所以逆向过程通常是非时齐的马尔可夫链. 但是当所有 $X_n$ 同分布时, 逆向过程就是时齐的. 这也就是说当 $X_0$ 具有平稳分布 $\boldsymbol{\pi}$ 时, 逆向随机序列 $X_N, X_{N-1}, \cdots, X_0$ 也是时间齐次的马尔可夫链, 其一步转移概率为 $q_{ij} = \frac{\pi_j p_{ji}}{\pi_i}$.

**定义 3.6.1** 设 $\{X_n\}$ 是时齐马尔可夫链, 初始分布为平稳分布 $\boldsymbol{\pi}$. 如果对所有状态 $i, j$ 有 $q_{ij} = p_{ij}$, 即 $\pi_i p_{ij} = \pi_j p_{ji}$, 则称 $\{X_n\}$ 为时间可逆的马尔可夫链, 简称可逆马尔可夫链.

一个概率分布 $\boldsymbol{\pi}$ 是指 $\boldsymbol{\pi} = (\pi_i; i \in I)$ 满足 $\sum_{i \in I} \pi_i = 1$, 且对所有 $i$ 有 $\pi_i \geqslant 0$.

**定义 3.6.2** 一个概率分布 $\boldsymbol{\pi}$ 称为可逆分布, 如果它满足细致平衡方程组

$$\pi_i p_{ij} = \pi_j p_{ji}, \quad \forall i, j.$$

**命题 3.6.1** 可逆分布一定是平稳分布.

**证明** 设 $\boldsymbol{\pi}$ 是可逆分布, 则对任何状态 $j$ 有

$$\sum_{i \in I} \pi_i p_{ij} = \sum_{i \in I} \pi_j p_{ji} = \pi_j \sum_{i \in I} p_{ji} = \pi_j.$$

因此 $\boldsymbol{\pi}$ 也是平稳分布. $\qquad\qquad\qquad\qquad\qquad\qquad\qquad\qquad\qquad\qquad\qquad\square$

一种直观的想象是与第 3.4 节一样, 将马尔可夫链看成水流, 细致平衡是指对于任何两个节点 $i, j$, 每一个单位时间从 $i$ 流到 $j$ 的水量与从 $j$ 流到 $i$ 的水量相等. 这种两两之间的局部平衡自然就保证了总体平衡, 也就是每个节点的流进水量与流出水量相同.

命题 3.6.1 表明, 当初始分布是可逆分布 $\boldsymbol{\pi}$ 时, 逆向的马尔可夫链 $\{X_N, X_{N-1}, \cdots, X_0\}$ 和原来的马尔可夫链 $\{X_0, X_1, \cdots, X_N\}$ 都是初始分布为 $\boldsymbol{\pi}$、一步转移矩阵为 $\boldsymbol{P}$ 的时齐马尔可夫链, 它们具有相同的有限维分布. 另一方面, 为找到平稳分布, 由于求解细致平衡方程组相对容易, 所以我们可以尝试先计算可逆分布. 如果找到了可逆分布, 那么它一定是平稳分布, 而且当马尔可夫链不可约时, 它也是唯一的平稳分布. 如果没有找到可逆分布, 那就再找平稳分布.

**例 3.6.1** 求例 3.1.3 中 $\{X_n\}$ 的平稳分布.

**解** 先试着求可逆分布 $\boldsymbol{\pi}$, 则对 $1 \leqslant i \leqslant m$ 有 $\pi_i p_{i,i-1} = \pi_{i-1} p_{i-1,i}$, 得

$$
\begin{aligned}
\pi_i &= \frac{m-i+1}{i} \pi_{i-1} = \cdots \\
&= \frac{(m-i+1)(m-i+2)\cdots m}{i!} \pi_0.
\end{aligned}
$$

这说明

$$
\pi_i = \mathrm{C}_m^i \pi_0, \quad i = 0, 1, \cdots, m.
$$

又由于 $\displaystyle\sum_{i=0}^{m} \pi_i = 2^m \pi_0 = 1$, 因此 $\pi_0 = 2^{-m}$, 进而

$$
\pi_i = \mathrm{C}_m^i \frac{1}{2^m}, \quad i = 0, 1, \cdots, m.
$$

因为 $\{X_n\}$ 不可约, 所以这个可逆分布 $\boldsymbol{\pi}$ 也是唯一的平稳分布. □

上面是 P. 埃伦费斯特和 T. 埃伦费斯特提出的描述粒子运动的罐子模型. 有趣的是, 如果一开始将这 $m$ 个粒子独立等概率地放入容器 A, B, 那么容器 A 中的粒子数就具有平稳分布 $B\left(m, \dfrac{1}{2}\right)$.

**例 3.6.2** 设顾客到达系统的时间间隔相互独立且同服从参数为 $\dfrac{1}{3}$ 的几何分布, 各个顾客服务时间相互独立且同服从参数为 $\dfrac{1}{2}$ 的几何分布, 且与顾客到达过程独立. 系统中只有一位服务员. 用 $X_n$ 表示 $n$ 时系统里的顾客数. 注意到几何分布具有如下无记忆性:

若 $\xi$ 服从参数为 $p$ 的几何分布, 则对任意正整数 $m, n$ 有,

$$
P(\xi - m = n \mid \xi > m) = P(\xi = n),
$$

即在 $\xi > m$ 的条件下, $\xi - m$ 仍服从参数为 $p$ 的几何分布. 因此 $\{X_n\}$ 是时齐的马尔可夫链, 状态空间为 $\{0, 1, \cdots\}$, 一步转移概率为 $p_{00} = \dfrac{2}{3}$, $p_{01} = \dfrac{1}{3}$,

$$
p_{i,i-1} = \frac{1}{3}, \ p_{i,i} = \frac{1}{2}, \ p_{i,i+1} = \frac{1}{6}, \quad \forall i \geqslant 1.
$$

问长远来看系统中的平均顾客数和服务员忙碌的时间比例分别是多少?

**解** 先试着求可逆分布 $\boldsymbol{\pi}$, 则对 $i \geqslant 1$ 有 $\pi_i p_{i,i-1} = \pi_{i-1} p_{i-1,i}$. 于是

$$\begin{cases} \dfrac{\pi_1}{3} = \dfrac{\pi_0}{3}, \\[2mm] \dfrac{\pi_i}{3} = \dfrac{\pi_{i-1}}{6}, \quad \forall i \geqslant 2, \\[2mm] \displaystyle\sum_{i=0}^{\infty} \pi_i = 1, \end{cases}$$

算得

$$\pi_0 = \frac{1}{3}, \quad \pi_i = \frac{1}{3 \cdot 2^{i-1}}, \ \forall i \geqslant 1.$$

显然 $\{X_n\}$ 不可约, 所以 $\boldsymbol{\pi}$ 是唯一的平稳分布. 因此长远来看系统中的平均顾客数是 $\displaystyle\sum_{i=0}^{\infty} i\pi_i = \frac{4}{3}$, 服务员忙碌的时间比例是 $1 - \pi_0 = \frac{2}{3}$. $\qquad \square$

# *3.7 马尔可夫链蒙特卡罗方法

设 $X$ 具有分布律 $P(X = i) = \pi_i, i \in I$. 我们对

$$\theta = E(g(X)) = \sum_i g(i)\pi_i$$

这个量感兴趣, 这里 $g$ 是一个函数, 并且假设 $E(|g(X)|) < \infty$. 当直接计算 $\displaystyle\sum_i g(i)\pi_i$ 有困难时, 可以退而求其次考虑 $\theta$ 的估计. 蒙特卡罗方法是这样的: 生成 $X_1, X_2, \cdots, X_n$, 它们相互独立, 同具有分布 $\boldsymbol{\pi}$, 则当 $n$ 很大时, $\theta \approx \dfrac{1}{n} \displaystyle\sum_{i=1}^{n} g(X_i)$. 它的理论依据是大数定律.

生成 $X \sim \boldsymbol{\pi}$ 有很多方法, 附录 5 中定理 1 介绍了其中的一种. 这种方法的缺点是当 $X$ 的取值个数很多时, 很耗时, 甚至不可行; 当只知道对所有 $i$, $\pi_i = cb_i$, 即 $\pi_i$ 与 $b_i$ 成正比, 但比例系数 $c$ 很难计算时, 此法不可行.

马尔可夫链蒙特卡罗 (即 MCMC) 方法, 则是求 $\theta$ 估计的另一种方法. 它的核心思想是构造不可约正常返的马尔可夫链 $X_0, X_1, \cdots$, 使得平稳分布为 $\boldsymbol{\pi}$. 那么当 $n$ 很大时, $\theta \approx \dfrac{1}{n} \displaystyle\sum_{i=1}^{n} g(X_i)$. 它的理论依据是马尔可夫链的大数定律.

**定理 3.7.1** (马尔可夫链的大数定律) 设马尔可夫链 $\{X_n\}$ 不可约, 具有平稳分布 $\boldsymbol{\pi}$. 设 $g$ 是状态空间 $I$ 上的函数, 满足 $\displaystyle\sum_{i \in I} |g(i)| \boldsymbol{\pi}(i) < \infty$. 那么当 $n \to \infty$ 时,

$$\frac{1}{n}\sum_{i=1}^{n}g\left(X_i\right) \xrightarrow{P} \sum_{i \in I}g(i)\boldsymbol{\pi}(i).$$

我们介绍一种生成满足要求的马尔可夫链的算法: 黑斯廷斯 – 梅特罗波利斯 (Hastings-Metropolis) 算法. 它的目的是生成一个不可约的马尔可夫链, 并且具有可逆分布 (从而也是唯一的平稳分布) $\boldsymbol{\pi}$. 这里 $\pi_i = cb_i > 0$, $i \in I$, 允许 $c$ 未知. 在算法中是不会用到 $c$ 的.

(1) 选取 $\boldsymbol{Q}$, 它是状态空间 $I$ 上的一个不可约马尔可夫链的一步转移矩阵, 且满足对任意 $i, j$ 有 $q_{ij} = 0$ 当且仅当 $q_{ji} = 0$;

(2) 对满足 $i \neq j$ 和 $q_{ij} > 0$ 的状态 $i, j$, 令接受概率

$$\alpha_{ij} = \min\left\{\frac{\pi_j q_{ji}}{\pi_i q_{ij}}, 1\right\} = \min\left\{\frac{b_j q_{ji}}{b_i q_{ij}}, 1\right\};$$

(3) 令

$$p_{ij} = \begin{cases} q_{ij}\alpha_{ij}, & j \neq i, \\ q_{ii} + \sum_{k \neq i} q_{ik}(1 - \alpha_{ik}), & j = i. \end{cases}$$

那么具有一步转移矩阵 $\boldsymbol{P} = (p_{ij})$ 的马尔可夫链就是我们所需的. 也就是 $\boldsymbol{Q}$ 是建议的转移矩阵, 而 $\boldsymbol{P}$ 是最终的转移矩阵. 为便于叙述, 令 $\{Y_n\}$ 和 $\{X_n\}$ 分别表示一步转移矩阵为 $\boldsymbol{Q}$ 和 $\boldsymbol{P}$ 的马尔可夫链. 首先对任意 $i \neq j$, $q_{ij} > 0$ 蕴涵 $\alpha_{ij} > 0$, 从而 $p_{ij} > 0$. 因此 $\{Y_n\}$ 不可约就蕴涵 $\{X_n\}$ 不可约. 其次, 对任意 $i \neq j$, $p_{ij} > 0$ 当且仅当 $q_{ij} > 0$. 这推出 $p_{ij} = 0$ 当且仅当 $p_{ji} = 0$. 因此要验证 $\pi_i p_{ij} = \pi_j p_{ji}$ 对所有 $i, j$ 成立, 其实只需考虑 $i \neq j$, $p_{ij} > 0$, 且 $0 < \pi_i q_{ij} \leqslant \pi_j q_{ji}$ 的情形. 此时

$$\alpha_{ij} = 1, \quad \alpha_{ji} = \frac{\pi_i q_{ij}}{\pi_j q_{ji}}, \quad p_{ij} = q_{ij}, \quad p_{ji} = \frac{\pi_i q_{ij}}{\pi_j}.$$

确实有 $\pi_i p_{ij} = \pi_j p_{ji}$. 所以 $\{X_n\}$ 是一个不可约的具有可逆分布 $\boldsymbol{\pi}$ 的马尔可夫链.

**黑斯廷斯 – 梅特罗波利斯算法**:

输入: 状态空间 $I$, $\boldsymbol{b} = (b_1, b_2, \cdots)$, 函数 $g$, 所需步数 $N$, 初始分布 $\boldsymbol{\mu}$, 转移矩阵 $\boldsymbol{Q}$;

输出: $\theta$ 的估计值;

步骤 1: 生成 $X_0 \sim \boldsymbol{\mu}$, $i = X_0$;

步骤 2: 对 $k = 1, 2, \cdots, N$, 执行

　　步骤 2.1: 生成 $Y$ 具有分布律 $P(Y = j) = q_{ij}$, $j \in I$;

步骤 2.2: 令 $j = Y$, $\alpha = \dfrac{b_j q_{ji}}{b_i q_{ij}}$, 生成 $U \sim U(0,1)$;

步骤 2.3: 若 $U \leqslant \alpha$, 则令 $X_k = j$ 且 $i = j$, 否则令 $X_k = i$;

步骤 3: 返回 $\dfrac{1}{N} \sum\limits_{i=1}^{N} g(X_i)$.

**例 3.7.1** (硬核 (Hard-core) 模型) 设 $G = (V, E)$ 是一个连通无向图. 给每个顶点赋值 1 或 0, 它代表这个顶点上的粒子数. 由于粒子有大小, 所以当该顶点上有粒子时, 它的相邻顶点上就不能放粒子, 也就是任何相邻顶点都不会同时为 1. 这样构成的配置称为可行的. 图 3.7.1 给出 $8 \times 8$ 整数格点上的一个可行配置. 问题是 $G$ 上所有可行配置中 1 (粒子) 的平均个数是多少?

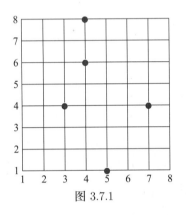

图 3.7.1

令 $I = \{\xi; \xi$ 是可行的配置 $\}$, $Z_G$ 是所有可行配置的个数. 对 $\xi \in I$, 令 $g(\xi)$ 表示配置 $\xi$ 中 1 的个数. 那么所求的就是 $\theta = \dfrac{1}{Z_G} \sum\limits_{\xi \in I} g(\xi)$. 随机取一可行配置, 那么该配置中 1 的个数的均值就是 $\theta$. 因此如果我们能实现 $I$ 上的等概率分布, 即生成 $X$ 使得

$$P(X = i) = \frac{1}{Z_G}, \quad \forall i \in I,$$

那么利用蒙特卡罗方法, 就可以估计 $\theta$. 遗憾的是当 $G$ 中顶点数很多时, 可行配置的数目非常大, 我们也无法一一罗列可行配置, 利用蒙特卡罗方法变得不可行.

现在让我们把目光转向另一种方法——MCMC. 我们需要构造 $I$ 上的不可约马尔可夫链 $\{X_n\}$ 使得其平稳分布为 $\pi_i = \dfrac{1}{Z_G}, \forall i \in I$. 一个自然的想法是到了每一步最多改变一个顶点的取值. 每次任取一个顶点, 如果这个顶点的值是 0 且相邻顶点不全是 0, 那么不做

任何更改, 否则更改这个顶点上的值. 这样对于可行方案 $\xi$ 和 $\eta$, 建议转移概率为

$$q_{\xi,\eta} = \begin{cases} \dfrac{1}{|V|}, & \xi \text{ 与 } \eta \text{ 有一个顶点值不同,} \\[2mm] \dfrac{H(\xi)}{|V|}, & \xi = \eta, \\[2mm] 0, & \text{其他,} \end{cases}$$

这里 $H(\xi)$ 为 $\xi$ 中满足值是 0 且相邻顶点不全为 0 的顶点数. 显然 $q_{\xi,\eta} = 0$ 当且仅当 $q_{\eta,\xi} = 0$. 由于各顶点上全是 0 是一种可行配置. 它与任何可行配置互达. 所以不可约. 对 $\xi \neq \eta$, 由于

$$\pi_\xi q_{\xi,\eta} = \pi_\eta q_{\eta,\xi} = \frac{1}{|Z_G||V|},$$

所以接受概率 $\alpha_{\xi,\eta} = 1$.

综上, 我们得到估计 $\theta$ 的一个 MCMC 算法:

步骤 1: 令 $X_0$ 为各顶点上全是 0 的可行配置, $\xi = X_0$, $g = 0$, $sum = 0$;

步骤 2: 对 $k = 1, 2, \cdots, N$, 执行

步骤 2.1: 在图 $G$ 上等概率选一个顶点, 记为 $v$;

步骤 2.2: 若 $\xi$ 在 $v$ 上的值是 0 且相邻顶点不全为 0, 则令 $X_k = \xi$; 否则令 $X_k$ 为改变 $v$ 上的值得到的新可行配置, 令 $\xi = X_k$; 若 $X_k$ 在 $v$ 上的值是 0, 则令 $g$ 减少 1, 否则令 $g$ 增加 1;

步骤 2.3: 令 $sum$ 为 $sum + g$;

步骤 3: 返回 $\dfrac{sum}{N}$.

附录 5 中给出了 $n \times n$ 整数格点上可行配置 1 的平均个数的 MCMC 算法及其 R 程序.

### 思考题三

1. 马尔可夫性是指过去与将来相互独立, 即对任何 $n \geqslant 1$, $(X_0, X_1, \cdots, X_{n-1})$ 与 $X_{n+1}$ 相互独立, 对吗?

2. 如果知道时齐马尔可夫链的一步转移矩阵, 怎么计算它的多步转移矩阵?

3. 如果知道时齐马尔可夫链的初始分布和一步转移矩阵, 怎么计算它的有限维分布?

4. 判断一个状态常返还是暂留, 你能想出几种方法?

5. 判断一个状态是不是正常返, 你能想出几种方法?

6. 计算正常返态的平均回转时, 你能想出几种方法?

7. 如果一个状态的互达等价类是闭的, 则它一定是正常返态, 对吗?

8. 对于不可约非周期的马尔可夫链, $\lim\limits_{n\to\infty} p_{ij}^{(n)}$ 存在且与 $i$ 无关, 对吗?

9. 对于不可约非周期的马尔可夫链, $\lim\limits_{n\to\infty} p_{ij}^{(n)} > 0$, 对吗?

10. 如果状态 $i$ 的周期为 $d$, 则 $p_{ii}^{(n)} > 0$ 当且仅当 $n$ 是 $d$ 的整数倍, 对吗?

11. 如何计算吸收概率与平均吸收时间?

12. 什么是可逆分布? 它与平稳分布有什么关系?

 习题三

1. (伯努利–拉普拉斯扩散模型) 设 A, B 两箱中各有 $m$ 个球, 其中共 $m$ 个白球, $m$ 个黑球. 记 $X_0$ 是开始时 A 箱中的白球个数. 然后每次从两箱中各任取一球交换, $X_n$ 表示 $n$ 次交换后 A 箱中白球个数. 说明 $\{X_n\}$ 是一个时齐马尔可夫链, 写出状态空间和一步转移概率. 这也是一个关于两种液体混合的概率模型.

2. 用 $X_n$ 表示第 $n$ 个投保人到某保险公司进行理赔的钱数, 设 $X_1, X_2, \cdots$ 独立同分布, 且 $X_i$ 取非负整数, $P(X_i = k) = p_k, k = 0, 1, 2, \cdots$. 记 $S_0 = 0, S_n$ 为前 $n$ 个投保人理赔的总钱数. 说明 $\{S_n\}$ 是一个时齐马尔可夫链, 写出状态空间和一步转移概率.

3. 设 $X_1, X_2, \cdots$ 独立同分布, $P(X_i = 1) = p = 1 - P(X_i = 0), 0 < p < 1$. 对 $n \geqslant 1$, 令

$$
L_n = \begin{cases} 0, & X_n = 0, \\ \max\{1 \leqslant k \leqslant n; X_n X_{n-1} \cdots X_{n-k+1} = 1\}, & X_n = 1 \end{cases}
$$

为第 $n$ 次出现的 1 的游程长度. 例如, $(X_1, X_2, X_3, X_4, X_5) = (1, 0, 1, 1, 1)$, 那么对应的 $(L_1, L_2, L_3, L_4, L_5) = (1, 0, 1, 2, 3)$. 则 $\{L_n\}$ 是一时齐马尔可夫链, 写出它的状态空间和一步转移概率.

4. (传染模型) 有 $N$ 个人及某种传染病. 假设:

(1) 患病者不会康复, 健康者如果不与患病者接触, 则不会得病;

(2) 当健康者与患病者接触时, 被传染上病的概率为 $p$;

(3) 在每个单位时间内此 $N$ 人中恰好有两人互相接触, 且一切成对的接触是等可能的.

以 $X_n$ 表示在时刻 $n$ 患病的人数. 说明 $\{X_n\}$ 是一个时齐马尔可夫链, 写出状态空间和一步转移概率.

5. 独立重复掷骰子, 令 $X_n$ 表示第 $n$ 次得到的点数, 令 $Y_n = \max\{X_{n+1}, X_{n+2}\}, Z_n = X_{n+1} + X_{n+2}, \forall n \geqslant 0$.

(1) 计算 $P(Y_2 = 1 \mid Y_0 = 1, Y_1 = 6), P(Y_2 = 1 \mid Y_1 = 6)$;

(2) 计算 $P(Z_2 = 12 \mid Z_0 = 2, Z_1 = 7), P(Z_2 = 12 \mid Z_1 = 7)$;

(3) 判断 $\{Y_n\}$ 和 $\{Z_n\}$ 是否具有马尔可夫性? 说明理由.

6. 设 $\{X_n\}$ 是一维随机游动, 一步转移概率为

$$
p_{i,i+1} = p, \ p_{i,i-1} = q = 1 - p, \quad 0 < p < 1, i = \cdots, -1, 0, 1, \cdots,
$$

且 $P(X_0 = 0) = P(X_0 = 2) = \dfrac{1}{2}$.

(1) 计算 $P(X_2 = 4)$ 和 $P(X_2 = 4 \mid X_0 = 0)$, 将来 $X_2$ 与过去 $X_0$ 相互独立吗?

(2) 计算 $P\left(|X_2| = 2 \big| |X_0| = 2, |X_1| = 1\right)$ 和 $P\left(|X_2| = 2 \big| |X_0| = 0, |X_1| = 1\right)$;

(3) 若 $p \neq \dfrac{1}{2}$, 判断 $\{|X_n|\}$ 是否具有马尔可夫性?

7. 在单位圆上等距取 3 个点, 按顺时针方向记为 $0, 1, 2$. 当一质点位于状态 $i(i = 0, 1, 2)$ 时, 下一时

刻以 $\frac{2}{3}$ 概率顺时针走一格, 以 $\frac{1}{3}$ 概率逆时针走一格. 以 $X_0$ 表示初始时刻的位置, 设 $P(X_0 = 0) = \frac{1}{2}$, $P(X_0 = 1) = P(X_0 = 2) = \frac{1}{4}$. 令 $X_n$ 表示 $n$ 时刻质点所处的位置, 则 $\{X_n; n = 0, 1, \cdots\}$ 是一时齐马尔可夫链.

(1) 计算一步转移矩阵;

(2) 计算 $P(X_0 = 0, X_2 = 0, X_4 = 1)$ 和 $P(X_2 = 1)$.

8. 设 $\{X_n\}$ 是一时齐马尔可夫链, 状态空间为 $\{0, 1, 2\}$, 一步转移矩阵为

$$\boldsymbol{P} = \begin{pmatrix} \frac{1}{3} & \frac{2}{3} & 0 \\ \frac{2}{3} & 0 & \frac{1}{3} \\ 0 & 1 & 0 \end{pmatrix}.$$

设 $P(X_0 = 0) = P(X_0 = 1) = P(X_0 = 2) = \frac{1}{3}$.

(1) 计算 $P(X_2 = 0 \mid X_0 = 0)$ 和 $P(X_0 = 0 \mid X_2 = 0)$;

(2) 计算 $P(X_1 = 0)$ 和 $P(X_1 = 0, X_3 = 0, X_4 = 1, X_6 = 1)$;

(3) 计算 $f_{11}^{(n)}, f_{11}$ 和 $\mu_1$.

9. 某地的天气分雾霾和无雾霾两种情况, 并设雾霾变化情况服从马尔可夫链. 假设若今天雾霾, 则明天仍然雾霾的概率是 0.5; 若今天无雾霾, 则明天雾霾的概率是 0.1. 如果今天雾霾, 计算:

(1) 第三天雾霾的概率;

(2) 第三天和第四天都雾霾的概率;

(3) 如果第三天雾霾, 则第二天雾霾的概率;

(4) 长远来看, 雾霾天所占的比例.

10. 设 $\{X_n\}$ 是一时齐马尔可夫链, 状态空间为 $\{0, 1, 2, 3\}$, 一步转移矩阵为

$$\boldsymbol{P} = \begin{pmatrix} \frac{1}{2} & \frac{1}{2} & 0 & 0 \\ 0 & \frac{1}{2} & \frac{1}{2} & 0 \\ 0 & \frac{1}{3} & \frac{2}{3} & 0 \\ 0 & 0 & 0 & 1 \end{pmatrix}.$$

设 $P(X_0 = 0) = P(X_0 = 1) = P(X_0 = 3) = \frac{1}{3}$.

(1) 计算 $P(X_1 = 1, X_3 = 2)$, $P(X_2 = 1)$ 和 $P(X_{10} = 0)$;

(2) 求出各状态的常返性, 并计算正常返态的平均回转时.

11. 设 $\{X_n\}$ 是时齐马尔可夫链, 状态空间是 $\{0, 1\}$, $p_{00} = p_{11} = \alpha$, $0 < \alpha < 1$. 计算 $f_{00}^{(n)}, f_{01}^{(n)}$.

12. 求第 8 题中 $\{X_n\}$ 的平稳分布.

13. 独立重复掷骰子, 用 $S_n$ 表示前 $n$ 次点数之和, 用 $Z_n$ 表示 $S_n$ 除以 4 的余数, 则 $\{Z_n\}$ 是一时齐马尔可夫链.

(1) 写出 $\{Z_n\}$ 的状态空间和一步转移矩阵, 并求它的平稳分布;

(2) 求 $\lim_{n \to \infty} P(S_n$ 是 4 的倍数$)$.

14. 罐 A 和 B 共装有 $N$ 个球, 每次从这 $N$ 个球中等可能地取出一球, 然后选一个罐子 (选中罐 A 的概率为 $p$, 选中罐 B 的概率为 $1 - p, 0 < p < 1$), 再把取出的球放到这个罐子中, 用 $X_n$ 表示 $n$ 次选取后罐 A 中的球数, 则 $\{X_n\}$ 是一时齐马尔可夫链.

(1) 写出状态空间和一步转移概率;

(2) 若 $N = 3, p = 0.5$, 求平稳分布和罐 A 变空的平均时间间隔 (即求 $\mu_0$).

15. 某人在家和办公室共放了 3 把伞, 用于来往于家和办公室之间, 每次出家门或办公室门, 当且仅当下雨且手边有伞时, 带一把伞走, 到达后放下, 下雨的概率为 $p, 0 < p < 1$. 用 $X_n$ 表示他第 $n$ 次出 (家或办公室) 门时手边的伞的数目, 则 $\{X_n\}$ 是一时齐马尔可夫链.

(1) 写出 $\{X_n\}$ 的状态空间和一步转移矩阵, 并求它的平稳分布;

(2) 计算此人被雨淋的概率的极限, 并证明不管 $p$ 取何值, 此极限小于 $\dfrac{1}{12}$.

16. 在第 10 题中, 对 $i = 0, 1, 2, 3$, 计算 $\lim\limits_{n \to \infty} P(X_n = i)$.

17. 设 $\{X_n\}$ 是一时齐马尔可夫链, 状态空间为 $\{0, 1, 2, 3, 4, 5, 6, 7\}$, 一步转移概率为 $p_{01} = p_{32} = p_{67} = 1, p_{10} = p_{12} = p_{21} = p_{23} = p_{54} = p_{56} = p_{76} = p_{77} = \dfrac{1}{2}, p_{43} = p_{44} = p_{45} = \dfrac{1}{3}$.

(1) 写出所有互达等价类, 并判断哪些是闭的?

(2) 求出各状态的周期和常返性, 并计算正常返态的平均回转时;

(3) 计算 $\lim\limits_{n \to \infty} p_{45}^{(n)}$ 和 $\lim\limits_{n \to \infty} p_{67}^{(n)}$;

(4) 若 $P(X_0 = 3) = P(X_0 = 4) = \dfrac{1}{2}$, 对 $i = 4, 5, 6, 7$, 计算 $\lim\limits_{n \to \infty} P(X_n = i)$.

18. 设 $\{X_n\}$ 是一时齐马尔可夫链, 状态空间为 $\{0, 1, 2\}$, 一步转移概率为 $p_{01} = p_{21} = 1, p_{10} = \dfrac{1}{3}$, $p_{12} = \dfrac{2}{3}$.

(1) 求所有互达等价类, 并判断哪些是闭的? 求出各状态的周期和常返性, 并计算正常返态的平均回转时;

(2) 令 $Y_n = X_{2n}$, 写出 $\{Y_n\}$ 的一步转移矩阵, 求它的所有互达等价类, 并判断哪些是闭的? 求此过程各状态的周期和常返性, 并计算正常返态的平均回转时.

19. 设 $\{X_n; n = 0, 1, 2, \cdots\}$ 是时齐马尔可夫链, 状态空间 $I = \{1, 2, 3, 4\}$, 一步转移矩阵

$$
\boldsymbol{P} = \begin{pmatrix}
1 & 0 & 0 & 0 \\
0 & 1 & 0 & 0 \\
\dfrac{1}{4} & \dfrac{1}{4} & \dfrac{1}{4} & \dfrac{1}{4} \\
\dfrac{1}{8} & \dfrac{3}{8} & \dfrac{3}{8} & \dfrac{1}{8}
\end{pmatrix}.
$$

令 $T_1 = \inf\{n \geqslant 0; X_n = 1\}$. 计算 $P(T_1 < \infty \mid X_0 = 3)$.

20. (迷宫中的老鼠) 如图所示, 迷宫中有九个房间, 老鼠待在 1 号房间, 猫待在 7 号房间, 奶酪放在 9 号房间. 现在假设猫不动, 老鼠开始移动, 由于无记忆性, 如果 $n$ 时老鼠待在 $i$ 号房间, 则 $n + 1$ 时老鼠等可能地移到 $i$ 号房间相邻的房间 (即有门与 $i$ 号房间相连的房间). 并且假设老鼠一旦到 7 号房间, 猫就吃掉老鼠, 从而认为老鼠此后就永远留在 7 号房间; 一旦到 9 号房间, 老鼠就吃掉奶酪而将永远留在 9 号房间. 用 $X_n$ 表示 $n$ 时老鼠所在的房间, 则 $\{X_n\}$ 是一个时齐马尔可夫链, 写出状态空间和一步转移矩阵, 并计算老鼠被猫吃掉的概率.

第 20 题图

21. 蜘蛛和苍蝇在 0 和 1 两个位置上独立地依循马尔可夫链移动, 一直到它们相遇时蜘蛛吃掉苍蝇. 它们的初始位置分别是 0 和 1, 转移矩阵分别为 $\begin{pmatrix} 0.5 & 0.5 \\ 0.5 & 0.5 \end{pmatrix}$ 和 $\begin{pmatrix} 0.4 & 0.6 \\ 0.2 & 0.8 \end{pmatrix}$. 如果假定它们相遇后将永远留在相遇的位置, 令 $X_n$ 和 $Y_n$ 分别表示 $n$ 时蜘蛛和苍蝇的位置, 且 $Z_n = (X_n, Y_n)$.

(1) 说明 $\{Z_n\}$ 是一个时齐马尔可夫链, 写出状态空间和一步转移矩阵;

(2) 计算蜘蛛在位置 0 吃掉苍蝇的概率;

(3) 求蜘蛛遇见苍蝇的平均步数.

22. 某人玩一个弹小球的游戏, 以 $X_n$ 表示第 $n$ 步时小球所处的位置. 设 $\{X_n\}$ 是时齐马尔可夫链, 状态空间 $I = \{1, 2, 3, 4\}$,

$$ \boldsymbol{P} = \begin{pmatrix} 0 & \frac{1}{3} & \frac{1}{3} & \frac{1}{3} \\ \frac{1}{2} & 0 & \frac{1}{2} & 0 \\ 0 & 0 & 1 & 0 \\ 0 & 0 & 0 & 1 \end{pmatrix}, $$

小球最后停在 3 或 4 处. 若停在 3 处, 则此人可获得 1 元钱; 若停在 4 处, 则此人可获得 5 元钱. 已知 $P(X_0 = 1) = P(X_0 = 2) = \dfrac{1}{2}$, 计算:

(1) $n$ 步时小球还没有停在 3 或 4 处的概率;

(2) 此人可获得 5 元钱的概率;

(3) 此人获得钱数的均值;

(4) 游戏结束的平均时间.

23. 一只狼从 1 处开始在状态空间 $I = \{1, 2, 3, 4\}$ 上作随机游动, 2 处有一只羊, 3 处有一陷阱. 狼一旦走到 3 处, 就掉进陷阱, 无法再走; 狼一旦走到 2 处, 就吃掉羊. 设 $X_n$ 为走 $n$ 步时狼所处的位置, 则 $\{X_n; n \geqslant 0\}$ 是时齐马尔可夫链, 一步转移矩阵

$$ \boldsymbol{P} = \begin{pmatrix} 0 & \frac{1}{3} & \frac{1}{3} & \frac{1}{3} \\ \frac{1}{2} & 0 & \frac{1}{2} & 0 \\ 0 & 0 & 1 & 0 \\ \frac{1}{2} & 0 & \frac{1}{2} & 0 \end{pmatrix}, $$

计算:

(1) $P(X_1 = 4, X_3 = 2)$;

(2) $P(X_2 = 1 \mid X_3 = 3)$;

(3) 狼恰好在第 $n$ 步吃掉羊的概率;

(4) 狼能在掉进陷阱前吃掉羊的概率;

(5) 狼掉进陷阱的平均步数.

*24. 设 $\{X_n\}$ 是时齐马尔可夫链, 状态空间为 $\{0, 1, \cdots, M\}$, 一步转移概率为

$$p_{01} = \alpha_0 = 1 - p_{00}, \quad p_{M,M} = \alpha_M = 1 - p_{M,M-1},$$

$$p_{i,i+1} = \alpha_i, \quad p_{i,i-1} = 1 - \alpha_i, \quad \forall 1 \leqslant i \leqslant M - 1.$$

这里对所有的 $0 \leqslant i \leqslant M$ 都有 $0 < \alpha_i < 1$. 计算 $\lim\limits_{n \to \infty} P(X_n = i)$.

# 第4章 泊松过程与布朗运动

在现实生活中, 人们会发现这样的例子: 某个时间段热线电话接到的呼叫次数与前个时间段接到的呼叫次数没有关系; 这个时间段有多少顾客进商场购物与之前该商场已有多少顾客无关等. 如果考虑 $(0,t]$ 时间段内的电话呼叫次数、进商场的顾客数、股价的涨幅等随机过程, 那么它们有一个共同的特点: 在互不重叠的时间段上增加的量是相互独立的, 这就是我们下面要介绍的独立增量过程.

## 4.1 平稳独立增量过程

**定义 4.1.1** 设 $\{X(t); t \in T\}$ 为一随机过程. 对 $t > s$, 称 $X(t) - X(s)$ 为此过程在 $(s,t]$ 上的增量. 若对任意整数 $n \geqslant 2$ 和 $t_0 < t_1 < \cdots < t_n$, 增量 $X(t_1) - X(t_0), X(t_2) - X(t_1), \cdots, X(t_n) - X(t_{n-1})$ 相互独立, 则称 $\{X(t)\}$ 为独立增量过程 (process with independent increments). 若对一切 $s < t$, 增量 $X(t) - X(s)$ 的分布只依赖于 $t - s$ (即对任何 $h$, $X(t+h) - X(s+h)$ 与 $X(t) - X(s)$ 同分布), 则称 $\{X(t)\}$ 有平稳增量 (process with stationary increments). 具有平稳增量的独立增量过程称为平稳独立增量过程.

在例 2.2.4 中, 由于甲各次获得的分数独立同分布, 所以对任意固定正整数 $k$, 任意 $k$ 次甲获得的分数是同分布的. 对 $n > m \geqslant 0$, $S_n - S_m = \sum\limits_{i=m+1}^{n} X_i$ 表示第 $m+1$ 次到第 $n$ 次共 $n - m$ 次游戏中甲获得的分数, 它与前 $n - m$ 次甲获得的分数同分布. 也就是说, $S_n - S_m$ 与 $S_{n-m}$ 同分布. 这说明 $\{S_n\}$ 是平稳增量过程. 另外, 对任何 $k \geqslant 2, 0 \leqslant n_0 < n_1 < \cdots < n_k$ 有

$$S_{n_1} - S_{n_0} = \sum_{i=n_0+1}^{n_1} X_i,$$

$$S_{n_2} - S_{n_1} = \sum_{i=n_1+1}^{n_2} X_i,$$

$$\cdots,$$

$$S_{n_k} - S_{n_{k-1}} = \sum_{i=n_{k-1}+1}^{n_k} X_i$$

相互独立, 因而 $\{S_n\}$ 也是独立增量过程. 类似地, 例 2.1.2 中二项过程和例 3.1.4 中一维随机游动都是平稳独立增量过程.

更一般地, 如果 $0 \in T \subseteq [0, \infty)$, 对于满足 $X(0) = 0$ 的独立增量过程 $\{X(t); t \in T\}$, 它的有限维分布由所有增量 $X(t) - X(s)$ 的分布确定. 事实上, 对任意的正整数 $n$ 及任意的 $t_1 < t_2 < \cdots < t_n$, 令 $t_0 = 0$,

$$Y_i = X(t_i) - X(t_{i-1}), \quad i = 1, 2, \cdots, n,$$

则 $Y_1, Y_2, \cdots, Y_n$ 相互独立. 因此 $(Y_1, Y_2, \cdots, Y_n)$ 的联合分布由 $Y_1, Y_2, \cdots, Y_n$ 的边际分布确定. 进一步地, 又由于 $X_{t_i} = Y_1 + Y_2 + \cdots + Y_i$, 所以 $(X(t_1), X(t_2), \cdots, X(t_n))$ 的联合分布又可由 $(Y_1, Y_2, \cdots, Y_n)$ 的联合分布确定.

**性质** 设 $0 \in T \subseteq [0, \infty)$, $X(0) = 0$, $\{X(t); t \in T\}$ 不但是独立增量过程而且是二阶矩过程, 则 $C_X(s, t) = D_X(\min\{s, t\})$.

**证明** 不妨设 $s \leqslant t$, 则

$$\begin{aligned} C_X(s, t) &= \mathrm{Cov}(X(s), X(t)) \\ &= \mathrm{Cov}\{X(s) - X(0), [X(t) - X(s)] + [X(s) - X(0)]\} \\ &= \mathrm{Cov}(X(s) - X(0), X(t) - X(s)) + D(X(s) - X(0)) \\ &= D_X(s). \end{aligned} \qquad \square$$

**例 4.1.1** 设 $X_1, X_2, \cdots$ 相互独立, $S_0 = 0$. 对 $n \geqslant 1$, $S_n = \sum_{i=1}^{n} X_i$, 则 $\{S_n; n = 0, 1, \cdots\}$ 是独立增量过程. 进一步地, 若 $X_1, X_2, \cdots$ 独立同分布, 则 $\{S_n\}$ 是平稳独立增量过程. 此时若 $D(X_1) = \sigma^2$, 则对 $0 \leqslant m \leqslant n$,

$$C_S(m, n) = \mathrm{Cov}(S_m, S_n) = D(S_m) = m\sigma^2.$$

下面将要介绍的泊松过程和布朗运动就是两个重要的独立增量过程, 其中布朗运动还具有平稳增量. 泊松过程又分成齐次泊松过程和非齐次泊松过程, 其中齐次泊松过程有平

稳增量, 而非齐次泊松过程则不具有平稳增量.

# 4.2 泊松过程

## (一) 齐次泊松过程定义与例子

设 $N(t)$ 表示 $(0,t]$ 内发生的 "事件" 数, 称随机过程 $\{N(t); t \geqslant 0\}$ 为计数 过程. $N(t)$ 的状态空间为 $I = \{0, 1, 2, \cdots\}$, 当 $0 \leqslant s \leqslant t$ 时, $N(s) \leqslant N(t)$, 而 $N(t) - N(s)$ 表示区间 $(s,t]$ 内发生的 "事件" 数. 比如 $N(t)$ 表示到时刻 $t$ 为止进 入某商场的顾客数, 或者表示到时刻 $t$ 为止的理赔人数等.

泊松过程
的定义

**定义 4.2.1** 计数过程 $\{N(t); t \geqslant 0\}$ 称为强度为 $\lambda$ 的齐次泊松过程 (homogencous Poisson process), 若该过程满足以下三条:

(1) $N(0) = 0$;

(2) $\{N(t); t \geqslant 0\}$ 是独立增量过程;

(3) 对任意 $t \geqslant 0$ 和充分小的 $\Delta t > 0$, 有

$$\text{稀有性: } P(N(t + \Delta t) - N(t) = 1) = \lambda \Delta t + o(\Delta t),$$

$$\text{相继性: } P(N(t + \Delta t) - N(t) \geqslant 2) = o(\Delta t).$$

**注** 稀有性是指当 $\Delta t > 0$ 充分小时, 在 $(t, t + \Delta t]$ 内有一个事件发生的概率几乎与区 间长度 $\Delta t$ 正比; 而且比例系数恒为 $\lambda$, 与 $t$ 无关, 这也是 "齐次" 的由来. 如果比例系数与 $t$ 有关, 就变成 (四) 中的非齐次泊松过程.

对任意 $t > s \geqslant 0$, 将 $(s,t]$ 进行 $n$ 等分, 设为 $s = t_0 < t_1 < \ldots < t_n = t$. 令 $h = \dfrac{t - s}{n}$, 则 $t_i = s + ih$. 而且当 $n \to \infty$ 时,

$$n \cdot o(h) = nh \frac{o(h)}{h} = (t - s) \frac{o(h)}{h} \to 0,$$

根据相继性, 此时

$$P(\text{存在 } 0 \leqslant i \leqslant n - 1 \text{ 使得 } N(t_{i+1}) - N(t_i) \geqslant 2)$$

$$\leqslant \sum_{i=0}^{n-1} P(N(t_{i+1}) - N(t_i) \geqslant 2) \leqslant n \cdot o(h) \to 0,$$

因此相继性蕴涵了事件的发生有先后顺序, 不会有两件或两件以上事件同时发生. 进一步

地, 根据独立增量性, $N(t_1) - N(t_0), N(t_2) - N(t_1), \cdots, N(t_n) - N(t_{n-1})$ 相互独立. 再结合稀有性, 当 $n$ 足够大时,

$$N_t - N_s = \sum_{i=0}^{n-1}(N(t_{i+1}) - N(t_i))$$

近似服从 $B(n, \lambda h + o(h))$. 令 $n \to \infty$, 得到 $N_t - N_s$ 应该服从 $\pi(\lambda(t-s))$. 下面就给出这个结论以及严格的证明.

**定理 4.2.1** 若 $\{N(t); t \geqslant 0\}$ 是强度为 $\lambda$ 的齐次泊松过程, 则对于 $0 \leqslant s < t$,

$$P(N(t) - N(s) = k) = \frac{[\lambda(t-s)]^k \mathrm{e}^{-\lambda(t-s)}}{k!}, \quad k = 0, 1, 2, \cdots.$$

**证明** 记 $P(N(t) - N(s) = k) = P_k(s, t)$. 对于 $\Delta t > 0$,

$$
\begin{aligned}
&P_0(s, t + \Delta t) \\
&= P(N(t + \Delta t) - N(s) = 0) \\
&= P([N(t + \Delta t) - N(t)] + [N(t) - N(s)] = 0) \\
&= P(N(t + \Delta t) - N(t) = 0, N(t) - N(s) = 0) \\
&= P(N(t + \Delta t) - N(t) = 0)P(N(t) - N(s) = 0) \qquad \text{(独立增量性)} \\
&= P(N(t) - N(s) = 0)(1 - \lambda\Delta t) + o(\Delta t) \qquad \text{(条件 (3))} \\
&= P_0(s, t) - \lambda P_0(s, t)\Delta t + o(\Delta t).
\end{aligned}
$$

将 $P_0(s, t)$ 移到等式左边, 等式两边同除以 $\Delta t$, 并令 $\Delta t \to 0$, 得

$$\frac{\mathrm{d}P_0(s, t)}{\mathrm{d}t} = -\lambda P_0(s, t).$$

注意到初始条件为 $P_0(s, s) = 1$, 于是得 $P_0(s, t) = \mathrm{e}^{-\lambda(t-s)}$, $t \geqslant s$.

对于 $k \geqslant 1$,

$$
\begin{aligned}
&P_k(s, t + \Delta t) \\
&= P(N(t + \Delta t) - N(s) = k) \\
&= P([N(t + \Delta t) - N(t)] + [N(t) - N(s)] = k) \\
&= \sum_{j=0}^{k} P(N(t+\Delta t) - N(t) = j, N(t) - N(s) = k - j)
\end{aligned}
$$

$$= \sum_{j=0}^{k} P(N(t+\Delta t) - N(t) = j) P(N(t) - N(s) = k-j) \qquad \text{(独立增量性)}$$

$$= P_0(t, t+\Delta t) P_k(s,t) + P_1(t, t+\Delta t) P_{k-1}(s,t) + o(\Delta t)$$

$$= (1 - \lambda \Delta t) P_k(s,t) + \lambda \Delta t P_{k-1}(s,t) + o(\Delta t) \qquad \text{(条件 (3))}$$

$$= P_k(s,t) + \lambda \left[ P_{k-1}(s,t) - P_k(s,t) \right] \Delta t + o(\Delta t).$$

将 $P_k(s,t)$ 移到等式左边, 等式两边同除以 $\Delta t$, 并令 $\Delta t \to 0$, 得

$$\frac{\mathrm{d} P_k(s,t)}{\mathrm{d} t} = \lambda [P_{k-1}(s,t) - P_k(s,t)].$$

两边同乘 $\mathrm{e}^{\lambda t}$, 整理得

$$\mathrm{e}^{\lambda t} \cdot \frac{\mathrm{d} P_k(s,t)}{\mathrm{d} t} + \lambda \mathrm{e}^{\lambda t} P_k(s,t) = \lambda \mathrm{e}^{\lambda t} P_{k-1}(s,t),$$

即

$$\frac{\mathrm{d} [\mathrm{e}^{\lambda t} P_k(s,t)]}{\mathrm{d} t} = \lambda \mathrm{e}^{\lambda t} P_{k-1}(s,t).$$

当 $k = 1$ 时, 有

$$\frac{\mathrm{d} [\mathrm{e}^{\lambda t} P_1(s,t)]}{\mathrm{d} t} = \lambda \mathrm{e}^{\lambda t} P_0(s,t) = \lambda \mathrm{e}^{\lambda s},$$

初始条件为 $P_1(s,s) = 0$, 所以有

$$P_1(s,t) = \lambda(t-s)\mathrm{e}^{-\lambda(t-s)}.$$

对于 $k > 1$ 的情形, 用归纳法就可以得到结论. $\qquad \square$

于是, 泊松过程还有另外一个定义:

定义 4.2.2 计数过程 $\{N(t); t \geqslant 0\}$ 称为强度为 $\lambda$ 的齐次泊松过程, 若该过程满足以下三条:

(1) $N(0) = 0$;

(2) $\{N(t); t \geqslant 0\}$ 是独立增量过程;

(3) 对 $0 \leqslant s < t$,

$$P(N(t) - N(s) = k) = \frac{[\lambda(t-s)]^k \mathrm{e}^{-\lambda(t-s)}}{k!}, \quad k = 0, 1, 2, \cdots,$$

即 $N(t) - N(s) \sim \pi(\lambda(t-s))$.

这两个定义是等价的, 证明留给读者.

**泊松过程的数字特征**　设 $\{N(t); t \geqslant 0\}$ 是强度为 $\lambda$ 的泊松过程, 则

(1) 均值函数 $\mu_N(t) = E(N(t)) = \lambda t$;

(2) 方差函数 $D_N(t) = E[(N(t) - \mu_N(t))^2] = \lambda t$;

(3) (自) 协方差函数 $C_N(s,t) = D_N(\min\{s,t\}) = \lambda \min\{s,t\}$;

(4) (自) 相关函数 $R_N(s,t) = E(N(s)N(t)) = \lambda \min\{s,t\} + \lambda^2 st$.

强度 $\lambda$ 的含义是单位时间内平均出现的 "事件" 数.

**泊松过程的背景**　ATM 机服务的顾客数、通过路口的车辆数、售货员接待的顾客数、某热线接到的消费者投诉电话数、某地区地质灾害数、手机短信数、邮箱收到的电子邮件数等, 它们有共同的特点, 就是随着时间的推移, 相应的事件会不断重复出现, 而且有独立增量性. 如果能满足单位时间内平均出现的事件数即强度是常数, 就符合齐次泊松过程的模型; 如果强度会随着时间的推移而变化, 就是非齐次泊松过程.

**例 4.2.1**　设 $N(t)$ 表示某热线电话在 $(0,t]$ 时内接到的呼叫次数, 平均每时呼叫 3 次. 将 $\{N(t); t \geqslant 0\}$ 看成强度为 3 的泊松过程.

(1) 求 $(1,4]$ 时内恰好接到 6 次呼叫的概率;

(2) 已知开始的 1 h 内接到 1 次呼叫, 求在 $(0,4]$ 时内接到 7 次呼叫的概率;

(3) 已知 $(0,4]$ 时内接到 7 次呼叫, 求 $(0,1]$ 时内接到 1 次呼叫的概率.

**解**　对于强度为 $\lambda$ 的泊松过程, 当 $0 \leqslant s < t$ 时,

$$P(N(t) - N(s) = k) = \frac{[\lambda(t-s)]^k e^{-\lambda(t-s)}}{k!}, \quad k = 0, 1, 2, \cdots.$$

于是,

(1) $P(N(4) - N(1) = 6) = \dfrac{[3 \times (4-1)]^6 e^{-3(4-1)}}{6!} = 0.091.$

(2) $P(N(4) = 7 \mid N(1) = 1) = \dfrac{P(N(4) = 7, N(1) = 1)}{P(N(1) = 1)}$

$$= \frac{P(N(1) = 1)P(N(4) - N(1) = 6)}{P(N(1) = 1)}$$

$$= P(N(4) - N(1) = 6) = 0.091.$$

$$(3)\ P(N(1)=1\mid N(4)=7) = \frac{P(N(4)=7, N(1)=1)}{P(N(4)=7)}$$

$$= \frac{P(N(1)=1)P(N(4)-N(1)=6)}{P(N(4)=7)}$$

$$= \frac{3\mathrm{e}^{-3} \times \dfrac{[3\times(4-1)]^6 \mathrm{e}^{-3(4-1)}}{6!}}{\dfrac{12^7 \mathrm{e}^{-12}}{7!}}$$

$$= \mathrm{C}_7^1 \left(\frac{1}{4}\right)^1 \left(\frac{3}{4}\right)^6 = 0.311. \qquad \square$$

**例 4.2.2** 设 $\{N(t); t \geqslant 0\}$ 是强度为 $\lambda$ 的泊松过程. 求:

(1) $D(N(3)-N(1))$;

(2) $D(N(3)+N(1))$;

(3) $\mathrm{Cov}(N(2), N(5)-N(1))$.

**解** (1) $D(N(3)-N(1))=D_N(2)=2\lambda$.

(2) $D(N(3)+N(1))=D_N(3)+D_N(1)+2C_N(3,1)=3\lambda+\lambda+2\lambda=6\lambda$;

或者

$$D(N(3)+N(1)) = D[(N(3)-N(1))+2N(1)]$$
$$= D(N(3)-N(1))+4D_N(1) = 6\lambda.$$

(3) $\mathrm{Cov}(N(2), N(5)-N(1))=C_N(2,5)-C_N(2,1)=2\lambda-\lambda=\lambda$. $\qquad \square$

## (二) 齐次泊松过程的合成与分解

我们先介绍泊松分布的可加性和可分性. 它们是泊松过程具有可加性和可分性 (见定理 4.2.2 和定理 4.2.3) 的重要原因.

**引理 4.2.1** (1) 设随机变量 $X \sim \pi(\lambda_1), Y \sim \pi(\lambda_2)$, 且 $X$ 和 $Y$ 相互独立, 则 $X+Y \sim \pi(\lambda_1 + \lambda_2)$;

(2) 设事件发生总数 $N \sim \pi(\lambda)$, 这 $N$ 个事件独立地以概率 $p$ 是类型 1, 以概率 $1-p$ 是类型 2, 令 $X$ 和 $Y$ 分别表示类型 1 和类型 2 发生的数目, 则 $X \sim \pi(\lambda p), Y \sim \pi(\lambda(1-p))$, 且 $X$ 和 $Y$ 相互独立.

**证明** (1) 对非负整数 $k$,

$$P(X+Y=k) = \sum_{i=0}^{k} P(X=i)P(Y=k-i)$$

$$= \sum_{i=0}^{k} \frac{\lambda_1^i \mathrm{e}^{-\lambda_1}}{i!} \cdot \frac{\lambda_2^{k-i} \mathrm{e}^{-\lambda_2}}{(k-i)!}$$

$$= \frac{\mathrm{e}^{-(\lambda_1+\lambda_2)}}{k!} \sum_{i=0}^{k} \mathrm{C}_k^i \lambda_1^i \lambda_2^{k-i}$$

$$= \frac{(\lambda_1+\lambda_2)^k \mathrm{e}^{-(\lambda_1+\lambda_2)}}{k!}.$$

这说明 $X + Y \sim \pi(\lambda_1 + \lambda_2)$.

(2) 对非负整数 $m$ 和 $n$,

$$P(X = m, Y = n)$$

$$= P(N = m+n, X = m)$$

$$= P(N = m+n)P(X = m | N = m+n).$$

注意到在 $N = m+n$ 的条件下, $X$ 服从 $B(m+n, p)$. 这推出

$$P(X = m, Y = n)$$

$$= \left( \mathrm{e}^{-\lambda} \frac{\lambda^{m+n}}{(m+n)!} \right) \left( \frac{(m+n)!}{m!n!} p^m (1-p)^n \right)$$

$$= \left( \mathrm{e}^{-\lambda p} \frac{(\lambda p)^m}{m!} \right) \left( \mathrm{e}^{-\lambda(1-p)} \frac{(\lambda(1-p))^n}{n!} \right).$$

所以

$$P(X = m) = \sum_{n=0}^{\infty} P(X = m, Y = n)$$

$$= \mathrm{e}^{-\lambda p} \frac{(\lambda p)^m}{m!},$$

$$P(Y = n) = \sum_{m=0}^{\infty} P(X = m, Y = n)$$

$$= \mathrm{e}^{-\lambda(1-p)} \frac{(\lambda(1-p))^n}{n!},$$

$$P(X = m, Y = n) = P(X = m)P(Y = n).$$

这说明 $X \sim \pi(\lambda p)$, $Y \sim \pi(\lambda(1-p))$, 且 $X$ 和 $Y$ 相互独立. $\qquad\square$

**定理 4.2.2** 设 $\{X(t); t \geqslant 0\}$ 和 $\{Y(t); t \geqslant 0\}$ 是两个相互独立的、分别具有强度 $\lambda$ 和 $\mu$ 的泊松过程, $N(t) = X(t) + Y(t)$, 则 $\{N(t); t \geqslant 0\}$ 是强度为 $\lambda + \mu$ 的泊松过程.

**证明** 首先, $\{N(t); t \geqslant 0\}$ 是计数过程, 因此只要证明其满足定义 4.2.2 或定义 4.2.1 的三个条件即可.

(1) $N(0) = X(0) + Y(0) = 0$.

(2) 因为 $\{X(t)\}$ 和 $\{Y(t)\}$ 是两个相互独立的独立增量过程, 所以 $N(t) = X(t) + Y(t)$ 也是独立增量过程.

(3) 对任意 $t > s$,

$$X(t) - X(s) \sim \pi(\lambda(t-s)),$$

$$Y(t) - Y(s) \sim \pi(\mu(t-s)),$$

且它们相互独立. 由引理 4.2.1(1) 泊松分布可加性知, $N(t) - N(s) \sim \pi((\lambda + \mu)(t-s))$. 或者对任意的 $t > 0$ 和充分小的 $\Delta t > 0$, 有

$$P(N(t + \Delta t) - N(t) = 1)$$

$$= P([X(t + \Delta t) - X(t)] + [Y(t + \Delta t) - Y(t)] = 1)$$

$$= P(X(t + \Delta t) - X(t) = 1)P(Y(t + \Delta t) - Y(t) = 0) +$$

$$\quad P(X(t + \Delta t) - X(t) = 0)P(Y(t + \Delta t) - Y(t) = 1)$$

$$= \lambda \Delta t(1 - \mu \Delta t) + (1 - \lambda \Delta t)\mu \Delta t + o(\Delta t)$$

$$= (\lambda + \mu)\Delta t + o(\Delta t),$$

$$\quad P(N(t + \Delta t) - N(t) \geqslant 2)$$

$$= P([X(t + \Delta t) - X(t)] + [Y(t + \Delta t) - Y(t)] \geqslant 2)$$

$$= P(X(t + \Delta t) - X(t) = 0)P(Y(t + \Delta t) - Y(t) \geqslant 2) +$$

$$\quad P(X(t + \Delta t) - X(t) = 1)P(Y(t + \Delta t) - Y(t) \geqslant 1) +$$

$$\quad P(X(t + \Delta t) - X(t) \geqslant 2, N(t + \Delta t) - N(t) \geqslant 2)$$

$$= o(\Delta t). \qquad \square$$

下面讨论泊松过程的分解. 设 $N(t)(t \geqslant 0)$ 表示 $(0, t]$ 内出现的 "事件" 数, 而每次 "事件" 的发生又分为情形 $A$ 或 $B$. 如进商场的人可能购物, 也可能不购物; 收到的短信可能是有用的, 也可能是垃圾短信, 等等. 设情形 $A$ 发生的概率为 $p$, 情形 $B$ 发生的概率为 $1 - p$, 且各 "事件" 属于 $A$ 或 $B$ 相互独立. $X(t)$ 表示 $(0, t]$ 内出现情形 $A$ 的次数, $Y(t)$ 表示 $(0, t]$

内出现情形 $B$ 的次数. 进一步有

**定理 4.2.3** 若 $\{N(t); t \geqslant 0\}$ 是强度为 $\lambda$ 的泊松过程, 则 $\{X(t); t \geqslant 0\}$ 是强度为 $\lambda p$ 的泊松过程, $\{Y(t); t \geqslant 0\}$ 是强度为 $\lambda(1-p)$ 的泊松过程, 且过程 $\{X(t); t \geqslant 0\}$ 与 $\{Y(t); t \geqslant 0\}$ 相互独立.

**证明** 显然, $X(0) = 0$ 且 $Y(0) = 0$. 对任意 $t > s \geqslant 0, N(t) - N(s) \sim \pi(\lambda(t-s))$, 这 $N(t) - N(s)$ 个事件独立地以概率 $p$ 是情形 $A$, 以概率 $1-p$ 是情形 $B$. 根据引理 4.2.1(2) 泊松分布的可分性知,

$$X(t) - X(s) \sim \pi(\lambda p(t-s)),$$
$$Y(t) - Y(s) \sim \pi(\lambda(1-p)(t-s)),$$

且 $X(t) - X(s)$ 和 $Y(t) - Y(s)$ 相互独立.

由于 $\{N(t)\}$ 是独立增量过程, 且各事件属于 $A$ 或 $B$ 相互独立, 所以对任意 $0 = t_0 < t_1 < t_2 < \cdots < t_n$,

$$(X(t_1) - X(t_0), Y(t_1) - Y(t_0)),$$
$$(X(t_2) - X(t_1), Y(t_2) - Y(t_1)),$$
$$\cdots,$$
$$(X(t_n) - X(t_{n-1}), Y(t_n) - Y(t_{n-1}))$$

这 $n$ 个二维随机变量相互独立. 又已证得对所有 $0 \leqslant i < n, X(t_{i+1}) - X(t_i)$ 与 $Y(t_{i+1}) - Y(t_i)$ 相互独立, 故 $X(t_1) - X(t_0), Y(t_1) - Y(t_0), \cdots, X(t_n) - X(t_{n-1}), Y(t_n) - Y(t_{n-1})$ 这 $2n$ 个随机变量相互独立. 这一方面说明 $\{X(t)\}$ 和 $\{Y(t)\}$ 是独立增量过程, 另一方面也说明 $(X(t_1), X(t_2), \cdots, X(t_n))$ 与 $(Y(t_1), Y(t_2), \cdots, Y(t_n))$ 相互独立. 因此, 对于 $0 < s_1 < s_2 < \cdots < s_l, 0 < s_1' < s_2' < \cdots < s_k'$, 若记合并后的时间点为 $0 < t_1 < t_2 < \cdots < t_n$ ($\max\{l, k\} \leqslant n \leqslant l + k$), 则由 $(X(t_1), X(t_2), \cdots, X(t_n))$ 与 $(Y(t_1), Y(t_2), \cdots, Y(t_n))$ 相互独立可知, $(X(s_1), X(s_2), \cdots, X(s_l))$ 与 $(Y(s_1'), Y(s_2'), \cdots, Y(s_k'))$ 相互独立, 从而说明 $\{X(t); t \geqslant 0\}$ 和 $\{Y(t); t \geqslant 0\}$ 是两个相互独立的过程. □

**例 4.2.3** 设 $N(t)$ 表示手机在 $(0, t]$ 天内收到的短信数, 假设 $\{N(t); t \geqslant 0\}$ 是强度为 10 的泊松过程, 其中每条短信独立地以概率 0.2 为垃圾短信. 求:

(1) 两天内收到至少 10 条短信的概率;

(2) 一天内没有收到垃圾短信的概率.

**解** (1) $P(N(2) \geqslant 10) = 1 - \sum_{k=0}^{9} \frac{20^k \mathrm{e}^{-20}}{k!} = 0.995.$

(2) 设 $X(t)$ 表示手机在 $(0,t]$ 天内收到的垃圾短信数, 则 $\{X(t); t \geqslant 0\}$ 是强度为 2 的泊松过程, $P(X(1) = 0) = \mathrm{e}^{-2} = 0.135.$ □

## (三) 时间间隔与等待时间

设 $\{N(t); t \geqslant 0\}$ 是强度为 $\lambda$ 的泊松过程, 相应的 "事件" 出现的随机时刻 $t_1, t_2, \cdots$ 称为强度为 $\lambda$ 的泊松流. 以 $W_n$ 表示第 $n$ 次 "事件" 发生的时刻, 即 $W_n = t_n$, 也称为第 $n$ 次 "事件" 发生的等待时间. 特别地, $W_0 = 0$. 令 $T_n$ 表示从第 $n-1$ 次 "事件" 发生到第 $n$ 次 "事件" 发生的时间间隔, 也称为点间间距, $n = 1, 2, \cdots$. 图 4.2.1 是泊松过程的一条样本轨道, 图 4.2.2 是相应的时间间隔和等待时间示意图, 即

$$W_n = T_1 + T_2 + \cdots + T_n, \quad T_n = W_n - W_{n-1}.$$

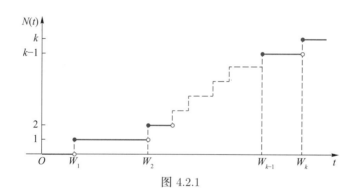

图 4.2.1

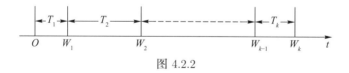

图 4.2.2

下面讨论 $T_n$ 和 $W_n$ 的分布. 对 $t > 0$,

$$F_{T_1}(t) = P(T_1 \leqslant t) = 1 - P(T_1 > t)$$
$$= 1 - P(N(t) = 0) = 1 - \mathrm{e}^{-\lambda t},$$

即 $T_1$ 服从均值为 $\frac{1}{\lambda}$ 的指数分布. 对 $s, t > 0$,

$$F_{T_2|T_1}(t \mid s) = P(T_2 \leqslant t \mid T_1 = s) = 1 - P(T_2 > t \mid T_1 = s)$$

$$= 1 - P(\text{在 } (s, s+t] \text{ 内没有 "事件" 发生} \mid T_1 = s)$$

$$= 1 - P(\text{在 } (s, s+t] \text{ 内没有 "事件" 发生}) \qquad \text{(独立增量性)}$$

$$= 1 - P(N(s+t) - N(s) = 0) = 1 - \mathrm{e}^{-\lambda t},$$

这说明 $T_2$ 与 $T_1$ 相互独立, 且服从相同的分布. 重复同样的推导可得 $T_1, T_2, T_3, \cdots$ 相互独立, 且同服从均值为 $\dfrac{1}{\lambda}$ 的指数分布. 反之可以证明, 如果任意相继出现的两个 "事件" 的点间间距相互独立, 且同服从均值为 $\dfrac{1}{\lambda}$ 的指数分布, 则 "事件" 流构成强度为 $\lambda$ 的泊松过程. 因此, 要确定一个计数过程是否为泊松过程, 只要用统计方法检验点间间距是否相互独立并服从同一个指数分布即可. 而指数分布均值的倒数就是泊松过程的强度, 注意到 $\lambda$ 代表单位时间发生的平均 "事件" 数, 因此 $\lambda$ 越大, "事件" 发生就越频繁, 从而平均时间间隔越短.

**定理 4.2.4** $\{N(t)\}$ 是强度为 $\lambda$ 的泊松过程当且仅当时间间隔 $T_1, T_2, \cdots$ 相互独立, 且同服从均值为 $\dfrac{1}{\lambda}$ 的指数分布.

下面考虑 $W_n$ 的分布:

$$F_{W_n}(t) = P(W_n \leqslant t) = P(N(t) \geqslant n)$$

$$= \sum_{k=n}^{\infty} \frac{(\lambda t)^k}{k!} \mathrm{e}^{-\lambda t}, \quad t \geqslant 0,$$

$$F_{W_n}(t) = 0, \quad t < 0.$$

因此, $W_n$ 的密度函数为

$$f_{W_n}(t) = \begin{cases} \displaystyle\sum_{k=n}^{\infty} \frac{\lambda(\lambda t)^{k-1}}{(k-1)!} \mathrm{e}^{-\lambda t} - \sum_{k=n}^{\infty} \frac{\lambda(\lambda t)^k}{k!} \mathrm{e}^{-\lambda t}, & t > 0, \\ 0, & t \leqslant 0 \end{cases}$$

$$= \begin{cases} \dfrac{\lambda(\lambda t)^{n-1}}{(n-1)!} \mathrm{e}^{-\lambda t}, & t > 0, \\ 0, & t \leqslant 0, \end{cases}$$

即 $W_n \sim \Gamma(n, \lambda)$.

**例 4.2.4** 设 $\{N(t)\}$ 是强度为 $\lambda$ 的泊松过程, $0 \leqslant s < t$, 求:

(1) $P(T_1 \leqslant s \mid N(t) = 1)$;

(2) $P(T_1 \leqslant s \mid N(t) = 2)$;

(3) $P(W_2 \leqslant s \mid N(t) = 2)$;

(4) $P(W_1 \leqslant s, W_2 \leqslant t)$.

解 (1) 由定义,

$$P(T_1 \leqslant s \mid N(t) = 1) = P(N(s) \geqslant 1 \mid N(t) = 1)$$

$$= P(N(s) = 1 \mid N(t) = 1)$$

$$= \frac{P(N(s) = 1, N(t) - N(s) = 0)}{P(N(t) = 1)}$$

$$= \frac{\lambda s e^{-\lambda s} e^{-\lambda(t-s)}}{\lambda t e^{-\lambda t}} = \frac{s}{t},$$

即若在 $(0, t]$ 内有一个事件发生, 则该事件的发生时刻服从 $(0, t]$ 内的均匀分布.

(2) $P(T_1 \leqslant s \mid N(t) = 2) = P(N(s) \geqslant 1 \mid N(t) = 2)$

$$= P(N(s) = 1 \mid N(t) = 2) + P(N(s) = 2 \mid N(t) = 2)$$

$$= \frac{P(N(s) = 1, N(t) - N(s) = 1) + P(N(s) = 2, N(t) - N(s) = 0)}{P(N(t) = 2)}$$

$$= \frac{\lambda s e^{-\lambda s} \lambda(t-s) e^{-\lambda(t-s)} + (\lambda s)^2 e^{-\lambda s} e^{-\lambda(t-s)}/2}{(\lambda t)^2 e^{-\lambda t}/2} = \frac{s(2t - s)}{t^2}.$$

(3) $P(W_2 \leqslant s \mid N(t) = 2) = P(N(s) \geqslant 2 \mid N(t) = 2)$

$$= P(N(s) = 2 \mid N(t) = 2) = \frac{s^2}{t^2}.$$

(4) 注意到 $T_1, T_2$ 相互独立, 且同服从均值为 $\dfrac{1}{\lambda}$ 的指数分布, 因此 $(T_1, T_2)$ 的密度函数为

$$f(x, y) = \begin{cases} \lambda^2 e^{-\lambda(x+y)}, & x > 0, y > 0, \\ 0, & \text{其他}, \end{cases}$$

所以

$$P(W_1 \leqslant s, W_2 \leqslant t) = P(T_1 \leqslant s, T_1 + T_2 \leqslant t)$$

$$= \int_0^s \mathrm{d}x \int_0^{t-x} \lambda^2 e^{-\lambda(x+y)} \mathrm{d}y$$

$$= \int_0^s \lambda e^{-\lambda x} [1 - e^{-\lambda(t-x)}] \mathrm{d}x$$

$$= \int_0^s \lambda e^{-\lambda x} dx - \int_0^s \lambda e^{-\lambda t} dx$$

$$= 1 - e^{-\lambda s} - \lambda s e^{-\lambda t}.$$

**另解**

$$P(W_1 \leqslant s, W_2 \leqslant t)$$

$$= P(N(s) \geqslant 1, N(t) \geqslant 2)$$

$$= P(N(s) = 1, N(t) - N(s) \geqslant 1) + P(N(s) \geqslant 2)$$

$$= 1 - e^{-\lambda s} - \lambda s e^{-\lambda t}. \qquad \Box$$

**例 4.2.5** 设顾客依泊松过程到达某银行, 速率 (强度) $\lambda = 2$ 人$/$h, 求:

(1) "9: 00 到 11: 00 之间恰有 1 个顾客到来" 的概率;

(2) "9: 00 到 10: 00 之间恰有 1 个顾客到来, 10: 00 到 11: 00 之间没有顾客到来" 的概率;

(3) 9: 00 之后第 2 个顾客到来时刻的均值.

**解** 设 $N(t)$ 表示 $(0, t]$ 时间段内到来的顾客数, $t \geqslant 0$.

(1) "9: 00 到 11: 00 之间恰有 1 个顾客到来" 的概率为

$$P(N(11) - N(9) = 1) = 4e^{-4} = 0.073.$$

(2) "9: 00 到 10: 00 之间恰有 1 个顾客到来, 10: 00 到 11: 00 之间没有顾客到来" 的概率为

$$P(N(10) - N(9) = 1, \ N(11) - N(10) = 0) = 2e^{-4} = 0.037.$$

(3) 9: 00 之后第 2 个顾客到来时刻的均值为

$$9 + E(W_2) = 9 + E(T_1 + T_2) = 9 + \frac{1}{2} + \frac{1}{2} = 10. \qquad \Box$$

**例 4.2.6** 某银行有两个窗口可以向顾客提供服务, 服务规则是先来先服务. 上午 9: 00, 小王到达此银行, 此时两个窗口分别有一个顾客在接受服务, 另有 2 个顾客排在小王的前面等待接受服务, 一会儿又来了很多顾客. 设各个顾客接受服务时间独立同分布, 且服从均

值为 20 min 的指数分布. 问: 小王在 10: 00 之前能接受服务的概率?

**解** 以上午 9: 00 作为 0 时刻, 以 1 h 作为单位时间. 对 $i = 1, 2$, 令 $N_i(t)$ 表示 $(0, t]$ 内第 $i$ 个窗口完成服务的顾客数, 则 $\{N_i(t); t \geqslant 0\}$ 是强度为 3 的泊松过程, 且 $\{N_1(t)\}$ 和 $\{N_2(t)\}$ 相互独立. 令 $N(t)$ 表示 $(0, t]$ 内这两个窗口完成服务的顾客总数, 则 $N(t) = N_1(t) + N_2(t)$, 且 $\{N(t)\}$ 是强度为 6 的泊松过程.

当且仅当有 3 个顾客完成服务时, 小王才去接受服务. 用 $W_i$ 表示第 $i$ 个顾客完成服务的时刻, 则所求概率为

$$P(W_3 \leqslant 1) = P(N(1) \geqslant 3)$$
$$= 1 - e^{-6} - 6e^{-6} - 18e^{-6}$$
$$= 0.938. \qquad \square$$

**例 4.2.7** 早上 8: 00 某公司开始面试, 此时有一些人在门口排队等待面试. 假设这些人接受面试所需时间独立同分布且都服从均值为 6 min 的指数分布, 并且每个人独立地以概率 0.8 通过面试, 以概率 0.2 未通过面试. 计算:

(1) 早上 8: 30 第三个人在接受面试的概率;

(2) 到早上 8: 30 为止有两人通过面试、有一人未通过面试的概率.

**解** 以早上 8: 00 作为 0 时刻, 以 1 h 作为单位时间, $N(t), N_1(t)$ 和 $N_2(t)$ 分别表示 $(0, t]$ 内已完成面试、通过面试和未通过面试的人数, 则 $\{N(t)\}, \{N_1(t)\}$ 和 $\{N_2(t)\}$ 分别是强度为 10, 8 和 2 的泊松过程, 且 $\{N_1(t)\}$ 和 $\{N_2(t)\}$ 相互独立.

(1) $P(N(0.5) = 2) = \dfrac{25}{2} e^{-5} = 0.084.$

(2) $P(N_1(0.5) = 2, N_2(0.5) = 1) = P(N_1(0.5) = 2) P(N_2(0.5) = 1) = 8e^{-5} = 0.054. \quad \square$

## (四) 非齐次泊松过程

前面讨论的齐次泊松过程, 事件发生的速率是常数, 不会随着时间的改变而改变. 但在一些实际问题中, 事件发生的速率可能会随着时间推移而改变. 比如 7: 00 — 9: 00, 11: 00 — 13: 00, 17: 00 — 19: 00 去饭店的就餐人数相对更多; 再比如城市中主干道在早晚高峰相对其余时段更为拥堵.

**定义 4.2.3** 计数过程 $\{N(t); t \geqslant 0\}$ 称为强度函数为 $\lambda(t)(t \geqslant 0)$ 的泊松过程, 如果

(1) $N(0) = 0$;

(2) $\{N(t); t \geqslant 0\}$ 是独立增量过程;

(3) 对 $t \geqslant 0$ 和 $\Delta t > 0$, 有

$$P(N(t + \Delta t) - N(t) = 1) = \lambda(t)\Delta t + o(\Delta t),$$

$$P(N(t + \Delta t) - N(t) \geqslant 2) = o(\Delta t).$$

类似于齐次泊松过程, 我们有如下定理:

**定理 4.2.5** 计数过程 $\{N(t); t \geqslant 0\}$ 是强度函数为 $\lambda(t)(t \geqslant 0)$ 的泊松过程, 当且仅当

(1) $N(0) = 0$;

(2) $\{N(t); t \geqslant 0\}$ 是独立增量过程;

(3) 对 $t > s \geqslant 0$, 有 $N(t) - N(s) \sim \pi\left(\displaystyle\int_s^t \lambda(h)\mathrm{d}h\right)$.

令 $m(t) = \displaystyle\int_0^t \lambda(h)\mathrm{d}h$, 则 $E(N(t)) = m(t)$, 即 $m(t)$ 为 $\{N(t); t \geqslant 0\}$ 的均值函数. 显然 $\lambda(t)$ 可以理解成 $t$ 时事件发生的速率. 当 $\lambda(t) \equiv \lambda$ 时, $\{N(t); t \geqslant 0\}$ 就是强度为 $\lambda$ 的齐次泊松过程, 否则就是非齐次泊松过程. 图 4.2.3 中阴影部分面积表示在 $(s, t]$ 内平均发生的事件数.

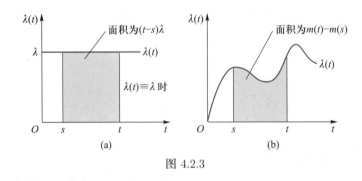

图 4.2.3

例 4.2.8 某面包店从早上 $7:00$ 开始营业, 晚上 $9:00$ 关门. 设顾客依非齐次泊松过程到达该店, 在 $7:00$—$9:00, 11:00$—$13:00, 17:00$—$19:00$, 平均每时有 $30$ 个顾客到达, 在其余营业时间内平均每时有 $12$ 个顾客到达.

(1) 问该面包店平均每天有多少顾客?

(2) 求从早上 8 : 50 到 9 : 00 有 2 个顾客到达、从 9 : 00 到 9 : 10 没有顾客到达的
概率?

**解**  以某天早上 7 : 00 作为 0 时刻, 1 h 作为单位时间, 则 (图 4.2.4)

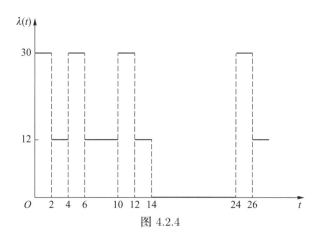

图 4.2.4

$$\lambda(t) = \begin{cases} 30, & t \in [0,2] \cup [4,6] \cup [10,12], \\ 12, & t \in (2,4) \cup (6,10) \cup (12,14], \\ 0, & t \in (14,24), \end{cases}$$

$$\lambda(t) = \lambda(t-24), \quad \forall t \geqslant 24.$$

(1) $m(24) = \int_0^{24} \lambda(t)\mathrm{d}t = 276$, 即平均每天有 276 个顾客.

(2) $\int_{\frac{11}{6}}^2 \lambda(t)\mathrm{d}t = 5, \int_2^{\frac{13}{6}} \lambda(t)\mathrm{d}t = 2$. 所以,

$$N(2) - N\left(\frac{11}{6}\right) \sim \pi(5), \quad N\left(\frac{13}{6}\right) - N(2) \sim \pi(2),$$

且相互独立. 所求概率为

$$P\left(N(2) - N\left(\frac{11}{6}\right) = 2, N\left(\frac{13}{6}\right) - N(2) = 0\right)$$

$$= P\left(N(2) - N\left(\frac{11}{6}\right) = 2\right) P\left(N\left(\frac{13}{6}\right) - N(2) = 0\right)$$

$$= \frac{25}{2}\mathrm{e}^{-7} = 0.011. \qquad \square$$

类似于齐次泊松过程, 我们有非齐次泊松过程的合成和分解定理.

**定理 4.2.6** 设 $\{X(t); t \geqslant 0\}$ 和 $\{Y(t); t \geqslant 0\}$ 是两个相互独立的泊松过程, 分别具有强度函数 $\lambda_1(t)$ 和 $\lambda_2(t)$, 则 $\{X(t) + Y(t); t \geqslant 0\}$ 是强度函数为 $\lambda_1(t) + \lambda_2(t)$ 的泊松过程.

**定理 4.2.7** 设 $\{N(t); t \geqslant 0\}$ 是强度函数为 $\lambda(t)$ 的泊松过程. 各事件所属类型相互独立, 且独立于 $\{N(t)\}$. 在 $t$ 时刻发生的事件以概率 $p(t)$ 为类型 1, 以概率 $1 - p(t)$ 为类型 2. 令 $N_1(t)$ 和 $N_2(t)$ 分别表示到 $t$ 为止类型 1 和类型 2 事件发生的个数, 则 $\{N_1(t); t \geqslant 0\}$ 和 $\{N_2(t); t \geqslant 0\}$ 分别是强度函数为 $\lambda(t)p(t)$ 和 $\lambda(t)(1 - p(t))$ 的泊松过程, 且相互独立.

定理 4.2.6 的证明类似于定理 4.2.2 的证明. 定理 4.2.7 在 $p(t) \equiv p$ 的特殊情形证明类似于定理 4.2.3 的证明, 一般情形的证明可以参考文献 [17].

值得注意的是, 非齐次泊松过程的时间间隔不再具有独立性和同分布性.

**例 4.2.9** 设 $\{N(t)\}$ 是强度函数为 $\lambda(t) = t$ 的泊松过程. 令 $W_0 = 0$. 对 $i \geqslant 1$, 令 $W_i$ 为第 $i$ 个事件发生的时刻, $T_i = W_i - W_{i-1}$ 为第 $i-1$ 个与第 $i$ 个事件发生的时间间隔. 计算 $T_1$ 和 $T_2$ 的概率密度函数, 并判断它们是否独立.

**解** 对 $t > 0$,

$$m(t) = \int_0^t \lambda(u)\mathrm{d}u = \frac{1}{2}t^2,$$

从而

$$F_{T_1}(t) = P(T_1 \leqslant t) = P(N(t) \geqslant 1)$$
$$= 1 - \mathrm{e}^{-m(t)} = 1 - \mathrm{e}^{-\frac{t^2}{2}}.$$

因此

$$f_{T_1}(t) = F'_{T_1}(t) = \begin{cases} t\mathrm{e}^{-\frac{t^2}{2}}, & t > 0, \\ 0, & \text{其他.} \end{cases}$$

对 $t, s > 0$ 有

$$F_{T_2|T_1}(t|s) = P(T_2 \leqslant t \mid T_1 = s)$$
$$= P(N(t+s) - N(s) \geqslant 1 \mid T_1 = s)$$
$$= P(N(t+s) - N(s) \geqslant 1)$$

$$= 1 - e^{-t(t+2s)/2},$$

$$f_{T_2|T_1}(t \mid s) = \frac{\mathrm{d}F_{T_2|T_1}(t|s)}{\mathrm{d}t} = (t+s)e^{-t(t+2s)/2}.$$

这推出

$$f_{T_2}(t) = \int_0^\infty f_{T_2|T_1}(t \mid s)f_{T_1}(s)\mathrm{d}s = \int_0^\infty (t+s)se^{-(t+s)^2/2}\mathrm{d}s$$

$$= \int_t^\infty u(u-t)e^{-u^2/2}\mathrm{d}u = \int_t^\infty -(u-t)\mathrm{d}e^{-u^2/2}$$

$$= \int_t^\infty e^{-u^2/2}\mathrm{d}u = \sqrt{2\pi}[1 - \varPhi(t)].$$

因此 $f_{T_1} \neq f_{T_2}$, $T_1$ 与 $T_2$ 不同分布. 对 $s > 0$, $f_{T_2|T_1}(\cdot \mid s) \neq f_{T_2}(\cdot)$, 所以 $T_1$ 与 $T_2$ 不独立.

$\square$

下面的定理说明任何泊松过程都可以看成强度为 1 的齐次泊松过程的时间变换. 证明并不复杂, 留给读者自证.

**定理 4.2.8** (时间变换) 设 $\{N(t)\}$ 是强度为 1 的齐次泊松过程, 令 $\lambda(u)$ 是 $[0,\infty)$ 上非负的、在任何有界区间上可积的函数. 令 $m(t) = \int_0^t \lambda(u)\mathrm{d}u$ 和 $X(t) = N(m(t))$, 则 $\{X(t)\}$ 是强度函数为 $\lambda(t)$ 的泊松过程.

## *(五) 复合泊松过程

当事件按照泊松过程发生, 各次事件带来的收益独立同分布时, 对应的收益过程可以用下面的复合泊松过程来描述.

**定义 4.2.4** 随机过程 $\{X(t); t \geqslant 0\}$ 称为复合泊松过程, 如果它可以表示为

$$X(t) = \sum_{k=1}^{N(t)} Y_k \quad (\text{约定} \sum_{k=1}^0 Y_k = 0),$$

其中 $\{N(t); t \geqslant 0\}$ 是强度为 $\lambda$ 的齐次泊松过程, $\{Y_k; k \geqslant 1\}$ 是独立于 $\{N(t); t \geqslant 0\}$ 的一组独立同分布随机变量.

如果 $N(t)$ 表示 $(0,t]$ 到某保险公司理赔的人数, $Y_i$ 表示第 $i$ 个人理赔的钱数, 那么 $X(t)$ 表示 $(0,t]$ 累计理赔的总钱数. 如果 $N(t)$ 表示某零件在 $(0,t]$ 受到的撞击次数, $Y_i$ 表示第 $i$ 次撞击带来的磨损量, 那么 $X(t)$ 表示 $(0,t]$ 累计磨损量.

令 $W_0 = 0$. 对 $n \geqslant 1$, 令 $W_n$ 表示计数过程 $\{N(t)\}$ 中第 $n$ 次事件发生的时刻. 那么复合泊松过程 $\{X(t)\}$ 的样本轨道在 $[W_{i-1}, W_i)$ 是常数, 在点 $W_i$ 处跳跃的幅度为 $Y_i$, 这里 $i = 1, 2, \cdots$. 图 4.2.5 是它的一条样本轨道.

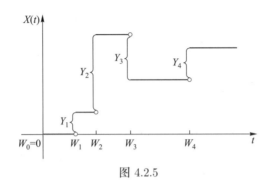

图 4.2.5

**定理 4.2.9** 复合泊松过程 $\{X(t); t \geqslant 0\}$ 具有如下性质:

(1) 若 $E(|Y_1|) < \infty$, 则 $E[X(t)] = \lambda t E(Y_1)$;

(2) 若 $E(Y_1^2) < \infty$, 则 $D[X(t)] = \lambda t E(Y_1^2)$;

(3) $X(0) = 0$ 且 $\{X(t); t \geqslant 0\}$ 是平稳独立增量过程.

**证明** (1) 由全期望公式得到,

$$E[X(t)] = E\left(\sum_{k=1}^{N(t)} Y_k\right)$$

$$= \sum_{n=0}^{\infty} P(N(t) = n) E\left(\sum_{k=1}^{N(t)} Y_k \middle| N(t) = n\right)$$

$$= \sum_{n=0}^{\infty} P(N(t) = n) E\left(\sum_{k=1}^{n} Y_k \middle| N(t) = n\right).$$

由于 $(Y_1, Y_2, \cdots, Y_n)$ 与 $N(t)$ 独立, 因而

$$E[X(t)] = \sum_{n=0}^{\infty} P(N(t) = n) E\left(\sum_{k=1}^{n} Y_k\right)$$

$$= \sum_{n=0}^{\infty} P(N(t) = n) n E(Y_1)$$

$$= E(N(t)) E(Y_1) = \lambda t E(Y_1).$$

(2) 再次利用全期望公式得到,

$$E[X^2(t)] = E\left[\left(\sum_{k=1}^{N(t)} Y_k\right)^2\right]$$

$$= \sum_{n=0}^{\infty} P(N(t) = n) E\left[\left(\sum_{k=1}^{N(t)} Y_k\right)^2 \middle| N(t) = n\right]$$

$$= \sum_{n=0}^{\infty} P(N(t) = n) E\left[\left(\sum_{k=1}^{n} Y_k\right)^2\right]$$

$$= \sum_{n=0}^{\infty} P(N(t) = n)[nD(Y_1) + n^2(E(Y_1))^2]$$

$$= \lambda t D(Y_1) + (\lambda t + \lambda^2 t^2)(E(Y_1))^2,$$

这里最后一个等式是因为 $E[N^2(t)] = D[N(t)] + [E(N(t))]^2$. 这就推出

$$D[X(t)] = E[X^2(t)] - [E(X(t))]^2 = \lambda t E\left(Y_1^2\right).$$

(3) 显然 $X(0) = 0$. 对任意 $t > s$ 和任意固定的 $x \in \mathbf{R}$,

$$P(X(t) - X(s) \leqslant x)$$

$$= P\left(\sum_{i=N(s)+1}^{N(t)} Y_i \leqslant x\right)$$

$$= \sum_{m,k\geqslant 0} P(N(s) = m, N(t) = m+k) P\left(\sum_{i=m+1}^{m+k} Y_i \leqslant x\right)$$

$$= \sum_{k\geqslant 0} \sum_{m\geqslant 0} P(N(s) = m) P(N(t) - N(s) = k) P\left(\sum_{i=1}^{k} Y_i \leqslant x\right)$$

$$= \sum_{k\geqslant 0} P(N(t) - N(s) = k) P\left(\sum_{i=1}^{k} Y_i \leqslant x\right)$$

$$= \sum_{k\geqslant 0} \mathrm{e}^{-\lambda(t-s)} \frac{(\lambda(t-s))^k}{k!} P\left(\sum_{i=1}^{k} Y_i \leqslant x\right)$$

只与 $t - s$ 有关, 所以 $\{X(t)\}$ 是平稳增量过程.

接下来证明独立增量性, 即对任意 $n \geqslant 2$ 和任意 $0 \leqslant t_0 < t_1 < \cdots < t_n$, $X(t_1) - X(t_0), \cdots, X(t_n) - X(t_{n-1})$ 相互独立. 为叙述方便, 这里以 $n = 2$ 为例来说明, 其他情形类似. 对任意 $x, y \in \mathbf{R}$,

$$P(X(t_1) - X(t_0) \leqslant x, X(t_2) - X(t_1) \leqslant y)$$

$$= \sum_{m,k,l \geqslant 0} P(N(t_0) = m, N(t_1) = m + k, N(t_2) = m + k + l) \cdot$$

$$P\left( \sum_{i=m+1}^{m+k} Y_i \leqslant x, \sum_{i=m+k+1}^{m+k+l} Y_i \leqslant y \right)$$

$$= \sum_{m,k,l \geqslant 0} P(N(t_0) = m) P(N(t_1) - N(t_0) = k) \cdot$$

$$P(N(t_2) - N(t_1) = l) \cdot P\left( \sum_{i=1}^{k} Y_i \leqslant x \right) P\left( \sum_{i=1}^{l} Y_i \leqslant y \right)$$

$$= \sum_{k \geqslant 0} P(N(t_1) - N(t_0) = k) P\left( \sum_{i=1}^{k} Y_i \leqslant x \right) \cdot$$

$$\sum_{l \geqslant 0} P(N(t_2) - N(t_1) = l) P\left( \sum_{i=1}^{l} Y_i \leqslant y \right)$$

$$= P(X(t_1) - X(t_0) \leqslant x) P(X(t_2) - X(t_1) \leqslant y).$$

这说明 $X(t_1) - X(t_0), X(t_2) - X(t_1)$ 确实相互独立. $\square$

例 4.2.10 令 $N(t)$ 表示 $(0, t]$ 到某店购物的顾客数, $Y_i$ 为此店从第 $i$ 个顾客身上赚的钱数 (单位: 元). 假设 $Y_1, Y_2, \cdots$ 独立同分布, 都服从 $N(60, 100)$. 进一步地, 假设 $\{N(t)\}$ 是强度为 2 的齐次泊松过程, 且独立于 $\{Y_1, Y_2, \cdots\}$. 令 $X(t)$ 为此店在 $(0, t]$ 赚的钱数, 计算 $E[X(t)]$, $D[X(t)]$, 以及此店在单位时间内赚 100 元以上的概率?

解 根据题意 $X(t) = \sum_{k=1}^{N(t)} Y_k$ 且 $\{X(t)\}$ 是复合泊松过程. 注意到 $E(Y_1) = 60$,

$$E(Y_1^2) = D(Y_1) + [E(Y_1)]^2 = 100 + 60^2 = 3\,700.$$

结合定理 4.2.9 得

$$E[X(t)] = 2t E(Y_1) = 120t,$$

$$D[X(t)] = 2tE(Y_1^2) = 7\,400t.$$

由于 $\{X(t)\}$ 是平稳增量过程, 所以此店在单位时间内赚 100 元以上的概率就是 $P(X(1) >$ $100)$. 根据全概率公式,

$$P(X(1) > 100) = P\left(\sum_{k=1}^{N(1)} Y_k > 100\right)$$
$$= \sum_{n=0}^{\infty} P(N(1) = n)P\left(\sum_{k=1}^{n} Y_k > 100\right).$$

令 $a_n = P\left(\sum_{k=1}^{n} Y_k > 100\right)$, 则 $a_0 = 0$. 对 $n \geqslant 1$, 由于 $Y_1, Y_2, \cdots, Y_n$ 相互独立且都服从 $N(60, 100)$, 我们有 $\sum_{k=1}^{n} Y_k \sim N(60n, 100n)$, 从而

$$a_n = 1 - \Phi\left(\frac{10 - 6n}{\sqrt{n}}\right) = \Phi\left(\frac{6n - 10}{\sqrt{n}}\right).$$

特别地, $a_1 = 1 - \Phi(4) \approx 0$, $a_2 = \Phi(\sqrt{2})$, 当 $n \geqslant 3$ 时, $a_n \geqslant a_3 \approx 1$. 由此可得

$$P(X(1) > 100) \approx P(N(1) = 2)\Phi(\sqrt{2}) + \sum_{n=3}^{\infty} P(N(1) = n)$$
$$= 2e^{-2}\Phi(\sqrt{2}) + 1 - \sum_{n=0}^{2} P(N(1) = n)$$
$$= 2e^{-2}\Phi(\sqrt{2}) + 1 - 5e^{-2} = 0.573. \qquad \square$$

**例 4.2.11** 某企业生产某种产品, 生产成本为每件 100 元, 销售价格为每件 200 元. 各产品寿命 (单位: 年) 相互独立, 且都服从均值为 4 的指数分布. 其售后服务方案如下: 产品售出 1 年内发生故障, 可以无限次免费更换; 售出 1—3 年内发生故障, 可以无限次免费维修 (修好后的寿命仍服从均值为 4 的指数分布), 各次维修的费用 (单位: 元) 独立同服从 $U(14, 50)$. 令 $X$ 表示该企业售出一件产品的净收入, 计算 $E(X)$ 和 $D(X)$.

**解** 把售出这一件产品的时刻记为 0 时刻, 以一年作为单位时间. 令 $N(t)$ 表示 $(0, t]$ 此产品更换和维修的总次数, 则 $\{N(t); t \geqslant 0\}$ 是参数为 $\frac{1}{4}$ 的齐次泊松过程. 令 $Y_i$ 表示第 $i$ 次维修所花的费用, $M(t) = N(t+1) - N(1)$, 则 $Y_1, Y_2, \cdots$ 独立同服从 $U(14, 50)$, $\{M(t); t \geqslant 0\}$ 也是参数为 $\frac{1}{4}$ 的齐次泊松过程且独立于 $N(1)$. 因此 $\left\{\sum_{i=1}^{M(t)} Y_i; t \geqslant 0\right\}$ 是复合泊松过程且独立

于 $N(1)$. 事实上 $M(t)$ 表示 $(1, 1+t]$ 此产品维修的次数. 注意到 $E(Y_1) = 32$, $E(Y_1^2) = 1\,132$,
$X = 100 - 100N(1) - \sum\limits_{i=1}^{M(2)} Y_i$, 所以

$$E(X) = 100 - \frac{100}{4} - \frac{2}{4}E(Y_1) = 59,$$

$$D(X) = \frac{10\,000}{4} + \frac{2}{4}E(Y_1^2) = 3\,066. \qquad \square$$

# 4.3   布朗运动

## (一) 布朗运动的定义与背景

考虑一直线上的简单对称的随机游动, 设质点从原点出发沿数轴运动, 每隔 $\Delta t$ 时间等概率地向左或向右移动距离 $\Delta x$, 且每次移动相互独立, 记

$$X_i = \begin{cases} 1, & \text{第 } i \text{ 次质点右移}, \\ -1, & \text{第 } i \text{ 次质点左移}, \end{cases} \quad i = 1, 2, \cdots.$$

$X(t)$ 表示 $t$ 时刻质点的位置, 则有

$$X(t) = \Delta x(X_1 + X_2 + \cdots + X_{\left[\frac{t}{\Delta t}\right]}),$$

其中 $\left[\dfrac{t}{\Delta t}\right]$ 表示不超过 $\dfrac{t}{\Delta t}$ 的最大整数.

显然, $E(X_i) = 0$, $D(X_i) = 1$, 因此,

$$E(X(t)) = 0, \quad D(X(t)) = (\Delta x)^2 \left[\frac{t}{\Delta t}\right].$$

以上的简单随机游动可作为微小粒子在 $x$ 轴上做不规则运动的近似. 实际上, 粒子的不规则运动是连续进行的, 即考虑 $\Delta t \to 0$ 的极限情形. 由物理实验知, 通常当 $\Delta t \to 0$ 时, $\Delta x \to 0$, 且在许多情形下设 $\Delta x = \sigma\sqrt{\Delta t}$. 此时, 当 $\Delta t \to 0$ 时,

（Ⅰ） $E(X(t)) = 0$, $D(X(t)) = \sigma^2 t$, 且由中心极限定理知, $X(t) \sim N(0, \sigma^2 t)$;

（Ⅱ） $\{X(t); t \geqslant 0\}$ 有独立增量, 这是由于随机游动的值在不相重叠时间区间中的变化是独立的;

（Ⅲ） $\{X(t); t \geqslant 0\}$ 有平稳增量, 因为随机游动在任一时间区间中位置变化的分布只依赖于区间长度, 即对于 $0 \leqslant s < t$,

$$X(t) - X(s) \sim N(0, \sigma^2(t-s)).$$

从而引出以下定义:

**定义 4.3.1** 随机过程 $\{X(t); t \geqslant 0\}$ 称为布朗运动 (Brownian motion), 若该过程满足以下四条:

(1) $X(0) = 0$;

(2) $\{X(t); t \geqslant 0\}$ 是独立增量过程;

(3) 对于 $0 \leqslant s < t, X(t) - X(s) \sim N(0, \sigma^2(t-s))$;

(4) 样本轨道是连续的, 图 4.3.1 是布朗运动的一条样本轨道.

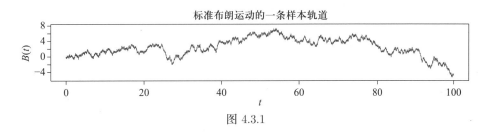

图 4.3.1

布朗运动也称为维纳过程 (Wiener process), 是最有用的随机过程之一. 布朗运动最初由英国植物学家布朗于 1827 年根据观察花粉微粒在液面上做 "无规则运动" 的物理现象提出. 布朗运动现象的首次解释是爱因斯坦于 1905 年给出的, 而简洁的、用于描述布朗运动的随机过程定义是维纳在始于 1918 年的一系列论文中给出的. 如今, 布朗运动及其推广已广泛出现在许多科学领域, 如物理、经济、通信理论、生物、管理科学, 等等.

当 $\sigma = 1$ 时, 称 $\{X(t); t \geqslant 0\}$ 为标准布朗运动. 由于对任一布朗运动 $\{X(t)\}$, $\left\{\dfrac{X(t)}{\sigma}; t \geqslant 0\right\}$ 就是标准布朗运动, 故今后如不特别指明, 讨论的都是标准布朗运动, 并记为 $\{B(t); t \geqslant 0\}$.

**布朗运动的数字特征** 设 $\{B(t); t \geqslant 0\}$ 是标准布朗运动, 则

(1) 均值函数 $\mu_B(t) = E(B(t)) = 0$;

(2) 方差函数 $D_B(t) = E(B^2(t)) = t$;

(3) (自) 协方差函数 $C_B(s,t) = D_B(\min\{s,t\}) = \min\{s,t\}$;

(4) (自) 相关函数 $R_B(s,t) = C_B(s,t) = \min\{s,t\}$.

**例 4.3.1** 设 $\{B(t); t \geqslant 0\}$ 是标准布朗运动, 求:

(1) $B(1) + 2B(3)$ 的分布;

(2) $P(B(5) \leqslant 2 \mid B(0.5) = 2, B(1) = 1)$.

**解** (1) $B(1) + 2B(3) = B(1) + 2[B(1) + (B(3) - B(1))]$

$$= 3B(1) + 2(B(3) - B(1)).$$

由独立增量性, $B(1)$ 与 $B(3) - B(1)$ 相互独立. 又由于

$$B(1) \sim N(0, 1), \quad B(3) - B(1) \sim N(0, 2),$$

所以

$$B(1) + 2B(3) \sim N\left(0, 3^2 \times 1 + 2^2 \times 2\right) = N(0, 17).$$

(2) $\quad P(B(5) \leqslant 2 \mid B(0.5) = 2, B(1) = 1)$

$= P(B(5) - B(1) \leqslant 1 \mid B(1) = 1, B(0.5) = 2)$

$= P(B(5) - B(1) \leqslant 1)$         (独立增量性)

$= \varPhi\left(\dfrac{1}{2}\right) = 0.691\ 5.$          $\square$

**例 4.3.2** 设 $t$ 时股票价格 $X(t) = 2^{B(t)}$ (元), 其中 $\{B(t); t \geqslant 0\}$ 是标准布朗运动.

(1) 计算 $t = 2$ 时价格是 $t = 1$ 时价格 2 倍以上的概率;

(2) 已知 $t = 2$ 时和 $t = 4$ 时的价格分别是 2 元和 1 元, 问 $t = 8$ 时价格不到 2 元的概率.

**解** (1) $P(X(2) > 2X(1)) = P(2^{B(2)} > 2^{B(1)+1}) = P(B(2) - B(1) > 1)$

$$= 1 - \varPhi(1) = 1 - 0.841\ 3 = 0.158\ 7.$$

(2) $P(X(8) \leqslant 2 \mid X(2) = 2, X(4) = 1)$

$= P(B(8) \leqslant 1 \mid B(2) = 1, B(4) = 0)$

$= P(B(8) - B(4) \leqslant 1 \mid B(2) = 1, B(4) = 0)$

$= P(B(8) - B(4) \leqslant 1) = \varPhi\left(\dfrac{1}{2}\right) = 0.691\ 5.$          $\square$

## (二) 布朗运动的性质

**性质 1** 设 $\{X(t); t \geqslant 0\}$ 是一样本轨道连续的随机过程, 则 $\{X(t); t \geqslant 0\}$ 是标准布朗运动当且仅当它是正态过程且 $\mu_X(t) = 0, R_X(s, t) = \min\{s, t\}$.

**证明** "⇒". 只需证明 $\{X(t); t \geqslant 0\}$ 是正态过程即可. 对任何 $n \geqslant 1$ 及 $0 = t_0 < t_1 < t_2 < \cdots < t_n, X(t_1) - X(t_0), X(t_2) - X(t_1), \cdots, X(t_n) - X(t_{n-1})$ 相互独立且都服从正态分布. 对任意 $1 \leqslant k \leqslant n, X(t_k) = \sum_{i=1}^{k} [X(t_i) - X(t_{i-1})]$ 是 $X(t_1) - X(t_0), X(t_2) - X(t_1), \cdots, X(t_n) - X(t_{n-1})$ 的线性组合. 根据正态分布的性质知, $(X(t_1), X(t_2), \cdots, X(t_n))$ 服从正态分布. 因此, $\{X(t); t \geqslant 0\}$ 是正态过程.

"⇐". 因为 $\mu_X(0) = 0, D_X(0) = R_X(0,0) = 0$, 所以 $X(0) = 0$.

对任何 $s_1 < t_1 \leqslant s_2 < t_2$, 有

$$E[(X(t_1) - X(s_1))(X(t_2) - X(s_2))]$$

$$= R_X(t_1, t_2) - R_X(s_1, t_2) - R_X(t_1, s_2) + R_X(s_1, s_2)$$

$$= t_1 - s_1 - t_1 + s_1 = 0.$$

又由于 $\{X(t); t \geqslant 0\}$ 是正态过程, 且 $\mu_X(t) = 0$, 所以 $\{X(t)\}$ 是独立增量过程.

任给 $0 \leqslant s < t, E(X(t) - X(s)) = \mu_X(t) - \mu_X(s) = 0$, 且

$$E[(X(t) - X(s))^2]$$

$$= E\left(X^2(t)\right) + E\left(X^2(s)\right) - 2E(X(t)X(s))$$

$$= R_X(t,t) + R_X(s,s) - 2R_X(t,s)$$

$$= t + s - 2s = t - s,$$

所以, $X(t) - X(s) \sim N(0, t - s)$. □

**性质 2** 设 $\{B(t); t \geqslant 0\}$ 是标准布朗运动.

(1) 马尔可夫性: 对任何 $\tau > 0, \{B(t + \tau) - B(\tau); t \geqslant 0\}$ 也是标准布朗运动;

(2) 自相似性: 对任何常数 $c \neq 0, \left\{\dfrac{1}{c} B\left(c^2 t\right); t \geqslant 0\right\}$ 是标准布朗运动;

(3) 时间上 0 与 $\infty$ 的对称性: 定义

$$\widetilde{B}(t) = \begin{cases} tB\left(\dfrac{1}{t}\right), & t > 0, \\ 0, & t = 0, \end{cases}$$

则 $\{\widetilde{B}(t); t \geqslant 0\}$ 也是标准布朗运动.

**证明** 显然 (1)—(3) 中过程都是均值函数为 0 的正态过程, 且 (1), (2) 中过程的样本

轨道连续. 可以证明 (3) 中过程的样本轨道也连续 (证明略去).

$$E\{[B(t+\tau) - B(\tau)][B(s+\tau) - B(\tau)]\}$$

$$= R_B(t+\tau, s+\tau) - R_B(\tau, s+\tau) - R_B(t+\tau, \tau) + R_B(\tau, \tau)$$

$$= \min\{t+\tau, s+\tau\} - \tau - \tau + \tau = \min\{t, s\},$$

$$E\left[\frac{1}{c}B\left(c^2 t\right)\frac{1}{c}B\left(c^2 s\right)\right] = \frac{1}{c^2}R_B\left(c^2 t, c^2 s\right) = \frac{1}{c^2}\min\left\{c^2 t, c^2 s\right\} = \min\{t, s\},$$

$$E(\widetilde{B}(t)\widetilde{B}(s)) = \begin{cases} ts\min\left\{\dfrac{1}{t}, \dfrac{1}{s}\right\} = \dfrac{ts}{\max\{t, s\}} = \min\{t, s\}, & t, s > 0, \\ 0 = \min\{t, s\}, & t = 0 \text{ 或 } s = 0. \end{cases}$$

由性质 1 知, (1) — (3) 中过程都是标准布朗运动. □

注  (3) 中 $B(t) = \begin{cases} t\widetilde{B}\left(\dfrac{1}{t}\right), & t > 0, \\ 0, & t = 0, \end{cases}$  其变换好处是可以把时间逆过来看.

例 4.3.3  设 $\{B(t); t \geqslant 0\}$ 是标准布朗运动. 计算:

(1) $P(B(0.5) \leqslant 1 \mid B(1) = 1, B(2) = 2)$;

(2) 在 $B(1) = 1, B(2) = 2$ 条件下, $B(0.5)$ 的条件分布.

解  (1) 利用性质 2 的 (3), $\{\widetilde{B}(t)\}$ 也是标准布朗运动. 所以,

$$P(B(0.5) \leqslant 1 \mid B(1) = 1, B(2) = 2)$$

$$= P\left(0.5\widetilde{B}(2) \leqslant 1 \mid \widetilde{B}(1) = 1, 2\widetilde{B}\left(\frac{1}{2}\right) = 2\right)$$

$$= P(\widetilde{B}(2) \leqslant 2 \mid \widetilde{B}(1) = 1, \widetilde{B}(0.5) = 1)$$

$$= P(\widetilde{B}(2) - \widetilde{B}(1) \leqslant 1 \mid \widetilde{B}(1) = 1, \widetilde{B}(0.5) = 1)$$

$$= P(\widetilde{B}(2) - \widetilde{B}(1) \leqslant 1) = \Phi(1) = 0.841\,3.$$

(2) 在 $\widetilde{B}(1) = 1, \widetilde{B}(0.5) = 1$ 条件下,

$$\widetilde{B}(2) = 1 + (\widetilde{B}(2) - \widetilde{B}(1)) \sim N(1, 1),$$

此时 $0.5\widetilde{B}(2) \sim N(0.5, 0.25)$, 即在 $B(1) = 1, B(2) = 2$ 条件下, $B(0.5) \sim N(0.5, 0.25)$.  □

在许多实际问题中, 往往要讨论随机过程在起点和终点状态给定的条件下, 中间过程的性质, 即考虑 $\{X(t); t_1 \leqslant t \leqslant t_2 \mid X(t_1) = x_1, X(t_2) = x_2\}$ 的性质.

对于布朗运动, 若记

$$X(t) = B(t - t_1) + x_1 + \frac{t - t_1}{t_2 - t_1}[x_2 - x_1 - B(t_2 - t_1)],$$

则 $X(t_1) = x_1$, $X(t_2) = x_2$, 即随机过程 $\{X(t); t_1 \leqslant t \leqslant t_2\}$ 的任何路径必经过 $(t_1, x_1)$, $(t_2, x_2)$ 两点, 仿佛两端固定的桥梁. 对标准布朗运动 $\{B(t); t \geqslant 0\}$, 通常称条件随机过程 $\{B(t); 0 \leqslant t \leqslant 1 \mid B(1) = 0\}$ 为布朗桥过程. 布朗桥过程是正态过程.

布朗桥过程的数字特征:

(1) 均值函数: $E(B(t) \mid B(1) = 0) = 0$;

(2) 方差函数: $D(B(t) \mid B(1) = 0) = t(1 - t)$;

(3) (自) 协方差函数: 对 $0 \leqslant s \leqslant t \leqslant 1$,

$$\mathrm{Cov}(B(s), \quad B(t) \mid B(1) = 0) = s(1 - t).$$

例 4.3.4　设 $\{B(t); t \geqslant 0\}$ 是标准布朗运动, 则 $\{X(t) = B(t) - tB(1); 0 \leqslant t \leqslant 1\}$ 是布朗桥过程.

证明　显然, $\{X(t); 0 \leqslant t \leqslant 1\}$ 是正态过程, 于是只要验证

$$E(X(t)) = 0, \quad 0 \leqslant t \leqslant 1,$$
$$\mathrm{Cov}(X(t), X(s)) = s(1 - t), \quad 0 \leqslant s \leqslant t \leqslant 1$$

即可.

事实上,

$$E(X(t)) = E(B(t) - tB(1)) = 0, \quad 0 \leqslant t \leqslant 1,$$
$$\begin{aligned}
\mathrm{Cov}(X(t), X(s)) &= \mathrm{Cov}(B(t) - tB(1), B(s) - sB(1)) \\
&= \mathrm{Cov}(B(t), B(s)) - t\,\mathrm{Cov}(B(1), B(s)) - \\
&\quad s\,\mathrm{Cov}(B(t), B(1)) + st\,\mathrm{Cov}(B(1), B(1)) \\
&= s - ts - st + st \\
&= s(1 - t), \quad 0 \leqslant s \leqslant t \leqslant 1.
\end{aligned}$$
$\square$

## (三) 首中时和最大值的分布

设 $\{B(t); t \geqslant 0\}$ 是标准布朗运动, $a \neq 0$. 令

$$T_a = \inf\{t > 0; B(t) = a\},$$

它表示 $\{B(t)\}$ 首次击中 $a$ 的时刻, 即 $a$ 的首中时. 注意到

$$T_a = \inf\{t > 0; B(t) = a\} = \inf\{t > 0; -B(t) = -a\}.$$

根据自相似性, $\{-B(t)\}$ 也是标准布朗运动, 所以 $T_a$ 与 $T_{-a}$ 同分布. 令

$$M(t) = \max_{0 \leqslant s \leqslant t} B(s), \quad m(t) = \min_{0 \leqslant s \leqslant t} B(s),$$

它们分别表示 $\{B(s)\}$ 在 $[0, t]$ 的最大值和最小值. 由于 $\{-B(s)\}$ 也是标准布朗运动并且

$$m(t) = -\max_{0 \leqslant s \leqslant t}(-B(s)),$$

因而 $m(t)$ 与 $-M(t)$ 是同分布的.

**定理 4.3.1** 对 $a > 0$ 和 $t > 0$,

$$P(M(t) \geqslant a) = P(T_a \leqslant t) = 2P(B(t) \geqslant a) = 2\left(1 - \Phi\left(\frac{a}{\sqrt{t}}\right)\right).$$

**证明** 由于布朗运动样本轨道是连续的, 因而 $M(t) \geqslant a$ 当且仅当 $T_a \leqslant t$. 这推出 $P(M(t) \geqslant a) = P(T_a \leqslant t)$. 由 $B(t) \geqslant a$ 推得 $T_a \leqslant t$, 因此

$$P(B(t) \geqslant a) = P(B(t) \geqslant a \mid T_a \leqslant t)P(T_a \leqslant t).$$

又由布朗运动的对称性, 在 $\{T_a \leqslant t\}$ (此时 $B(T_a) = a$) 条件下, $\{B(t) \geqslant a\}$ 与 $\{B(t) < a\}$ 是等可能的 (图 4.3.2), 即

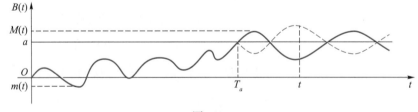

图 4.3.2

$$P(B(t) \geqslant a \mid T_a \leqslant t) = P(B(t) < a \mid T_a \leqslant t) = 0.5,$$

所以

$$P(T_a \leqslant t) = 2P(B(t) \geqslant a) = 2\left(1 - \Phi\left(\frac{a}{\sqrt{t}}\right)\right). \qquad \square$$

根据定理 4.3.1 得到: 对 $a \neq 0$,

$$
F_{T_a}(t) = F_{T_{|a|}}(t) = \begin{cases} 2\left(1 - \Phi\left(\dfrac{|a|}{\sqrt{t}}\right)\right), & t > 0, \\ 0, & t \leqslant 0, \end{cases}
$$

$$
P(T_a < \infty) = \lim_{t \to \infty} P(T_a \leqslant t) = \lim_{t \to \infty} 2\left(1 - \Phi\left(\frac{|a|}{\sqrt{t}}\right)\right) = 1.
$$

通过对分布函数 $F_{T_a}(t)$ 求导得到 $T_a$ 的概率密度函数为

$$
f_{T_a}(t) = \begin{cases} \dfrac{|a|}{\sqrt{2\pi}} t^{-3/2} \exp\left\{-\dfrac{a^2}{2t}\right\}, & t > 0, \\ 0, & t \leqslant 0, \end{cases}
$$

所以

$$
E(T_a) = \int_0^\infty t \frac{|a|}{\sqrt{2\pi}} t^{-3/2} \exp\left\{-\frac{a^2}{2t}\right\} \mathrm{d}t = \infty.
$$

这说明 $\{B(t)\}$ 以概率 1 在有限时间内击中状态 $a$, 但平均所花时间却为无穷大. 由 $a$ 的任意性知

$$
P(\max_{s \geqslant 0} B(s) = \infty) = P(\min_{s \geqslant 0} B(s) = -\infty) = 1.
$$

进一步地, 注意到布朗运动的样本轨道是连续的, 所以它在有界区间 $[0, t]$ 取值有界, 因此对任意 $t \geqslant 0$ 都有

$$
P(\max_{s \geqslant t} B(s) = \infty) = P(\min_{s \geqslant t} B(s) = -\infty) = 1.
$$

再次利用轨道连续性得到, 对任何 $a$, $\{B(t)\}$ 以概率 1 在有限时间内击中状态 $a$ 无穷次.

由定理 4.3.1 知, 对于 $a > 0$,

$$
P(M(t) \geqslant a)) = 2P(B(t) \geqslant a) = P(|B(t)| \geqslant a).
$$

又由于 $M(t)$ 与 $|B(t)|$ 都是取值非负的随机变量, 所以 $M(t)$ 与 $|B(t)|$ 同分布, 它们都是连续型的随机变量, 具有概率密度函数

$$
f_{M_t}(x) = f_{|B_t|}(x) = \begin{cases} \sqrt{\dfrac{2}{\pi t}} \mathrm{e}^{-\frac{x^2}{2t}}, & x > 0, \\ 0, & x \leqslant 0. \end{cases}
$$

**例 4.3.5** 设 $\{B(t); t \geqslant 0\}$ 是标准布朗运动, 对于任给的 $t > 0$, 令 $X(t) = |\min_{0 \leqslant s \leqslant t} B(s)|$,

求 $X(t)$ 的分布函数.

**解** 当 $y \leqslant 0$ 时, $F_X(y; t) = 0$; 当 $y > 0$ 时, 由 $X(t) = -\min\limits_{0 \leqslant s \leqslant t} B(s)$ 得

$$F_X(y; t) = P(X(t) \leqslant y) = P(\min_{0 \leqslant s \leqslant t} B(s) \geqslant -y)$$

$$= P(\min_{0 \leqslant s \leqslant t} B(s) > -y) = P(T_{-y} > t)$$

$$= 1 - P(T_y \leqslant t) = 1 - 2P(B(t) \geqslant y)$$

$$= 1 - 2\left(1 - \Phi\left(\frac{y}{\sqrt{t}}\right)\right) = 2\Phi\left(\frac{y}{\sqrt{t}}\right) - 1. \qquad \square$$

**例 4.3.6** 以 $X(t)$ 表示 $t$ 时刻的股票价格 (单位: 元), 设 $X(t) = 2^{B(t)}$, 其中 $\{B(t); t \geqslant 0\}$ 是标准布朗运动. 求 $[0, 1]$ 内股票价格未曾达到 4 元的概率.

**解** $P(\max\limits_{t \leqslant 1} X(t) < 4)$

$$= P(\max_{t \leqslant 1} B(t) < 2) = P(T_2 > 1)$$

$$= 1 - 2(1 - \Phi(2)) = 0.954\,4. \qquad \square$$

 思考题四

1. 设 $\{N(t); t \geqslant 0\}$ 是强度为 $\lambda$ 的泊松过程, 不正确的结论有哪些?

(1) $P(N(1) = 1, N(2) = 1, N(3) = 3) = P(N(1) = 1)P(N(2) = 1)P(N(3) = 3)$;

(2) $R_N(1, 2) = \lambda(1 + 2\lambda)$;

(3) $P(N(2) = 2, N(3) = 3 \mid N(1) = 1) = \lambda^2 \mathrm{e}^{-3\lambda}$.

2. 设 $\{N(t); t \geqslant 0\}$ 是强度为 $\lambda$ 的泊松过程, 则

$$\mathrm{Cov}(N(2), N(5) - N(1)) = \mathrm{Cov}(N(2), N(4)) = 2\lambda.$$

上式哪里错了?

3. 设 $\{N(t); t \geqslant 0\}$ 是强度为 $\lambda$ 的泊松过程, $W_n$ 表示第 $n$ 个 "事件" 发生的时刻. 下列各组事件有什么关系?

(1) $\{N(t) < n\}$ 与 $\{W_n > t\}$;

(2) $\{N(t) > n\}$ 与 $\{W_n < t\}$;

(3) $\{N(t) \leqslant n\}$ 与 $\{W_n \geqslant t\}$;

(4) $\{N(t) \geqslant n\}$ 与 $\{W_n \leqslant t\}$.

4. 设 $\{B(t); t \geqslant 0\}$ 是标准布朗运动, 以下描述正确吗?

(1) $\{B(t); t \geqslant 0\}$ 是二阶矩过程;

(2) $\{B(t); t \geqslant 0\}$ 是独立增量过程;

(3) $C_B(s, t)$ 是 $t - s$ 的函数;

(4) $P(B(t + 2) \leqslant x \mid B(t) = 3, B(t + 1) = 1) = P(B(1) \leqslant x - 1)$.

5. 设 $\{B(t); t \geqslant 0\}$ 是标准布朗运动, 则 $\{B(t); t \geqslant 0\}$ 是正态过程, 对吗? 反之也一定成立吗?

6. 设 $\{B(t); t \geqslant 0\}$ 是标准布朗运动, $\mathrm{Cov}(B(3), B(5) - B(2)) = D_B(3)$ 成立吗?

7. 设 $\{B(t); t \geqslant 0\}$ 是标准布朗运动, $B(1)$ 与 $B(2)$ 相互独立吗?

 习题四

1. 设 $\{X_n; n = 0, 1, \cdots\}$ 是独立增量过程, 状态空间 $I$ 有限或可列, $X_0 = i_0$.

(1) 证明 $\{X_n\}$ 具有马尔可夫性;

(2) 给出 $\{X_n\}$ 是时齐马尔可夫链的充要条件.

2. 设 $\{X(t); t \geqslant 0\}$ 是正态过程, $\mu_X(t) = 1, C_X(s, t) = 2\min\{s, t\}$.

(1) 对 $t > s \geqslant 0$, 求 $X(t) - X(s)$ 的分布;

(2) 问 $\{X(t); t \geqslant 0\}$ 是平稳增量过程吗?

(3) 问 $\{X(t); t \geqslant 0\}$ 是独立增量过程吗?

3. 设 $\{N(t); t \geqslant 0\}$ 是强度为 $\lambda$ 的泊松过程, 求:

(1) $P(N(3) - N(1) \geqslant 2)$;

(2) $P(N(3) \geqslant 2 \mid N(1) = 1)$;

(3) $P(N(1) = 1 \mid N(3) \geqslant 2)$.

4. 设 $\{N(t); t \geqslant 0\}$ 是强度为 $\lambda$ 的泊松过程, $X(t) = N(t+1) - N(t)$, 求 $X(t)$ 的均值函数与自相关函数.

5. 设 $\{N(t); t \geqslant 0\}$ 是强度为 $\lambda$ 的泊松过程, $X(t) = N(t) - tN(1), 0 \leqslant t \leqslant 1$, 求 $X(t)$ 的均值函数与自相关函数.

6. 设 $\{N(t); t \geqslant 0\}$ 是强度为 $\lambda$ 的泊松过程. 证明对任意 $s > 0, \{N(t+s) - N(s); t \geqslant 0\}$ 也是强度为 $\lambda$ 的泊松过程, 且独立于 $\{N(u); u \leqslant s\}$.

7. 根据某高速公路观察点的记录数据分析, 小车、客车、货车分别按照到达率为 $\lambda_1, \lambda_2, \lambda_3$ 的泊松过程到达, 且相互独立. 求:

(1) 在 $(0, 3]$ 内小车与客车到达数之和至少为 3 的概率;

(2) 在 $(5, 7]$ 内小车、客车与货车到达数之和至少为 2 的概率.

8. 在某条东西向的公路上设置了一个车辆记录器, 记录东行和西行车辆的总数. 设 $X(t)$ 代表在 $(0, t]$ 内东行的车辆数, $Y(t)$ 代表在 $(0, t]$ 内西行的车辆数, $X(t), Y(t)$ 均服从泊松分布, 且相互独立, $\lambda, \mu$ 分别表示东行和西行车辆的通过率. 若到 $t$ 时已记录的车辆数为 $n$, 求其中 $k$ 辆属于东行车的概率.

9. 设有一信息串依泊松过程送入计数器, 在 $(0, t]$ 内出现的信息数为 $N(t)$, 设 $\{N(t)\}$ 是强度为 $\lambda$ 的泊松过程. 信息到达计数器可能被记录, 也可能不被记录, 每个信息能被记录的概率为 $p$, 不同信息是否被记录是相互独立的. 设 $X(t)$ 代表 $(0, t]$ 内记录的信息数, 求:

(1) $P(X(t) = k), k = 0, 1, \cdots$;

(2) $C_{XN}(s, t)$.

10. 设 $\{N(t)\}$ 是强度为 $\lambda$ 的泊松过程, $0 \leqslant s < t, k \leqslant n$, 其中 $W_k$ 表示第 $k$ 个事件发生的时刻, 求:

(1) $P(N(s) = k \mid N(t) = n)$;

(2) $P(W_2 \leqslant 3 \mid W_1 = 1)$;

(3) $P(W_k \leqslant s \mid N(t) = n)$.

11. 设电话总机在 $(0, t]$ (单位: min) 内接到的呼叫数为 $N(t)$, $\{N(t)\}$ 是强度为 $\lambda$ 的泊松过程. 求:

(1) 2 min 内接到 3 次呼叫的概率;

(2) 第 2 分内接到第 3 次呼叫的概率.

12. 上午 8 : 00 某银行开始上班, 该银行有两个服务柜台, 有十人排成一队等待服务, 设每人服务时间相互独立且都服从均值为 10 min 的指数分布.

(1) 若只有一个服务台工作, 求到 8:30 为止至少 3 人完成服务的概率;

(2) 若两个服务台同时工作, 求到 8:30 为止至少 6 人完成服务的概率.

13. 某人在钓鱼, 他钓到鱼的规律服从强度为 $\lambda = 0.4$ (条/ h) 的泊松过程, 钓鱼时间至少为 2 h. 如果他到 2 h 时已至少钓到一条鱼, 就不钓了; 否则, 他将一直钓下去, 直至钓到一条鱼为止.

(1) 求他钓鱼时间 $X$ 的分布函数;

(2) 求他钓到鱼的数目 $Y$ 的分布律;

(3) 求 $E(Y)$;

(4) 若他钓了 2.5 h 还没结束, 求他还需钓 1 h 以上的概率.

14. 某人有两个邮箱, A 邮箱和 B 邮箱. 用 $N_1(t)$ 和 $N_2(t)$ 分别表示 $(0, t]$ 内这两个邮箱收到的邮件数目. 设 $\{N_1(t); t \geqslant 0\}$ 和 $\{N_2(t); t \geqslant 0\}$ 是相互独立的泊松过程, 强度分别为 2 和 3, 且每封邮件独立地以概率 0.1 为垃圾邮件. 计算:

(1) 在 $(0, 1]$ 内 A 邮箱没有收到邮件、B 邮箱收到 1 封邮件的概率;

(2) 在 $(0, 1]$ 内共收到 2 封邮件的概率;

(3) 在 $(0, 2]$ 内此人收到 1 封垃圾邮件、2 封有用邮件的概率;

(4) 第 2 封垃圾邮件在 $(1, 2]$ 内收到的概率.

15. 以 $N(t)$ 表示 $(0, t]$ 内到达某保险公司理赔的顾客数. 设 $\{N(t); t \geqslant 0\}$ 是强度为 10 的泊松过程, 这些顾客的理赔钱数 (单位: 元) 相互独立且都服从 $U(1\,000, 10\,000)$. 用 $W_i$ 表示第 $i$ 个顾客到达的时刻, 计算:

(1) $P(N(1) = 1, N(4) > 1)$;

(2) $P(3 < W_3 \leqslant 4 \mid W_1 = 1, W_2 = 2)$;

(3) 第一个理赔钱数超过 5 500 元的顾客在 $(0, t]$ 内到达的概率.

16. 某个车间使用一台机器, 一旦坏掉, 马上换上新的同种机器. 假设这些机器的寿命都服从均值为 30 天的指数分布, 且相互独立.

(1) 求前 30 天用坏 1 台机器, 且前 90 天用坏 3 台机器的概率;

(2) 求第 1 台机器在第 31 天到第 60 天之间用坏的概率;

(3) 已知前 60 天共用坏 4 台机器, 求第二台机器在第 31 天到第 60 天之间用坏的概率.

17. 某人在钓鱼, 他只可能钓到鲫鱼或鳊鱼. 他钓到鲫鱼的规律服从强度为 2 条/h 的泊松过程, 钓到鳊鱼的规律服从强度为 1 条/h 的泊松过程, 这两个过程相互独立. 假设每条鱼的质量 (单位: kg) 相互独立, 且都服从 $(0, 2)$ 上的均匀分布.

(1) 计算此人在 1 h 内钓到 2 条鱼的概率;

(2) 计算此人在 1 h 内钓到 4 条鱼, 其中 2 条不足 1 kg 的概率;

(3) 计算此人在第 1 小时内和第 2 小时内各钓到 1 条鱼, 且都是重达 1 kg 以上鲫鱼的概率;

(4) 若已知他在 2 h 内钓到两条鱼, 求这两条鱼都是重达 1 kg 以上鲫鱼的概率.

18. 设 $\{N(t); t \geqslant 0\}$ 是强度为 $\lambda(t) = t$ 的非齐次泊松过程. 求:

(1) $P(N(2) = 3)$;

(2) $P(N(1) = 2, N(2) = 4)$;

(3) $P(N(1) = 2 \mid N(2) = 4)$.

19. 令 $N(t)$ 表示某只股票在时间段 $(0, t]$ 跳跃的次数, 各次跳跃独立地以概率 $\dfrac{2}{3}$ 往上跳, 以概率 $\dfrac{1}{3}$ 往下跳. 假设 $\{N(t); t \geqslant 0\}$ 是强度函数为 $\lambda(t) = 2 + \cos t$ 的非齐次泊松过程, 令 $W_n$ 为第 $n$ 次跳跃的时刻.

(1) 计算 $P\left(\dfrac{\pi}{2} < W_1 \leqslant \pi\right)$;

(2) 计算在 $\left(0, \dfrac{\pi}{2}\right]$ 往上跳了 2 次、往下跳了 1 次的概率.

20. 设 $\{B(t); t \geqslant 0\}$ 是标准布朗运动, 求 $B(1) + B(2)$ 的密度函数.

21. 设 $\{B(t); t \geqslant 0\}$ 是标准布朗运动, 求:

(1) $P\{B(3.6) \leqslant 1 \mid B(1.6) = 0.8, B(2.39) = -0.1\}$;

(2) $\mathrm{Cov}(B(8) - B(4), B(6))$;

(3) $D(2B(1) + B(2))$.

22. 令 $X(t) = (t+1)B\left(\dfrac{1}{t+1}\right) - B(1)$, 证明 $\{X(t); t \geqslant 0\}$ 是标准布朗运动.

23. 设 $\{B(t); t \geqslant 0\}$ 是标准布朗运动, 令 $X(t) = \sqrt{t}B(t)$, $Y(t) = B(t^2)$.

(1) 对任意 $t > 0$, 证明 $X(t)$ 与 $Y(t)$ 同分布;

(2) $\{X(t); t \geqslant 0\}$ 和 $\{Y(t); t \geqslant 0\}$ 具有相同的有限维分布吗? 为什么?

24. 设 $\{B(t); t \geqslant 0\}$ 是标准布朗运动, 令 $X(t) = B(t+3) - B(t)$, 求 $\mu_X(t)$, $R_X(1,2)$ 和 $F_X(3; t)$.

25. 设 $\{N(t); t \geqslant 0\}$ 是参数为 $\lambda = 1$ 的泊松过程, $\{B(t); t \geqslant 0\}$ 是标准布朗运动, 且这两个过程相互独立. 令 $X(t) = t + 2N(t) + 3B(t)$, 求 $\mu_X(t)$, $C_X(s,t)$ 及 $C_{XN}(s,t)$.

26. 设 $\{B(t); t \geqslant 0\}$ 是标准布朗运动, 记 $W(t) = \mathrm{e}^{B(t)}$, 称 $\{W(t); t \geqslant 0\}$ 为几何布朗运动. 求 $\{W(t)\}$ 的均值函数和方差函数.

27. 设 $\{B(t); t \geqslant 0\}$ 是标准布朗运动. 计算:

(1) $P\left(B\left(\dfrac{1}{10}\right) \geqslant \dfrac{3}{2} \,\middle|\, B\left(\dfrac{1}{6}\right) = 2, B\left(\dfrac{1}{4}\right) = \dfrac{12}{5}\right)$;

(2) 在 $B\left(\dfrac{1}{6}\right) = 2$, $B\left(\dfrac{1}{4}\right) = \dfrac{12}{5}$ 条件下, $B\left(\dfrac{1}{10}\right)$ 的条件分布.

28. 设 $\{X(t); 0 \leqslant t \leqslant 1\}$ 是布朗桥过程, 令 $B(t) = (t+1)X\left(\dfrac{t}{t+1}\right)$, 证明: $\{B(t); t \geqslant 0\}$ 是标准布朗运动.

29. 设 $\{B(t); t \geqslant 0\}$ 是标准布朗运动, 对任给的 $t > 0, x > 0$, 求:

(1) $P(|B(t)| \leqslant x)$;

(2) $P\left(\max_{0 \leqslant s \leqslant t} B(s) - B(t) \leqslant x\right)$.

# 第 5 章

# 平稳过程

## 5.1 平稳过程的定义

在自然科学和工程技术中经常遇到这样一类过程, 它们的统计特性是当过程随时间的推移而变化时, 其前后状态间是相互联系的, 这种联系不随时间的推移而改变. 如纺织过程中棉纱截面积的变化、通信过程中噪声干扰、飞机在空中平稳飞行时的随机波动等, 这类过程称为平稳过程.

平稳过程
的定义

**定义 5.1.1** 设 $\{X(t); t \in T\}$ 是随机过程, 若对任意常数 $h$ 和正整数 $n, t_1, t_2, \cdots, t_n \in T, t_1 + h, t_2 + h, \cdots, t_n + h \in T, (X(t_1), X(t_2), \cdots, X(t_n))$ 和 $(X(t_1 + h), X(t_2 + h), \cdots, X(t_n + h))$ 有相同的联合分布函数, 即

$$F(x_1, x_2, \cdots, x_n; t_1, t_2, \cdots, t_n)$$
$$= F(x_1, x_2, \cdots, x_n; t_1 + h, t_2 + h, \cdots, t_n + h),$$

则称 $\{X(t); t \in T\}$ 为严平稳过程 (strictly stationary process).

严平稳过程的任意有限维分布不随时间的推移而改变, 从而严平稳过程的所有一维分布都相同, 即对一切 $h, F(x; t) = F(x; t + h)$. 而二维分布只与时间差有关: 因为

$$F(x_1, x_2; t_1, t_2) = F(x_1, x_2; t_1 + h, t_2 + h),$$

取 $h = -t_1$, 则

$$F(x_1, x_2; t_1, t_2) = F(x_1, x_2; 0, t_2 - t_1).$$

因此, 若严平稳过程 $\{X(t); t \in T\}$ 是二阶矩过程, 则 $X(t)$ 的均值函数和方差函数是常数, 自相关函数和自协方差函数只是时间差的函数.

然而实际中随机过程的有限维分布往往是很难确定的, 而一阶矩、二阶矩的确定要容

易得多, 这就引出了在应用上和理论上更为重要的另一种平稳过程.

**定义 5.1.2** 设 $\{X(t); t \in T\}$ 是二阶矩过程, 如果

(1) 对任意 $t \in T, \mu_X(t) = E(X(t))$ 为常数, 记为 $\mu_X$;

(2) 对任意 $s, t \in T, R_X(s,t) = E(X(s)X(t))$ 只是时间差 $t-s$ 的函数, 记为 $R_X(t-s)$,

则称 $\{X(t); t \in T\}$ 为宽平稳过程 (wide sense stationary process).

以后提到的平稳过程除非特别指明, 否则都指的是宽平稳过程. 当 $\{X(t); t \in T\}$ 是宽平稳过程时,

$$C_X(s,t) = R_X(s,t) - \mu_X(s)\mu_X(t) = R_X(t-s) - \mu_X^2$$

也只是时间差 $t-s$ 的函数, 记为 $C_X(t-s)$. 显然, 若严平稳过程是二阶矩过程, 则一定是宽平稳过程, 而宽平稳过程不一定是严平稳过程. 对于正态过程而言, 宽平稳过程一定是严平稳过程. 这是因为若 $\{X(t); t \in T\}$ 是正态过程且是宽平稳过程, 则对于任意正整数 $n$, 任意 $t_1, t_2, \cdots, t_n \in T$ 和 $t_1 + h, t_2 + h, \cdots, t_n + h \in T$, $(X(t_1), X(t_2), \cdots, X(t_n))$ 与 $(X(t_1 + h), X(t_2 + h), \cdots, X(t_n + h))$ 都服从均值向量为 $(\underbrace{\mu_X, \mu_X, \cdots, \mu_X}_{n\text{个}})$、协方差矩阵为 $(C_X(t_i - t_j))_{n \times n}$ 的 $n$ 元正态分布. 在例 2.3.4 中, 由于 $\mu_X(t) = 0$ 是常值函数, $R_X(t,s) = \sigma^2 \cos(s-t)$ 只是 $s-t$ 的函数, 所以 $\{X(t)\}$ 是宽平稳过程; 但 (2) 中 $X(0)$ 和 $X\left(\dfrac{\pi}{4}\right)$ 不同分布, 所以 (2) 中 $\{X(t)\}$ 不是严平稳过程; (3) 中由于 $\{X(t)\}$ 还是正态过程, 所以它也是严平稳过程.

**定义 5.1.3** 设 $\{X(t); t \in T\}$ 和 $\{Y(t); t \in T\}$ 都是平稳过程, 若互相关函数 $R_{XY}(t, t+\tau)$ 只是 $\tau$ 的函数, 记为 $R_{XY}(\tau)$, 则称 $\{X(t)\}$ 和 $\{Y(t)\}$ 是平稳相关的或联合平稳的.

当 $\{X(t)\}$ 和 $\{Y(t)\}$ 平稳相关时,

$$C_{XY}(t, t+\tau) = R_{XY}(t, t+\tau) - \mu_X(t)\mu_Y(t+\tau) = R_{XY}(\tau) - \mu_X\mu_Y$$

也只是时间差 $\tau$ 的函数, 记为 $C_{XY}(\tau)$.

**例 5.1.1** 设 $\{X_n; n = 1, 2, \cdots\}$ 是随机变量序列, $E(X_n) = \mu, D(X_n) = \sigma^2$.

(1) 若 $X_1, X_2, \cdots$ 两两不相关, 问 $\{X_n; n = 1, 2, \cdots\}$ 是否为宽平稳序列?

(2) 若 $X_1, X_2, \cdots$ 独立同分布, 问 $\{X_n; n = 1, 2, \cdots\}$ 是否为严平稳序列?

(3) 若 $X_1, X_2, \cdots$ 两两不相关. 对 $n \geqslant 1$,

$$X_{2n-1} \sim N(\mu, \sigma^2), \quad X_{2n} \sim U(\mu - \sqrt{3}\sigma, \mu + \sqrt{3}\sigma),$$

这里 $\sigma^2 > 0$. 问 $\{X_n; n = 1, 2, \cdots\}$, 是否为宽平稳序列? 是否为严平稳序列?

**解** (1) 当 $\{X_n; n = 1, 2, \cdots\}$ 是两两不相关随机变量序列时, 由条件知, $E(X_n) = \mu$,

$$R_X(n, m) = \begin{cases} \sigma^2 + \mu^2, & n = m, \\ \mu^2, & n \neq m, \end{cases} \quad n, m = 1, 2, \cdots,$$

即均值函数是常数, 自相关函数只与 $n - m$ 有关, 因此 $\{X_n; n = 1, 2, \cdots\}$ 是宽平稳序列.

(2) 当 $\{X_n; n = 1, 2, \cdots\}$ 是相互独立随机变量序列时, 设 $X_n$ 的分布函数为 $F(x)$, 对 $n_1 < n_2 < \cdots < n_k, (X_{n_1}, X_{n_2}, \cdots, X_{n_k})$ 在点 $(x_1, x_2, \cdots, x_k)$ 处的分布函数值

$$F(x_1, x_2, \cdots, x_k; n_1, n_2, \cdots, n_k)$$
$$= F(x_1)F(x_2) \cdots F(x_k),$$

而 $(X_{n_1+m}, X_{n_2+m}, \cdots, X_{n_k+m})$ 在点 $(x_1, x_2, \cdots, x_k)$ 处的分布函数值

$$F(x_1, x_2, \cdots, x_k; n_1 + m, n_2 + m, \cdots, n_k + m)$$
$$= F(x_1)F(x_2) \cdots F(x_k).$$

由定义知, $\{X_n; n = 1, 2, \cdots\}$ 是严平稳序列.

(3) 对所有 $n$, 都有 $E(X_n) = \mu, D(X_n) = \sigma^2$. 又 $X_1, X_2, \cdots$ 两两不相关, 由 (1) 知, $\{X_n\}$ 是宽平稳序列. 但由于 $X_1$ 与 $X_2$ 不同分布, 所以 $\{X_n\}$ 不是严平稳序列. $\square$

**例 5.1.2** 设 $X$ 是一个非常值随机变量, 对任何 $n \geqslant 1$, 令 $Y_n = X$. 问 $\{Y_n; n = 1, 2, \cdots\}$ 是否为严平稳序列? 当 $E(X^2) < \infty$ 时, $\{Y_n; n = 1, 2, \cdots\}$ 是否为宽平稳序列?

**解** 对任何 $k \geqslant 1, n_1, n_2, \cdots, n_k \geqslant 1, m \geqslant 1$, 有

$$(Y_{n_1}, Y_{n_2}, \cdots, Y_{n_k}) = (\underbrace{X, X, \cdots, X}_{k\text{个}})$$
$$= (Y_{n_1+m}, Y_{n_2+m}, \cdots, Y_{n_k+m}),$$

所以 $\{Y_n; n = 1, 2, \cdots\}$ 为严平稳序列.

当 $E(X^2) < \infty$ 时, $E(Y_n) = E(X)$ 存在且为常数, $E(Y_m Y_n) = E(X^2)$ 为常数. 所以 $\{Y_n; n = 1, 2, \cdots\}$ 为宽平稳序列. $\square$

例 5.1.1 中宽平稳序列两两不相关, 而例 5.1.2 中各 $Y_n$ 相等从而线性相关. 在第 5.2 节

中我们将会看到相关性对于均值各态历经性的影响.

**例 5.1.3** 设 $A, B$ 不相关、同分布, $P(A = 1) = P(A = -1) = \dfrac{1}{2}$. 对 $t \in (-\infty, \infty)$, $X(t) = At + B$, 判断 $\{X(t); t \in (-\infty, \infty)\}$ 是否为宽平稳过程.

**解** 容易算得

$$E(A) = E(B) = 0, \quad E(A^2) = E(B^2) = 1.$$

由 $A, B$ 不相关推得 $E(AB) = E(A)E(B) = 0$, 因此

$$\mu_X(t) = E[X(t)] = E(A)t + E(B) = 0,$$
$$R_X(s, t) = E[X(s)X(t)]$$
$$= E(A^2)st + E(B^2) + E(AB)(s + t)$$
$$= st + 1.$$

注意到 $R_X(s, t)$ 不只与 $t - s$ 有关, 比如

$$R_X(0, 1) = 1 \neq R_X(1, 2) = 3,$$

所以 $\{X(t)\}$ 不是宽平稳过程. $\qquad\square$

**例 5.1.4** 设 $\{X_n; n = 1, 2, \cdots\}$ 是两两不相关随机变量序列, $E(X_n) = 0$, $D(X_n) = \sigma^2$, 令 $Y_n = \sum\limits_{k=0}^{l} X_{n-k}$, 问 $\{Y_n; n = 0, \pm 1, \pm 2, \cdots\}$ 是否为宽平稳序列?

**解** $E(Y_n) = \sum\limits_{k=0}^{l} E(X_{n-k}) = 0$,

$$R_Y(n, m) = E(Y_n Y_m)$$
$$= \sum_{k=0}^{l} \sum_{j=0}^{l} E(X_{n-k} X_{m-j})$$
$$= \begin{cases} (l + 1 - |n - m|)\sigma^2, & |n - m| \leqslant l, \\ 0, & |n - m| > l. \end{cases}$$

所以 $\{Y_n; n = 0, \pm 1, \pm 2, \cdots\}$ 是宽平稳序列. $\qquad\square$

**例 5.1.5** 设随机过程 $X(t) = A\cos\omega t + B\sin\omega t + C, -\infty < t < \infty$, 其中 $\omega$ 是正常数, $A, B, C$ 是两两不相关的随机变量, $E(A) = E(B) = E(C) = 0, D(A) = D(B) = D(C) = 1$. 证明: $\{X(t); -\infty < t < \infty\}$ 是平稳过程; 若 $(A, B, C)$ 服从三元正态分布, 则

$\{X(t); -\infty < t < \infty\}$ 是严平稳过程.

证明 因为

$$\mu_X(t) = E(A)\cos\omega t + E(B)\sin\omega t + E(C) = 0$$

是常数, 且

$$
\begin{aligned}
R_X(s,t) &= E((A\cos\omega s + B\sin\omega s + C)(A\cos\omega t + B\sin\omega t + C)) \\
&= E(A^2)\cos\omega s\cos\omega t + E(B^2)\sin\omega s\sin\omega t + E(C^2) \\
&= \cos[\omega(t-s)] + 1
\end{aligned}
$$

只是 $t-s$ 的函数, 由定义知 $\{X(t); -\infty < t < \infty\}$ 是平稳过程.

若 $(A, B, C)$ 服从三元正态分布, 则 $\{X(t); -\infty < t < \infty\}$ 是正态过程. 事实上, 任给 $t_1, t_2, \cdots, t_n$, 随机变量 $A\cos\omega t_1 + B\sin\omega t_1 + C$, $A\cos\omega t_2 + B\sin\omega t_2 + C, \cdots, A\cos\omega t_n + B\sin\omega t_n + C$ 是三元正态变量 $(A, B, C)$ 的 $n$ 个线性组合, 根据正态分布的性质知其服从正态分布, 即 $\{X(t); -\infty < t < \infty\}$ 是正态过程. 又 $\{X(t); -\infty < t < \infty\}$ 是宽平稳过程, 从而 $\{X(t); -\infty < t < \infty\}$ 是严平稳过程. □

**例 5.1.6** 考虑随机电报信号, 信号 $X(t)$ 的取值只有 1 或 $-1$, $P(X(t) = 1) = P(X(t) = -1) = \dfrac{1}{2}$, 而正负号在时间区间 $(t, t+\tau]$ 内变化的次数 $N(t, t+\tau)$ 服从均值为 $\lambda\tau$ 的泊松分布. 问 $\{X(t); t \geqslant 0\}$ 是否为平稳过程?

例 5.1.6 样本轨道及对应的样本均值

**解** $E(X(t)) = P(X(t) = 1) - P(X(t) = -1) = 0$.

考虑 $\tau > 0$,

$$
\begin{aligned}
E[X(t)X(t+\tau)] &= P(X(t)X(t+\tau) = 1) - P(X(t)X(t+\tau) = -1) \\
&= P((t, t+\tau]\text{内变号偶数次}) - P((t, t+\tau]\text{内变号奇数次}) \\
&= \sum_{k=0}^{\infty} \frac{(\lambda\tau)^{2k}}{(2k)!}\mathrm{e}^{-\lambda\tau} - \sum_{k=0}^{\infty} \frac{(\lambda\tau)^{2k+1}}{(2k+1)!}\mathrm{e}^{-\lambda\tau} \\
&= \mathrm{e}^{-\lambda\tau}\sum_{k=0}^{\infty} \frac{(-\lambda\tau)^{k}}{k!} = \mathrm{e}^{-2\lambda\tau}.
\end{aligned}
$$

当 $\tau = 0$ 时, $E[X(t)X(t+\tau)] = 1 = \mathrm{e}^{-2\lambda|\tau|}$.

当 $\tau < 0$ 时, 令 $\tau' = -\tau > 0$, 记 $t + \tau = t'$, 则 $t = t' + (-\tau)$,

$$E[X(t)X(t+\tau)] = E[X(t')X(t'+\tau')] = \mathrm{e}^{-2\lambda\tau'} = \mathrm{e}^{-2\lambda|\tau|}.$$

综上所得,

$$R_X(t, t+\tau) = E[X(t)X(t+\tau)] = \mathrm{e}^{-2\lambda|\tau|},$$

所以 $\{X(t); t \geqslant 0\}$ 是平稳过程. $\square$

**例 5.1.7** (奥恩斯坦–乌伦贝克 (Ornstein-Uhlenbeck) 过程) 设 $X(t) = \mathrm{e}^{-\frac{\alpha t}{2}} \cdot B(\mathrm{e}^{\alpha t})$, 这里 $\alpha > 0$, $\{B(t); t \geqslant 0\}$ 是标准布朗运动, 称 $\{X(t); t \geqslant 0\}$ 为奥恩斯坦–乌伦贝克过程. 它在统计力学中经常用到. 显然, $\{X(t)\}$ 是正态过程. 由于

$$E(X(t)) = \mathrm{e}^{-\frac{\alpha t}{2}} E[B(\mathrm{e}^{\alpha t})] = 0, \quad t \geqslant 0,$$

$$E[X(t)X(t+\tau)] = \mathrm{e}^{-\frac{\alpha t}{2}} \mathrm{e}^{-\frac{\alpha(t+\tau)}{2}} E[B(\mathrm{e}^{\alpha t})B(\mathrm{e}^{\alpha(t+\tau)})]$$

$$= \mathrm{e}^{-\alpha t - \frac{\alpha\tau}{2}} \min\{\mathrm{e}^{\alpha t}, \mathrm{e}^{\alpha(t+\tau)}\}$$

$$= \mathrm{e}^{-\frac{\alpha|\tau|}{2}}, \quad t, t+\tau \geqslant 0.$$

所以, $\{X(t)\}$ 是宽平稳过程, 也是严平稳过程.

有一类重要的宽平稳过程是 ARMA 过程, 即 auto-regressive and moving average 过程, 也就是自回归滑动平均过程. ARMA 模型是研究时间序列的重要方法, 在工程技术、自动控制、经济分析等领域具有重要意义. 有兴趣的读者可以参阅参考文献 [3].

平稳过程的基本特征是均值函数是常数, 自相关函数是时间差的函数, 因此了解自相关函数与自协方差函数 (只相差常数) 的性质就显得非常重要.

**性质 1** 设 $\{X(t); t \in T\}$ 是随机过程, 则

$$C_X(s, t) = C_X(t, s), \quad R_X(s, t) = R_X(t, s),$$

即自协方差函数和自相关函数满足对称性; 且对于任给的 $t_1, t_2, \cdots, t_n \in T$ 及实数 $\lambda_1, \lambda_2, \cdots, \lambda_n,$

$$\sum_{k=1}^{n} \sum_{j=1}^{n} C_X(t_k, t_j)\lambda_k \lambda_j \geqslant 0,$$

$$\sum_{k=1}^{n} \sum_{j=1}^{n} R_X(t_k, t_j)\lambda_k \lambda_j \geqslant 0,$$

即自协方差函数和自相关函数满足非负定性.

**证明** 对称性显然, 下面只证明自相关函数的非负定性, 自协方差函数的非负定性证明类似. 事实上,

$$\sum_{k=1}^{n}\sum_{j=1}^{n}R_X(t_k,t_j)\lambda_k\lambda_j = \sum_{k=1}^{n}\sum_{j=1}^{n}E(X(t_k)X(t_j))\lambda_k\lambda_j$$

$$= E\left[\sum_{k=1}^{n}\sum_{j=1}^{n}X(t_k)X(t_j)\lambda_k\lambda_j\right]$$

$$= E\left[\left(\sum_{k=1}^{n}\lambda_k X(t_k)\right)^2\right] \geqslant 0. \qquad \square$$

**性质 2** 设 $\{X(t); t \in T\}$ 是平稳过程, 则

(1) $C_X(0) \geqslant 0, R_X(0) \geqslant 0$;

(2) $C_X(\tau), R_X(\tau)$ 均为偶函数;

(3) $|C_X(\tau)| \leqslant C_X(0), |R_X(\tau)| \leqslant R_X(0)$, 即点 0 是最大值点;

(4) $C_X(\tau), R_X(\tau)$ 均为非负定的, 即对任意正整数 $n, t_1, t_2, \cdots, t_n \in T$ 和实数 $a_1$, $a_2, \cdots, a_n$,

$$\sum_{i=1}^{n}\sum_{j=1}^{n}R_X(t_i - t_j)a_i a_j \geqslant 0,$$

$$\sum_{i=1}^{n}\sum_{j=1}^{n}C_X(t_i - t_j)a_i a_j \geqslant 0.$$

(5) $\{X(t)\}$ 是周期为 $T_0$ 的过程 (即 $P(X(t+T_0) = X(t)) = 1$) 当且仅当 $R_X(\tau)$ 是周期为 $T_0$ 的函数.

**证明** 令 $Y(t) = X(t) - \mu_X$, 则 $\{Y(t); t \in T\}$ 也是平稳过程, $\mu_Y = 0$ 且 $R_Y(\tau) = C_X(\tau)$. 所以只需证明自相关函数具有对应的性质. (1), (2), (4) 留给读者自证.

(3) 根据柯西 – 施瓦茨不等式,

$$|R_X(\tau)| = |E(X(t)X(t+\tau))|$$

$$\leqslant \sqrt{E(X^2(t))}\sqrt{E(X^2(t+\tau))}$$

$$= R_X(0).$$

(5) 如果 $\{X(t)\}$ 周期为 $T_0$, 则 $P(X(t+\tau+T_0) = X(t+\tau)) = 1$. 因此

$$E[X(t)X(t+\tau+T_0)] = E[X(t)X(t+\tau)],$$

即 $R_X(\tau + T_0) = R_X(\tau)$.

反之, 如果 $R_X(\tau)$ 周期为 $T_0$, 则 $R_X(0) = R_X(T_0)$. 由此可得

$$E[(X(t+T_0) - X(t))^2] = 2R_X(0) - 2R_X(T_0) = 0,$$

这说明 $P(X(t+T_0) = X(t)) = 1$. □

**性质 3** 设 $\{X(t); t \in T\}$ 和 $\{Y(t); t \in T\}$ 是平稳相关的, 则

(1) $C_{XY}(\tau) = C_{YX}(-\tau), R_{XY}(\tau) = R_{YX}(-\tau)$;
(2) $\left| C_{XY}(\tau) \right|^2 \leqslant C_X(0)C_Y(0), \left| R_{XY}(\tau) \right|^2$
$$\leqslant R_X(0)R_Y(0).$$

证明请读者自行完成.

# 5.2  各态历经性

对于平稳随机过程而言, 最重要的两个特征指标是均值函数和自相关函数, 如何根据实验记录确定均值函数和自相关函数呢?

首先注意到, 若重复大量观测一个平稳过程, 就可以获得足够多的样本函数 $x_k(t), k = 1, 2, \cdots, N$, 再用数理统计中的矩估计法, 就可以估计均值函数和自相关函数, 即

$$\widehat{\mu}_X = \frac{1}{N} \sum_{k=1}^{N} x_k(t_1), \quad \widehat{R}_X(\tau) = \frac{1}{N} \sum_{k=1}^{N} x_k(t_1)x_k(t_1 + \tau),$$

其中 $t_1, t_1 + \tau$ 均在已观测的范围内.

这样的估计有两个问题值得注意: 首先, 根据大数定律, 当 $N \to \infty$ 时, $\frac{1}{N} \sum_{k=1}^{N} X_k(t_1)$ 依概率收敛到 $\mu_X$, 并且对于任意实数 $\tau$, $\frac{1}{N} \sum_{k=1}^{N} X_k(t_1)X_k(t_1 + \tau)$ 依概率收敛到 $R_X(\tau)$, 这就要求观测足够多的样本函数, 而这在实际情况中几乎不可能办到; 其次, 对于获得的样本函数, 估计时只用到一两个点, 很 "浪费" 精力. 因此考虑有没有可能通过一次足够长时间的观测, 用一条样本函数信息来估计均值函数和自相关函数呢?

对于平稳过程, 这似乎是可行的. 以均值函数为例, 由于 $X(t)$ 的均值是常数 $\mu_X$, 所以应该可用一个样本函数关于时间的平均来估计 $\mu_X$. 那么这个估计是否一定可行呢? 先看下面两个极端的例子.

对于例 5.1.1(2), 当 $X_1, X_2, \cdots$ 相互独立, $E(X_n) = \mu, D(X_n) = \sigma^2$ 时, 由大数定律可知, 当 $N \to \infty$ 时, 关于时间的平均 $\frac{1}{N} \sum_{i=1}^{N} X_i \xrightarrow{P} \mu$. 但对于例 5.1.2, $\frac{1}{N} \sum_{i=1}^{N} Y_i =$

$\dfrac{1}{N}\sum\limits_{i=1}^{N} X = X$, 即恒为 $X$, 所以不会收敛到 $E(Y_n) = E(X)$. 这说明样本函数关于时间的平均收敛到均值函数 (这个性质称为均值各态历经性) 是需要条件的, 而且似乎与自协方差函数 $C_X(\tau)$ 有关, 前者当 $\tau \to \infty$ 时, $C_X(\tau) \to 0$, 后者 $C_X(\tau) = D(X^2) > 0$ 是常数.

在讨论各态历经性条件前, 先来介绍均方收敛.

**定义 5.2.1**  设 $X_1, X_2, \cdots$ 是随机变量序列, $X$ 是随机变量, $E(X_n^2) < \infty$ 且 $E(X^2) < \infty$. 如果 $\lim\limits_{n\to\infty} E[(X_n - X)^2] = 0$, 则称 $X_n$ 均方收敛到 $X$, 记为 $X_n \xrightarrow{L^2} X$.

**性质 1**  如果 $X_n \xrightarrow{L^2} a$, 则 $X_n \xrightarrow{P} a$.

**证明**  如果 $X_n \xrightarrow{L^2} a$, 则对任意 $\varepsilon > 0$, 由马尔可夫不等式,

$$P(|X_n - a| \geqslant \varepsilon) \leqslant \frac{E[(X_n - a)^2]}{\varepsilon^2} \to 0,$$

因此, $X_n \xrightarrow{P} a$. □

**性质 2**  如果 $X_n \xrightarrow{L^2} X, Y_n \xrightarrow{L^2} Y$, 则对任何常数 $a, b$,

$$aX_n + bY_n \xrightarrow{L^2} aX + bY.$$

**性质 3**  如果 $X_n \xrightarrow{L^2} X$ 且 $X_n \xrightarrow{L^2} Y$, 则 $P(X = Y) = 1$, 即均方收敛极限在以概率 1 相等的意义下唯一.

**证明**  因为

$$\begin{aligned}
(X - Y)^2 &= [(X - X_n) + (X_n - Y)]^2 \\
&\leqslant 2(X - X_n)^2 + 2(X_n - Y)^2,
\end{aligned}$$

从而

$$\begin{aligned}
0 &\leqslant E[(X - Y)^2] \\
&\leqslant 2\lim_{n\to\infty} E[(X - X_n)^2] + 2\lim_{n\to\infty} E[(X_n - Y)^2] = 0.
\end{aligned}$$

这说明 $E[(X - Y)^2] = 0$, 由此推得 $P(X = Y) = 1$. □

**定义 5.2.2**  设 $\{X(t); a \leqslant t \leqslant b\}$ 为二阶矩过程, 将 $[a,b]$ 分割, $a = t_0 < t_1 < \cdots < t_n = b$, 令 $\Delta t_i = t_i - t_{i-1}, t_i' \in [t_{i-1}, t_i], i = 1, 2, \cdots, n$. 若存在随机变量 $Y$, 使得

$$\lim_{\max \Delta t_i \to 0} E\left(\sum_{i=1}^{n} X(t_i')\Delta t_i - Y\right)^2 = 0,$$

则称 $X(t)$ 在 $[a,b]$ 上均方可积, 记为 $Y = \int_a^b X(t)\mathrm{d}t$.

注 对任何样本点 $e \in S$, 如果样本函数 $X(\cdot, e)$ 在 $[a,b]$ 上可积, 则 $Y(e) = \int_a^b X(t,e)\mathrm{d}t$.

**均方可积准则** $X(t)$ 在 $[a,b]$ 上均方可积的充要条件是

$$\int_a^b \int_a^b R_X(t_1,t_2)\mathrm{d}t_1\mathrm{d}t_2$$

存在.

**均方积分性质** 设 $X(t)$ 在 $[a,b]$ 上均方可积, 则

(1) $E\left(\int_a^b X(t)\mathrm{d}t\right) = \int_a^b E(X(t))\mathrm{d}t$;

(2) $E\left[\left(\int_a^b X(t)\mathrm{d}t\right)^2\right] = \int_a^b \int_a^b R_X(t_1,t_2)\mathrm{d}t_1\mathrm{d}t_2$.

证明略.

**定义 5.2.3** 设 $\{X(t); -\infty < t < \infty\}$ 为平稳过程, 令

$$\langle X(t)\rangle = \lim_{T \to \infty} \frac{1}{2T}\int_{-T}^T X(t)\mathrm{d}t$$

(均方收敛下的极限), 称为过程的时间均值; 对于任给的 $\tau$, 令

$$\langle X(t)X(t+\tau)\rangle = \lim_{T \to \infty} \frac{1}{2T}\int_{-T}^T X(t)X(t+\tau)\mathrm{d}t$$

(均方收敛下的极限), 称为过程的时间相关函数

**定义 5.2.4** 设 $\{X(t); -\infty < t < \infty\}$ 为平稳过程.

各态历经
性的定义

(1) 若

$$\langle X(t)\rangle = E[X(t)] = \mu_X$$

以概率 1 成立, 则称过程的均值具有各态历经性;

(2) 若对于任给的实数 $\tau$,

$$\langle X(t)X(t+\tau)\rangle = E[X(t)X(t+\tau)] = R_X(\tau)$$

以概率 1 成立, 则称过程的自相关函数具有各态历经性;

(3) 若 $X(t)$ 的均值函数和自相关函数都具有各态历经性, 则称 $X(t)$ 是 (宽) 各态历经

过程 (ergodic process).

**例 5.2.1** 设 $X(t) = a\cos(\omega t + \Theta), -\infty < t < \infty$, 其中 $a, \omega$ 是正常数, $\Theta$ 为随机变量, $\Theta \sim U[0, 2\pi]$. 证明 $\{X(t); -\infty < t < \infty\}$ 是各态历经过程.

**证明** 由第 2 章例 2.3.1 知, $\{X(t); -\infty < t < \infty\}$ 是平稳过程, $\mu_X = 0, R_X(\tau) = \dfrac{a^2}{2}\cos\omega\tau$; 而

$$\begin{aligned}
\langle X(t) \rangle &= \lim_{T \to \infty} \frac{1}{2T} \int_{-T}^{T} X(t)\mathrm{d}t \\
&= \lim_{T \to \infty} \frac{1}{2T} \int_{-T}^{T} a\cos(\omega t + \Theta)\mathrm{d}t \\
&= \lim_{T \to \infty} \frac{a[\sin(\omega T + \Theta) - \sin(-\omega T + \Theta)]}{2T\omega} \\
&= 0 = \mu_X.
\end{aligned}$$

对于任给的实数 $\tau$,

$$\begin{aligned}
\langle X(t)X(t+\tau) \rangle &= \lim_{T \to \infty} \frac{1}{2T} \int_{-T}^{T} X(t)X(t+\tau)\mathrm{d}t \\
&= \lim_{T \to \infty} \frac{1}{2T} \int_{-T}^{T} a^2 \cos(\omega t + \Theta)\cos[\omega(t+\tau) + \Theta]\mathrm{d}t \\
&= \lim_{T \to \infty} \frac{a^2}{4T} \int_{-T}^{T} \{\cos[\omega(2t+\tau) + 2\Theta] + \cos\omega\tau\}\mathrm{d}t \\
&= \frac{a^2\cos\omega\tau}{2} = R_X(\tau).
\end{aligned}$$

根据各态历经过程的定义知, 随机相位余弦波过程是各态历经过程. $\square$

对于随机相位余弦波而言, 所有样本函数的差异只是相位的不同, 而每一条样本函数都 "历经" 了状态空间 $[-a, a]$ 间的各个状态, 从而是各态历经过程. 它的每一条样本函数关于时间的平均都是一样的.

**例 5.2.2** 设 $X(t) = A\cos(\omega t + \Theta), -\infty < t < \infty$, 其中 $\omega$ 是正常数, $A, \Theta$ 为相互独立的随机变量, $A \sim U[0, 1], \Theta \sim U[0, 2\pi]$. 证明 $\{X(t); -\infty < t < \infty\}$ 是平稳过程, 判断它是否为各态历经过程.

**解** $\mu_X(t) = E(A)E[\cos(\omega t + \Theta)] = 0$ 是常值函数,

$$R_X(t, t+\tau) = E(A^2)E[\cos(\omega t + \Theta)\cos(\omega t + \omega\tau + \Theta)]$$

$$= \frac{\cos\omega\tau}{6}$$

只是 $\tau$ 的函数. 由定义知, $\{X(t); -\infty < t < \infty\}$ 是平稳过程.

$$\langle X(t) \rangle = \lim_{T \to \infty} \frac{1}{2T} \int_{-T}^{T} A\cos(\omega t + \Theta) \mathrm{d}t$$

$$= A \lim_{T \to \infty} \frac{1}{2T} \int_{-T}^{T} \cos(\omega t + \Theta) \mathrm{d}t$$

$$= 0 = \mu_X,$$

即 $\{X(t); -\infty < t < \infty\}$ 的均值具有各态历经性.

$$\langle X(t)X(t+\tau) \rangle = \lim_{T \to \infty} \frac{1}{2T} \int_{-T}^{T} A^2\cos(\omega t + \Theta)\cos[\omega(t+\tau)+\Theta]\mathrm{d}t$$

$$= A^2 \lim_{T \to \infty} \frac{1}{2T} \int_{-T}^{T} \cos(\omega t + \Theta)\cos[\omega(t+\tau)+\Theta]\mathrm{d}t$$

$$= \frac{A^2\cos\omega\tau}{2}.$$

当 $\tau \neq \dfrac{(k+1/2)\pi}{\omega}$, 即 $\cos\omega\tau \neq 0$ 时,

$$P(\langle X(t)X(t+\tau) \rangle = R_X(\tau)) = P\left( \frac{A^2\cos\omega\tau}{2} = \frac{\cos\omega\tau}{6} \right)$$

$$= P\left( A = \frac{\sqrt{3}}{3} \right) = 0 \neq 1.$$

因此, $\{X(t); -\infty < t < \infty\}$ 的自相关函数不具有各态历经性, 从而 $\{X(t); -\infty < t < \infty\}$ 不是各态历经过程. □

思考 这个余弦波的样本函数有什么特征? 每一个样本函数的时间均值为什么是一样的? 样本函数的时间相关函数又为什么不一样?

例 5.2.3 设 $X(t) = X, -\infty < t < \infty$, $X$ 是随机变量, $P(X=1) = P(X=-1) = \dfrac{1}{2}$. 证明 $\{X(t); -\infty < t < \infty\}$ 是平稳过程, 它的均值不具有各态历经性.

证明 $\mu_X(t) = E(X) = 0$ 是常值函数, $R_X(t, t+\tau) = E(X^2) = 1$ 只是 $\tau$ 的函数 (这里是常值函数), 由定义知 $\{X(t); -\infty < t < \infty\}$ 是平稳过程. 因为

$$\langle X(t) \rangle = \lim_{T \to \infty} \frac{1}{2T} \int_{-T}^{T} X(t)\mathrm{d}t = X,$$

$$P(\langle X(t) \rangle = \mu_X) = P(X=0) = 0 \neq 1.$$

所以 $\{X(t); -\infty < t < \infty\}$ 的均值不具有各态历经性.

注意, 此过程只有两个样本函数 (图 5.2.1), $x_1(t) = 1$, $x_2(t) = -1$. 状态空间只有两个值 $\{1, -1\}$, 但每个样本函数只取一个状态, 因此均值也不具有各态历经性. □

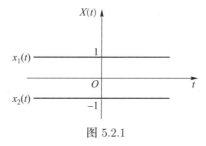

图 5.2.1

下面讨论一个平稳过程的均值和自相关函数具有各态历经性的充要条件.

**定理 5.2.1** 设 $\{X(t); -\infty < t < \infty\}$ 是平稳过程, 则 $X(t)$ 的均值具有各态历经性当且仅当

$$\lim_{T \to \infty} \frac{1}{T} \int_0^T C_X(\tau) \mathrm{d}\tau = 0. \tag{5.2.1}$$

**证明** 令 $Y(t) = X(t) - \mu_X$, 则 $E(Y(t)) = 0$, $E(Y(s)Y(t)) = C_X(t-s)$,

$$\langle Y(t) \rangle = \langle X(t) \rangle - \mu_X.$$

令 $\overline{Y_T} = \dfrac{1}{2T} \int_{-T}^T Y(t) \mathrm{d}t$, 则 $\{X(t)\}$ 的均值具有各态历经性当且仅当 $P(\langle Y(t) \rangle = 0) = 1$, 即当 $T \to \infty$ 时, $\overline{Y_T} \xrightarrow{L^2} 0$, 也就是当且仅当 $\lim\limits_{T \to \infty} E(\overline{Y_T}^2) = 0$.

若 $\lim\limits_{T \to \infty} E(\overline{Y_T}^2) = 0$, 则由柯西 - 施瓦茨不等式,

$$\left| E(Y(0)\overline{Y_T}) \right| \leqslant \sqrt{E(Y^2(0))} \sqrt{E(\overline{Y_T}^2)} \to 0.$$

由于 $C_X(t)$ 是偶函数, 则

$$E(Y(0)\overline{Y_T}) = \frac{1}{2T} \int_{-T}^T C_X(t) \mathrm{d}t = \frac{1}{T} \int_0^T C_X(t) \mathrm{d}t,$$

所以 (5.2.1) 式成立.

反之若 (5.2.1) 式成立, 则对任何 $\varepsilon > 0$, 存在 $N > 0$, 使得 $T > N$ 时有

$$\left| \frac{1}{T} \int_0^T C_X(\tau) \mathrm{d}\tau \right| < \varepsilon,$$

计算得

$$
\begin{aligned}
E(\overline{Y_T}^2) &= \frac{1}{4T^2} \int_{-T}^{T} \mathrm{d}s \int_{-T}^{T} C_X(t-s) \mathrm{d}t \\
&= \frac{1}{2T^2} \int_{-T}^{T} \mathrm{d}s \int_{s}^{T} C_X(t-s) \mathrm{d}t \quad (C_X(\tau)\text{是偶函数}) \\
&= \frac{1}{2T^2} \int_{-T}^{T} \mathrm{d}s \int_{0}^{T-s} C_X(\tau) \mathrm{d}\tau \quad (\diamondsuit\, \tau=t-s) \\
&\leqslant \frac{1}{2T^2} \int_{-T}^{T} \left| \int_{0}^{T-s} C_X(\tau) \mathrm{d}\tau \right| \mathrm{d}s.
\end{aligned}
$$

当 $-T \leqslant s < T-N$ 时, $T-s > N$,

$$
\left| \int_{0}^{T-s} C_X(\tau) \mathrm{d}\tau \right| \leqslant (T-s)\varepsilon \leqslant 2T\varepsilon.
$$

当 $T \geqslant s \geqslant T-N$ 时, $0 \leqslant T-s \leqslant N$,

$$
\left| \int_{0}^{T-s} C_X(\tau) \mathrm{d}\tau \right| \leqslant \int_{0}^{T-s} C_X(0) \mathrm{d}\tau \leqslant N C_X(0).
$$

所以, 当 $T \to \infty$ 时,

$$
E(\overline{Y_T}^2) \leqslant \frac{1}{2T^2} \left( \int_{-T}^{T-N} 2T\varepsilon \mathrm{d}s + \int_{T-N}^{T} N C_X(0) \mathrm{d}s \right)
$$

$$
\leqslant 2\varepsilon + \frac{N^2}{2T^2} C_X(0) \to 2\varepsilon,
$$

由 $\varepsilon$ 任意性, 知 $\lim\limits_{T \to \infty} E(\overline{Y_T}^2) = 0$. □

该定理实际上扩大了大数定律的范围. 若 $\lim\limits_{T \to \infty} \dfrac{1}{T} \int_{0}^{T} C_X(\tau) \mathrm{d}\tau = 0$, 即自协方差函数平均的极限为 0, 则当 $T \to \infty$ 时, $\dfrac{1}{2T} \int_{-T}^{T} X(t) \mathrm{d}t$ 均方收敛 (从而依概率收敛) 到 $\mu_X$.

假如 $\lim\limits_{\tau \to \infty} C_X(\tau) = a$ 存在, 则 $\lim\limits_{T \to \infty} \dfrac{1}{T} \int_{0}^{T} C_X(\tau) \mathrm{d}\tau = a$. 因此此时均值具有各态历经性当且仅当 $a = 0$. 注意到 $C_X(\tau) = R_X(\tau) - \mu_X^2$, 我们得到下面推论.

**推论 5.2.1** 若 $\lim\limits_{\tau \to \infty} R_X(\tau)$ 存在, 则 $\{X(t)\}$ 的均值具有各态历经性当且仅当 $\lim\limits_{\tau \to \infty} R_X(\tau) = \mu_X^2$.

该推论是平稳过程均值具有各态历经性的充分条件, 它说明当时间间隔充分大时, 若状态呈现不相关性, 则均值具有各态历经性.

**例 5.2.4** 利用 $C_X(\tau)$ 来判断例 5.2.1—例 5.2.3 中各过程的均值是否具有各态历经

性. 当 $\tau \to \infty$ 时,

**解** 例 5.2.1 中, $\dfrac{1}{T}\displaystyle\int_0^T C_X(\tau)\mathrm{d}\tau = \dfrac{1}{T}\displaystyle\int_0^T \dfrac{a^2\cos\omega\tau}{2}\mathrm{d}\tau = \dfrac{a^2\sin\omega T}{2\omega T} \to 0$;

例 5.2.2 中, $\dfrac{1}{T}\displaystyle\int_0^T C_X(\tau)\mathrm{d}\tau = \dfrac{1}{T}\displaystyle\int_0^T \dfrac{\cos\omega\tau}{6}\mathrm{d}\tau = \dfrac{\sin\omega T}{6\omega T} \to 0$;

例 5.2.3 中, $C_X(\tau) = 1 \to 1 \neq 0$.

因此, 前两个均值具有各态历经性, 而后一个不具有各态历经性, 与之前判断一致. □

**定理 5.2.2** 设 $\{X(t); -\infty < t < \infty\}$ 是平稳过程, 对任意给定的 $\tau$, $\{X(t)X(t+\tau); -\infty < t < \infty\}$ 也是平稳过程, 则 $X(t)$ 的自相关函数具有各态历经性的充要条件是对任意 $\tau$,

$$\lim_{T \to \infty} \frac{1}{T}\int_0^T (B_\tau(\tau_1) - R_X^2(\tau))\mathrm{d}\tau_1 = 0,$$

其中 $B_\tau(\tau_1) = E[X(t)X(t+\tau)X(t+\tau_1)X(t+\tau+\tau_1)]$.

**证明** 对固定的 $\tau$, 记 $Y(t) = X(t)X(t+\tau)$, 则 $\mu_Y = R_X(\tau)$, 故 $R_X(\tau)$ 的各态历经性相当于 $\{Y(t)\}$ 的均值的各态历经性, 由于

$$\begin{aligned}
R_Y(\tau_1) &= E[Y(t)Y(t+\tau_1)] \\
&= E[X(t)X(t+\tau)X(t+\tau_1)X(t+\tau+\tau_1)] \\
&= B_\tau(\tau_1),
\end{aligned}$$

由定理 5.2.1 即得. □

当平稳过程为 $\{X(t); t \geqslant 0\}$ 时, 此时过程的时间均值为

$$\langle X(t)\rangle = \lim_{T \to \infty} \frac{1}{T}\int_0^T X(t)\mathrm{d}t \quad (\text{均方收敛下的极限}).$$

对于任给的 $\tau$, 过程的时间相关函数为

$$\langle X(t)X(t+\tau)\rangle = \lim_{T \to \infty} \frac{1}{T}\int_0^T X(t)X(t+\tau)\mathrm{d}t \quad (\text{均方收敛下的极限}).$$

相应的各态历经性定理与定理 5.2.1 和定理 5.2.2 相同. 在例 5.1.6 和例 5.1.7 中, 由于 $\lim\limits_{\tau \to \infty} C_X(\tau) = 0$, 所以均值都具有各态历经性.

实际问题中要严格按照定义验证平稳过程是否满足各态历经性条件是比较困难的, 但各态历经性定理的条件较宽, 工程中所遇到的平稳过程大多数都能满足.

各态历经性定理的重要价值在于从理论上保证一个平稳过程如果是各态历经的, 则"以

概率 1 成立" 可用一个样本函数的时间平均确定过程的均值和自相关函数.

设试验记录了在时间区间 $[0,T]$ 上的样本函数 $x(t)$, 则当 $T$ 很大时, 均值 $\mu_X = E(X(t))$ 的估计为

$$\hat{\mu}_X = \frac{1}{T} \int_0^T x(t)\mathrm{d}t.$$

当 $\tau \geqslant 0$ 且 $T - \tau$ 很大时, 自相关函数 $R_X(\tau) = E[X(t)X(t+\tau)]$ 的估计为

$$\widehat{R}_X(\tau) = \frac{1}{T - \tau} \int_0^{T-\tau} x(t)x(t+\tau)\mathrm{d}t$$
$$= \frac{1}{T - \tau} \int_\tau^T x(t)x(t-\tau)\mathrm{d}t.$$

类似地, 对于宽平稳序列 $\{X_n; n = 0, \pm 1, \pm 2, \cdots\}$, 定义时间均值为

$$\langle X_n \rangle = \lim_{N \to \infty} \frac{1}{2N} \sum_{n=-N}^{N} X_n \quad (\text{均方收敛下的极限}).$$

对给定的 $m$, 定义时间相关函数为

$$\langle X_n X_{n+m} \rangle = \lim_{N \to \infty} \frac{1}{2N} \sum_{n=-N}^{N} X_n X_{n+m} \quad (\text{均方收敛下的极限}).$$

相应地, 有下面判定定理.

**定理 5.2.3** 设 $\{X_n; n = 0, \pm 1, \pm 2, \cdots\}$ 是宽平稳序列, 则它的均值具有各态历经性当且仅当 $\lim\limits_{N \to \infty} \dfrac{1}{N} \sum\limits_{n=0}^{N} C_X(n) = 0$.

类似于定理 5.2.2, 有对应的自相关函数具有各态历经性的判定定理. 对于宽平稳序列 $\{X_n; n = 1, 2, \cdots\}$, 也有类似的时间均值和时间相关函数定义, 及各态历经性判定定理, 在这里就不一一罗列了.

**例 5.2.5** 对于例 5.1.1(1) 中宽平稳序列 $\{X_n\}$, 均值是否具有各态历经性?

**解** 对 $n \geqslant 1$,

$$C_X(n) = \mathrm{Cov}(X_1, X_{1+n}) = 0,$$

所以 $\lim\limits_{n \to \infty} C_X(n) = 0$. 因此均值具有各态历经性. 这也说明若 $X_1, X_2, \cdots$ 两两不相关, $E(X_n) = \mu$, $D(X_n) = \sigma^2$, 则当 $N \to \infty$ 时, $\dfrac{1}{N} \sum\limits_{n=1}^{N} X_n \xrightarrow{L^2} \mu$. $\qquad\square$

类似地, 对于例 5.1.4, 由于 $\lim\limits_{n\to\infty} C_Y(n) = 0$, 因此均值具有各态历经性. 但对于例 5.1.2,

$$C_Y(n) = \mathrm{Cov}(Y_1, Y_{n+1}) = \mathrm{Cov}(X, X) = D(X) > 0,$$

因此 $\lim\limits_{n\to\infty} C_Y(n) = D(X) > 0$. 故均值不具有各态历经性.

下面这个例子可看成马尔可夫链中的大数定律.

**例 5.2.6** 设 $\{X_n; n \geqslant 0\}$ 是一个时齐的遍历马尔可夫链, 状态空间 $I$ 有限, $f$ 是 $I$ 上的函数. 设 $X_0$ 的分布是平稳分布 $\boldsymbol{\pi}$, 令 $Y_n = f(X_n)$.

(1) 计算 $\{Y_n; n \geqslant 0\}$ 的均值函数和自相关函数;

(2) 证明 $\{Y_n; n \geqslant 0\}$ 是宽平稳过程;

(3) 当 $N \to \infty$ 时, $\dfrac{1}{N} \sum\limits_{i=1}^{N} Y_i$ 依概率收敛吗? 如果收敛, 收敛到什么?

**解** (1) 因为 $X_0$ 的分布是平稳分布 $\boldsymbol{\pi}$, 所以对任何 $n \geqslant 0$, $X_n$ 的分布都是 $\boldsymbol{\pi}$. 这推出对任何 $0 \leqslant n \leqslant m$,

$$\mu_Y(n) = E(Y_n) = \sum_{i \in I} f(i)\pi_i,$$

$$\begin{aligned} R_Y(m, n) = R_Y(n, m) &= E(Y_n Y_m) \\ &= \sum_{i,j \in I} f(i)f(j)P(X_n = i, X_m = j) \\ &= \sum_{i,j \in I} f(i)f(j)\pi_i p_{ij}^{(m-n)}. \end{aligned}$$

(2) 因为 $\mu_Y(n)$ 是常值函数, $R_Y(m, n)$ 只是 $n - m$ 的函数, 所以 $\{Y_n\}$ 是宽平稳过程.

(3) 由于 $I$ 有限,

$$\begin{aligned} \lim_{N\to\infty} R_Y(N) &= \lim_{N\to\infty} \sum_{i,j \in I} f(i)f(j)\pi_i p_{ij}^{(N)} \\ &= \sum_{i,j \in I} f(i)f(j)\pi_i \lim_{N\to\infty} p_{ij}^{(N)}. \end{aligned}$$

由 $\{X_n\}$ 遍历推得对任何状态 $i, j$ 有, $\lim\limits_{N\to\infty} p_{ij}^{(N)} = \pi_j$. 因此

$$\lim_{N\to\infty} R_Y(N) = \sum_{i,j \in I} f(i)f(j)\pi_i \pi_j = \mu_Y^2,$$

这说明 $\{Y_n\}$ 的均值具有各态历经性, 即当 $N \to \infty$ 时, $\dfrac{1}{N} \sum\limits_{i=1}^{N} Y_i$ 依概率收敛到 $\mu_Y = $

$$\sum_{i \in I} f(i)\pi_i.$$

$\qquad\qquad\qquad\qquad\qquad\qquad\qquad\qquad\qquad\qquad\qquad\qquad$ □

## 5.3 平稳过程的功率谱密度

对于平稳过程, 前面主要在时间域上对自相关函数的性质展开讨论. 除了时间域描述外, 还有等价的频率域描述. 它们之间的联系就是傅里叶 (Fourier) 变换与逆变换.

若平稳过程 $\{X(t); -\infty < t < \infty\}$ 表示随机信号, 例如 $X(t)$ 表示 $t$ 时刻的电流强度 $I$ 或电压 $U$, 根据电功率公式 $W = I^2 R = \dfrac{U^2}{R}$, 当电阻 $R = 1\,\Omega$ 时, $X^2(t)$ 就表示信号在 $t$ 时刻的功率, $E\left(\lim\limits_{T \to \infty} \dfrac{1}{2T} \displaystyle\int_{-T}^{T} X^2(t)\mathrm{d}t\right)$ 的物理意义为平均功率. 计算得

$$E\left(\lim_{T \to \infty} \frac{1}{2T} \int_{-T}^{T} X^2(t)\mathrm{d}t\right) = \lim_{T \to \infty} \frac{1}{2T} \int_{-T}^{T} E(X^2(t))\mathrm{d}t = R_X(0),$$

即 $X(t)$ 的平均功率为 $R_X(0)$.

下面讨论平均功率的谱表示.

设 $x(t)$ 是平稳过程 $\{X(t); -\infty < t < \infty\}$ 的样本函数, 作截尾函数

$$x_T(t) = \begin{cases} x(t), & |t| \leqslant T, \\ 0, & |t| > T, \end{cases}$$

则 $x_T(t)$ 的傅里叶变换存在, 记为 $F_x(\omega, T)$, 即

$$F_x(\omega, T) = \int_{-\infty}^{\infty} x_T(t)\mathrm{e}^{-\mathrm{i}\omega t}\mathrm{d}t = \int_{-T}^{T} x(t)\mathrm{e}^{-\mathrm{i}\omega t}\mathrm{d}t,$$

其傅里叶逆变换为

$$x_T(t) = \frac{1}{2\pi} \int_{-\infty}^{\infty} F_x(\omega, T)\mathrm{e}^{\mathrm{i}\omega t}\mathrm{d}\omega,$$

且有帕塞瓦尔 (Parseval) 等式成立:

$$\int_{-T}^{T} x^2(t)\mathrm{d}t = \int_{-\infty}^{\infty} x_T^2(t)\mathrm{d}t = \frac{1}{2\pi} \int_{-\infty}^{\infty} \left|F_x(\omega, T)\right|^2 \mathrm{d}\omega.$$

事实上,

$$\int_{-\infty}^{\infty} x_T^2(t)\mathrm{d}t = \int_{-\infty}^{\infty} x_T(t) \left(\frac{1}{2\pi} \int_{-\infty}^{\infty} F_x(\omega, T)\mathrm{e}^{\mathrm{i}\omega t}\mathrm{d}\omega\right)\mathrm{d}t$$

$$= \frac{1}{2\pi} \int_{-\infty}^{\infty} F_x(\omega, T) \left( \int_{-\infty}^{\infty} x_T(t) \mathrm{e}^{\mathrm{i}\omega t} \mathrm{d}t \right) \mathrm{d}\omega$$

$$= \frac{1}{2\pi} \int_{-\infty}^{\infty} F_x(\omega, T) \overline{F_x(\omega, T)} \mathrm{d}\omega = \frac{1}{2\pi} \int_{-\infty}^{\infty} \left| F_x(\omega, T) \right|^2 \mathrm{d}\omega.$$

因此对于平稳过程 $\{X(t); -\infty < t < \infty\}$, 有

$$\lim_{T \to \infty} \frac{1}{2T} \int_{-T}^{T} X^2(t) \mathrm{d}t = \frac{1}{2\pi} \int_{-\infty}^{\infty} \lim_{T \to \infty} \frac{1}{2T} \left| F_X(\omega, T) \right|^2 \mathrm{d}\omega,$$

等式两边都是随机变量, 故同时取数学期望, 此时左边就是平稳过程的平均功率, 即

$$R_X(0) = E \left( \lim_{T \to \infty} \frac{1}{2T} \int_{-T}^{T} X^2(t) \mathrm{d}t \right)$$

$$= \frac{1}{2\pi} \int_{-\infty}^{\infty} E \left( \lim_{T \to \infty} \frac{1}{2T} \left| F_X(\omega, T) \right|^2 \right) \mathrm{d}\omega.$$

记 $S_X(\omega) = E \left( \lim_{T \to \infty} \frac{1}{2T} \left| F_X(\omega, T) \right|^2 \right)$, 称为功率谱密度, 简称谱密度. 于是

$$R_X(0) = \frac{1}{2\pi} \int_{-\infty}^{\infty} S_X(\omega) \mathrm{d}\omega,$$

就是平稳过程的平均功率的谱表示式.

谱密度 $S_X(\omega)$ 是从频率域描述 $X(t)$ 的统计规律的最重要数字特征. 由平均功率的谱表示式知, 它的物理意义为 $X(t)$ 的平均功率关于频率的分布.

**功率谱密度的性质**

(1) $S_X(\omega)$ 是 $\omega$ 的实的、非负的偶函数.

这是因为 $\left| F_X(\omega, T) \right|^2$ 是 $\omega$ 的实的、非负的偶函数, 故对其取期望和极限后仍是 $\omega$ 的实的、非负的偶函数.

(2) 若 $\int_{-\infty}^{\infty} \left| R_X(\tau) \right| \mathrm{d}\tau < \infty$, 则 $S_X(\omega)$ 和 $R_X(\tau)$ 是傅里叶变换对, 即

$$S_X(\omega) = \int_{-\infty}^{\infty} R_X(\tau) \mathrm{e}^{-\mathrm{i}\omega\tau} \mathrm{d}\tau,$$

$$R_X(\tau) = \frac{1}{2\pi} \int_{-\infty}^{\infty} S_X(\omega) \mathrm{e}^{\mathrm{i}\omega\tau} \mathrm{d}\omega,$$

它们被称为维纳 – 辛钦公式.

证明 
$$S_X(\omega) = \lim_{T \to \infty} \frac{1}{2T} E \left( \left| F_X(\omega, T) \right|^2 \right)$$

$$= \lim_{T \to \infty} \frac{1}{2T} E \left( \left| \int_{-T}^{T} X(t) \mathrm{e}^{-\mathrm{i}\omega t} \mathrm{d}t \right|^2 \right)$$

$$= \lim_{T \to \infty} \frac{1}{2T} E \left( \int_{-T}^{T} X(t) \mathrm{e}^{-\mathrm{i}\omega t} \mathrm{d}t \overline{\int_{-T}^{T} X(s) \mathrm{e}^{-\mathrm{i}\omega s} \mathrm{d}s} \right)$$

$$= \lim_{T \to \infty} \frac{1}{2T} E \left( \int_{-T}^{T} \int_{-T}^{T} X(t) X(s) \mathrm{e}^{-\mathrm{i}\omega(t-s)} \mathrm{d}t \mathrm{d}s \right)$$

$$= \lim_{T \to \infty} \frac{1}{2T} \int_{-T}^{T} \int_{-T}^{T} R_X(t-s) \mathrm{e}^{-\mathrm{i}\omega(t-s)} \mathrm{d}t \mathrm{d}s \quad (\text{作变换 } \tau = t-s, \tau_1 = t+s)$$

$$= \lim_{T \to \infty} \int_{-2T}^{2T} \left( 1 - \frac{|\tau|}{2T} \right) R_X(\tau) \mathrm{e}^{-\mathrm{i}\omega\tau} \mathrm{d}\tau.$$

令

$$R_X(\tau, T) = \begin{cases} \left( 1 - \dfrac{|\tau|}{2T} \right) R_X(\tau), & |\tau| \leqslant 2T, \\ 0, & |\tau| > 2T, \end{cases}$$

则 $\lim\limits_{T \to \infty} R_X(\tau, T) = R_X(\tau)$, 故当 $\int_{-\infty}^{\infty} |R_X(\tau)| \mathrm{d}\tau < \infty$ 时,

$$S_X(\omega) = \lim_{T \to \infty} \int_{-\infty}^{\infty} R_X(\tau, T) \mathrm{e}^{-\mathrm{i}\omega\tau} \mathrm{d}\tau$$

$$= \int_{-\infty}^{\infty} \lim_{T \to \infty} R_X(\tau, T) \mathrm{e}^{-\mathrm{i}\omega\tau} \mathrm{d}\tau$$

$$= \int_{-\infty}^{\infty} R_X(\tau) \mathrm{e}^{-\mathrm{i}\omega\tau} \mathrm{d}\tau.$$

作傅里叶逆变换得 $R_X(\tau) = \dfrac{1}{2\pi} \int_{-\infty}^{\infty} S_X(\omega) \mathrm{e}^{\mathrm{i}\omega\tau} \mathrm{d}\omega.$ □

此外, 由于 $R_X(\tau)$ 和 $S_X(\omega)$ 都是偶函数, 所以利用欧拉 (Euler) 公式, 维纳–辛钦公式还可以写成如下形式:

$$\begin{cases} S_X(\omega) = 2 \int_{0}^{\infty} R_X(\tau) \cos \omega\tau \mathrm{d}\tau, \\ R_X(\tau) = \dfrac{1}{\pi} \int_{0}^{\infty} S_X(\omega) \cos \omega\tau \mathrm{d}\omega. \end{cases}$$

维纳–辛钦公式也称为平稳过程自相关函数的谱表示式, 它揭示了从时间域描述平稳过程 $\{X(t)\}$ 的统计规律和从频率域描述 $\{X(t)\}$ 的统计规律之间的联系.

表 5.3.1 列出了若干个自相关函数及其对应的谱密度.

若平稳过程为 $\{X(t); t \geqslant 0\}$, 谱密度为

$$S_X(\omega) = \lim_{T \to \infty} \frac{1}{T} E \left( \left| \int_{0}^{T} X(t) \mathrm{e}^{-\mathrm{i}\omega t} \mathrm{d}t \right|^2 \right),$$

表 5.3.1　自相关函数与谱密度对照表

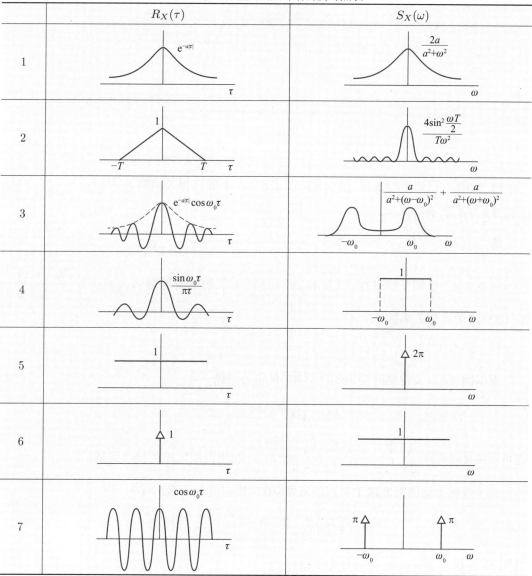

| | $R_X(\tau)$ | $S_X(\omega)$ |
|---|---|---|
| 1 | $\mathrm{e}^{-a|\tau|}$ | $\dfrac{2a}{a^2+\omega^2}$ |
| 2 | $1$（$-T$，$T$） | $\dfrac{4\sin^2\dfrac{\omega T}{2}}{T\omega^2}$ |
| 3 | $\mathrm{e}^{-a|\tau|}\cos\omega_0\tau$ | $\dfrac{a}{a^2+(\omega-\omega_0)^2}+\dfrac{a}{a^2+(\omega+\omega_0)^2}$ |
| 4 | $\dfrac{\sin\omega_0\tau}{\pi\tau}$ | $1$（$-\omega_0$，$\omega_0$） |
| 5 | $1$ | $2\pi$ |
| 6 | $1$ | $1$ |
| 7 | $\cos\omega_0\tau$ | $\pi$（$-\omega_0$），$\pi$（$\omega_0$） |

而在工程中, 由于只在正的频率范围内进行测量, 因此根据谱密度的偶函数性质, 可将负频率范围内的值折算到正频率范围内, 得到 "单边功率谱", 记为 $G_X(\omega)$(图 5.3.1), 即

$$G_X(\omega) = \begin{cases} 2\lim\limits_{T\to\infty}\dfrac{1}{T}E\left(\left|\displaystyle\int_0^T X(t)\mathrm{e}^{-\mathrm{i}\omega t}\mathrm{d}t\right|^2\right), & \omega \geqslant 0, \\ 0, & \omega < 0 \end{cases}$$

$$= \begin{cases} 2S_X(\omega), & \omega \geqslant 0, \\ 0, & \omega < 0. \end{cases}$$

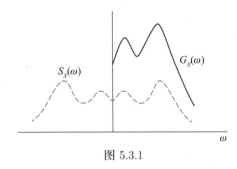

图 5.3.1

**例 5.3.1** 已知平稳过程 $\{X(t); -\infty < t < \infty\}$ 的自相关函数为 $R_X(\tau) = \mathrm{e}^{-a|\tau|}, a > 0$, 求 $\{X(t)\}$ 的谱密度 $S_X(\omega)$.

**解** $S_X(\omega) = \displaystyle\int_{-\infty}^{\infty} \mathrm{e}^{-a|\tau|}\mathrm{e}^{-\mathrm{i}\omega\tau}\mathrm{d}\tau = \dfrac{1}{a+\mathrm{i}\omega} + \dfrac{1}{a-\mathrm{i}\omega} = \dfrac{2a}{a^2+\omega^2}.$ □

**例 5.3.2** 已知平稳过程 $\{X(t); -\infty < t < \infty\}$ 的谱密度为 $S_X(\omega) = \dfrac{5\omega^2+14}{\omega^4+5\omega^2+4}$, 求 $\{X(t)\}$ 的自相关函数 $R_X(\tau)$.

**解** $S_X(\omega) = \dfrac{5\omega^2+14}{\omega^4+5\omega^2+4} = \dfrac{3}{2}\dfrac{2}{\omega^2+1} + \dfrac{1}{2}\dfrac{4}{\omega^2+4}.$

根据例 5.3.1 及傅里叶变换的性质知, 自相关函数

$$R_X(\tau) = \frac{3}{2}\mathrm{e}^{-|\tau|} + \frac{1}{2}\mathrm{e}^{-2|\tau|}.$$

也可以由 $R_X(\tau) = \dfrac{1}{2\pi}\displaystyle\int_{-\infty}^{\infty}\dfrac{5\omega^2+14}{\omega^4+5\omega^2+4}\mathrm{e}^{\mathrm{i}\omega\tau}\mathrm{d}\omega$, 利用留数定理计算得到结论. □

以上两例中的谱密度属于有理谱密度. 有理谱密度的一般形式为

$$S_X(\omega) = S_0 \frac{\omega^{2n}+a_{2n-2}\omega^{2n-2}+\cdots+a_0}{\omega^{2m}+b_{2m-2}\omega^{2m-2}+\cdots+b_0},$$

其中 $S_0 > 0, m > n \geqslant 0$, 且分母无实根.

**例 5.3.3** 已知平稳过程 $\{X(t); -\infty < t < \infty\}$ 的自相关函数为 $R_X(\tau) = \mathrm{e}^{-a|\tau|} \cdot \cos\omega_0\tau$, 其中 $a, \omega_0$ 为正常数, 求 $\{X(t)\}$ 的谱密度 $S_X(\omega)$.

**解** $\begin{aligned}[t] S_X(\omega) &= \int_{-\infty}^{\infty} \mathrm{e}^{-a|\tau|}\cos\omega_0\tau \cdot \mathrm{e}^{-\mathrm{i}\omega\tau}\mathrm{d}\tau \\ &= \int_{-\infty}^{\infty} \mathrm{e}^{-a|\tau|}\frac{\mathrm{e}^{\mathrm{i}\omega_0\tau}+\mathrm{e}^{-\mathrm{i}\omega_0\tau}}{2}\mathrm{e}^{-\mathrm{i}\omega\tau}\mathrm{d}\tau \\ &= \frac{1}{2}\left[\int_{-\infty}^{\infty} \mathrm{e}^{-a|\tau|}\mathrm{e}^{-\mathrm{i}(\omega-\omega_0)\tau}\mathrm{d}\tau + \int_{-\infty}^{\infty} \mathrm{e}^{-a|\tau|}\mathrm{e}^{-\mathrm{i}(\omega+\omega_0)\tau}\mathrm{d}\tau\right] \end{aligned}$

$$\underline{\text{表 5.3.1 第 1 行}} \frac{1}{2}\left[\frac{2a}{a^2+(\omega-\omega_0)^2}+\frac{2a}{a^2+(\omega+\omega_0)^2}\right],$$

即为表 5.3.1 第 3 行. □

设 $\{X(t); -\infty < t < \infty\}$ 为平稳过程, 均值为零, 谱密度为正常数, 即 $S_X(\omega) = S_0, -\infty < \omega < \infty$, 称 $\{X(t)\}$ 为白噪声过程.

由于白噪声过程有类似于白光的性质, 其能量谱在各种频率上均匀分布, 故而得名. 又由于它的统计特性不随时间推移而改变, 因此是平稳过程. 但其相关函数在通常意义下的傅里叶逆变换不存在, 于是, 为了对白噪声过程进行频谱分析, 引进 $\delta$ 函数的傅里叶变换.

$\delta$ 函数是单位冲激函数 $\delta(t)$ 的简称, 它是一种广义函数. 狄拉克 (Dirac) 最早给出了 $\delta(t)$ 的定义:

$$\begin{cases} \delta(t) = 0, t \neq 0, \\ \displaystyle\int_{-\infty}^{\infty} \delta(t)\mathrm{d}t = 1. \end{cases}$$

$\delta$ 函数的基本性质: 对任一在 $\tau = 0$ 处连续的函数 $f(\tau)$, 有

$$\int_{-\infty}^{\infty} \delta(\tau)f(\tau)\mathrm{d}\tau = f(0).$$

一般地, 若函数 $f(\tau)$ 在 $\tau = \tau_0$ 处连续, 就有

$$\int_{-\infty}^{\infty} \delta(\tau - \tau_0)f(\tau)\mathrm{d}\tau = f(\tau_0).$$

于是, 可以得到以下傅里叶变换对:

$$\int_{-\infty}^{\infty} \delta(\tau)\mathrm{e}^{-\mathrm{i}\omega\tau}\mathrm{d}\tau = 1 \longleftrightarrow \delta(\tau) = \frac{1}{2\pi}\int_{-\infty}^{\infty} 1 \cdot \mathrm{e}^{\mathrm{i}\omega\tau}\mathrm{d}\omega,$$

$$\int_{-\infty}^{\infty} 1 \cdot \mathrm{e}^{-\mathrm{i}\omega\tau}\mathrm{d}\tau = 2\pi\delta(\omega) \longleftrightarrow 1 = \frac{1}{2\pi}\int_{-\infty}^{\infty} 2\pi\delta(\omega)\mathrm{e}^{\mathrm{i}\omega\tau}\mathrm{d}\omega,$$

即当自相关函数 $R_X(\tau) = 1$ 时, 谱密度 $S_X(\omega) = 2\pi\delta(\omega)$; 当自相关函数 $R_X(\tau) = \delta(\tau)$ 时, 对应谱密度 $S_X(\omega) = 1$. 这说明白噪声过程的自相关函数为 $R_X(\tau) = S_0\delta(\tau)$, 即过程在 $t_1 \neq t_2$ 时, $X(t_1)$ 与 $X(t_2)$ 是不相关的.

白噪声过程是一种理想化的数学模型, 它的平均功率 $R_X(0)$ 是无限的. 实际中, 当噪声在比实际考虑的有用频带宽得多的范围内具有比较 "平坦" 的谱密度时, 就将它近似当作白噪声来处理.

与白噪声相关的另一类过程称为带限白噪声, 其谱密度的特点是仅在某些有限频率范

围内取正常数. 如低通白噪声 $X(t)$, 其谱密度定义为

$$S_X(\omega) = \begin{cases} S_0, & |\omega| \leqslant \omega_1, \\ 0, & |\omega| > \omega_1, \end{cases}$$

相应的自相关函数为

$$R_X(0) = \frac{1}{2\pi} \int_{-\infty}^{\infty} S_X(\omega) \mathrm{d}\omega = \frac{S_0 \omega_1}{\pi},$$

$$R_X(\tau) = \frac{1}{2\pi} \int_{-\infty}^{\infty} S_X(\omega) \mathrm{e}^{\mathrm{i}\omega\tau} \mathrm{d}\omega = \frac{1}{2\pi} \int_{-\omega_1}^{\omega_1} S_0 \mathrm{e}^{\mathrm{i}\omega\tau} \mathrm{d}\omega$$

$$= \frac{S_0}{\pi\tau} \sin \omega_1 \tau, \quad \tau \neq 0.$$

当 $\tau = \dfrac{k\pi}{\omega_1}, k = \pm 1, \pm 2, \cdots$ 时, $R_X(\tau) = 0$. 这说明在 $t_2 - t_1 = \dfrac{k\pi}{\omega_1}$ 时, $X(t_1)$ 与 $X(t_2)$ 是不相关的.

**例 5.3.4** 已知平稳过程 $\{X(t); -\infty < t < \infty\}$ 的自相关函数 $R_X(\tau) = a \cos \omega_0 \tau$, 其中 $a, \omega_0$ 为正常数, 求 $\{X(t)\}$ 的谱密度 $S_X(\omega)$.

**解** 由定义,

$$S_X(\omega) = \int_{-\infty}^{\infty} a \cos(\omega_0 \tau) \mathrm{e}^{-\mathrm{i}\omega\tau} \mathrm{d}\tau$$

$$= \int_{-\infty}^{\infty} \frac{a}{2} (\mathrm{e}^{\mathrm{i}\omega_0\tau} + \mathrm{e}^{-\mathrm{i}\omega_0\tau}) \mathrm{e}^{-\mathrm{i}\omega\tau} \mathrm{d}\tau$$

$$= \frac{a}{2} \left[ \int_{-\infty}^{\infty} \mathrm{e}^{-\mathrm{i}(\omega-\omega_0)\tau} \mathrm{d}\tau + \int_{-\infty}^{\infty} \mathrm{e}^{-\mathrm{i}(\omega+\omega_0)\tau} \mathrm{d}\tau \right]$$

$$\underline{\underline{\text{表 5.3.1 第 5 行}}} \, a\pi[\delta(\omega - \omega_0) + \delta(\omega + \omega_0)]. \qquad \Box$$

**例 5.3.5** 已知平稳过程 $\{X(t); -\infty < t < \infty\}$ 的自相关函数为

$$R_X(\tau) = \begin{cases} 1 - \dfrac{|\tau|}{T}, & |\tau| \leqslant T, \\ 0, & |\tau| > T. \end{cases}$$

求 $\{X(t)\}$ 的谱密度 $S_X(\omega)$.

**解** $\quad S_X(\omega) = \displaystyle\int_{-\infty}^{\infty} R_X(\tau) \mathrm{e}^{-\mathrm{i}\omega\tau} \mathrm{d}\tau = \int_{-T}^{T} \left(1 - \frac{|\tau|}{T}\right) \mathrm{e}^{-\mathrm{i}\omega\tau} \mathrm{d}\tau$

$$= 2\int_0^T \left(1 - \frac{\tau}{T}\right) \cos\omega\tau \mathrm{d}\tau = \frac{4\sin^2 \dfrac{\omega T}{2}}{T\omega^2}. \qquad \Box$$

设 $\{X(t)\}$ 和 $\{Y(t)\}$ 是两个平稳相关的随机过程, 定义

$$S_{XY}(\omega) = \lim_{T \to \infty} \frac{1}{2T} E(F_X(-\omega, T) F_Y(\omega, T))$$

为平稳过程 $X(t)$ 和 $Y(t)$ 的互谱密度.

互谱密度不再是 $\omega$ 的实的、非负的偶函数, 其性质如下:

(1) $S_{XY}(\omega) = \overline{S_{YX}(\omega)}$, 即 $S_{XY}(\omega)$ 和 $S_{YX}(\omega)$ 互为共轭函数;

(2) 在互相关函数 $R_{XY}(\tau)$ 绝对可积的条件下, 有

$$S_{XY}(\omega) = \int_{-\infty}^{\infty} R_{XY}(\tau) \mathrm{e}^{-\mathrm{i}\omega\tau} \mathrm{d}\tau, \quad R_{XY}(\tau) = \frac{1}{2\pi} \int_{-\infty}^{\infty} S_{XY}(\omega) \mathrm{e}^{\mathrm{i}\omega\tau} \mathrm{d}\omega;$$

(3) $S_{XY}(\omega)$ 和 $S_{YX}(\omega)$ 的实部是 $\omega$ 的偶函数, 虚部是 $\omega$ 的奇函数;

(4) 互谱密度与自谱密度之间成立不等式

$$\left| S_{XY}(\omega) \right|^2 \leqslant S_X(\omega) S_Y(\omega).$$

证明略.

互谱密度不像自谱密度那样有明显的物理意义, 引进这个概念主要是为了能在频率域上描述两个平稳过程的相关性 (比如, 对具有零均值的平稳过程 $X(t)$ 和 $Y(t)$ 而言, $S_{XY}(\omega) \equiv 0$ 等价于 $X(t)$ 和 $Y(t)$ 不相关). 在实际应用中, 常常利用测定线性系统输入、输出的互谱密度来确定该系统的统计特性.

# *5.4　线性系统中的平稳过程

线性系统是工程应用中最常见的一类系统. 在一个线性系统中, 如果输入一个平稳过程, 那么输出的随机过程平稳吗? 输入过程与输出过程的相关性又是怎样的呢? 这些就是本节要考虑的问题.

系统的输入输出间关系可以如图 5.4.1 所示, 其中 $x(t)$ 代表输入, $y(t)$ 代表输出, 算子 $L$ 代表系统的作用, 它们的关系为

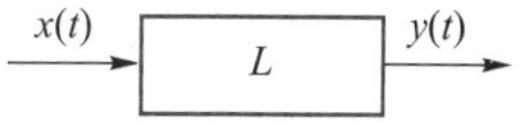

图 5.4.1

$$y(t) = L[x(t)].$$

## (一) 线性时不变系统

定义 5.4.1　对于系统 $L$, 设 $y_1(t) = L[x_1(t)], y_2(t) = L[x_2(t)]$. 若对于任意常数 $\alpha, \beta$, 有

$$L[\alpha x_1(t) + \beta x_2(t)] = \alpha L[x_1(t)] + \beta L[x_2(t)] = \alpha y_1(t) + \beta y_2(t),$$

则称 $L$ 为线性系统.

定义 5.4.2 对于系统 $L$, 设 $y(t) = L[x(t)]$. 若对于任一时间平移 $\tau$, 有

$$y(t + \tau) = L[x(t + \tau)],$$

则称 $L$ 为时不变系统或定常系统.

例 5.4.1 证明微分算子 $L = \dfrac{\mathrm{d}}{\mathrm{d}t}$ 是线性时不变的.

证明 设 $y(t) = L[x(t)] = \dfrac{\mathrm{d}}{\mathrm{d}t}[x(t)]$, 显然, 对于任意常数 $\alpha, \beta$, 有

$$\frac{\mathrm{d}}{\mathrm{d}t}[\alpha x_1(t) + \beta x_2(t)] = \alpha \frac{\mathrm{d}}{\mathrm{d}t}[x_1(t)] + \beta \frac{\mathrm{d}}{\mathrm{d}t}[x_2(t)],$$

即

$$L[\alpha x_1(t) + \beta x_2(t)] = \alpha L[x_1(t)] + \beta L[x_2(t)] = \alpha y_1(t) + \beta y_2(t).$$

同时,

$$\frac{\mathrm{d}}{\mathrm{d}t}[x(t + \tau)] = \frac{\mathrm{d}}{\mathrm{d}(t + \tau)}[x(t + \tau)] = y(t + \tau),$$

即

$$y(t + \tau) = L[x(t + \tau)].$$

所以, 微分算子是线性时不变的. □

例 5.4.2 证明积分算子 $L = \displaystyle\int_{-\infty}^{t} (\cdot)\mathrm{d}u$ 是线性时不变的.

证明 设 $y(t) = L[x(t)] = \displaystyle\int_{-\infty}^{t} x(u)\mathrm{d}u$, 显然, 对于任意常数 $\alpha, \beta$, 有

$$\int_{-\infty}^{t} [\alpha x_1(u) + \beta x_2(u)]\mathrm{d}u = \alpha \int_{-\infty}^{t} x_1(u)\mathrm{d}u + \beta \int_{-\infty}^{t} x_2(u)\mathrm{d}u,$$

即

$$L[\alpha x_1(t) + \beta x_2(t)] = \alpha L[x_1(t)] + \beta L[x_2(t)] = \alpha y_1(t) + \beta y_2(t).$$

同时,

$$L[x(t + \tau)] = \int_{-\infty}^{t} x(u + \tau)\mathrm{d}u = \int_{-\infty}^{t} x(u + \tau)\mathrm{d}(u + \tau)$$

$$= \int_{-\infty}^{t+\tau} x(u)\mathrm{d}u = y(t+\tau).$$

所以, 积分算子是线性时不变的. □

由定义可知, 系统的线性性质表现在该系统满足叠加原理, 系统的时不变性质表现在输出对输入的关系不随时间的推移而改变. 在工程应用中, 属于这类较简单而又十分重要的系统是输入与输出之间可以用常系数线性微分方程来描述的系统:

$$b_n\frac{\mathrm{d}^n y}{\mathrm{d}t^n} + b_{n-1}\frac{\mathrm{d}^{n-1} y}{\mathrm{d}t^{n-1}} + \cdots + b_0 y = a_m\frac{\mathrm{d}^m x}{\mathrm{d}t^m} + a_{m-1}\frac{\mathrm{d}^{m-1} x}{\mathrm{d}t^{m-1}} + \cdots + a_0 x,$$

其中 $n > m \geqslant 0, -\infty < t < \infty$.

## (二) 频率响应与脉冲响应

**定理 5.4.1** 设 $L$ 为线性时不变系统, 若输入一个谐波信号 $x(t) = \mathrm{e}^{\mathrm{i}\omega t}$, 则输出为 $y(t) = L[\mathrm{e}^{\mathrm{i}\omega t}] = H(\omega)\mathrm{e}^{\mathrm{i}\omega t}$, 其中 $H(\omega) = L[\mathrm{e}^{\mathrm{i}\omega t}]\big|_{t=0}$.

**证明** 令 $y(t) = L[\mathrm{e}^{\mathrm{i}\omega t}]$, 由系统的线性时不变性, 对固定的 $\tau$ 和任意 $t$, 有

$$y(t+\tau) = L[\mathrm{e}^{\mathrm{i}\omega(t+\tau)}] = \mathrm{e}^{\mathrm{i}\omega\tau}L[\mathrm{e}^{\mathrm{i}\omega t}],$$

令 $t = 0$, 得

$$y(\tau) = \mathrm{e}^{\mathrm{i}\omega\tau}L[\mathrm{e}^{\mathrm{i}\omega t}]\big|_{t=0} = H(\omega)\mathrm{e}^{\mathrm{i}\omega\tau}. \qquad\qquad \square$$

定理 5.4.1 表明, 对线性时不变系统输入谐波信号时, 其输出也是同频率的谐波, 只是振幅和相位有变化, 而 $H(\omega)$ 表示了这一变化, 将 $H(\omega)$ 称为系统的频率响应函数.

例如, 对于微分算子 $L = \dfrac{\mathrm{d}}{\mathrm{d}t}$, 系统的频率响应函数

$$H(\omega) = L[\mathrm{e}^{\mathrm{i}\omega t}]\big|_{t=0} = \mathrm{i}\omega.$$

一般地, 对于输入 $x(t)$, 根据 $\delta$ 函数的性质, $x(t) = \int_{-\infty}^{\infty} x(\tau)\delta(t-\tau)\mathrm{d}\tau$, 于是, 输出

$$y(t) = L[x(t)] = L\left[\int_{-\infty}^{\infty} x(\tau)\delta(t-\tau)\mathrm{d}\tau\right]$$
$$= \int_{-\infty}^{\infty} x(\tau)L[\delta(t-\tau)]\mathrm{d}\tau = \int_{-\infty}^{\infty} x(\tau)h(t-\tau)\mathrm{d}\tau,$$

其中 $h(t-\tau) = L[\delta(t-\tau)]$.

若输入 $x(t)$ 为表示脉冲的 $\delta$ 函数, 即 $x(t) = \delta(t)$, 则输出为

$$y(t) = \int_{-\infty}^{\infty} \delta(\tau)h(t-\tau)\mathrm{d}\tau = h(t),$$

因此将 $h(t)$ 称为系统的脉冲响应函数.

注意, 经过变量替换有

$$y(t) = \int_{-\infty}^{\infty} x(\tau)h(t-\tau)\mathrm{d}\tau = \int_{-\infty}^{\infty} x(t-u)h(u)\mathrm{d}u.$$

这表明, 从时间域分析, 线性时不变系统的输出 $y(t)$ 是输入 $x(t)$ 与脉冲响应 $h(t)$ 的卷积. 若设输入 $x(t)$、输出 $y(t)$ 和脉冲响应 $h(t)$ 都满足傅里叶变换条件, 且相应的傅里叶变换分别为 $X(\omega), Y(\omega), \widetilde{H}(\omega)$, 即

$$X(\omega) = \int_{-\infty}^{\infty} x(t)\mathrm{e}^{-\mathrm{i}\omega t}\mathrm{d}t, \quad x(t) = \frac{1}{2\pi}\int_{-\infty}^{\infty} X(\omega)\mathrm{e}^{\mathrm{i}\omega t}\mathrm{d}\omega,$$

$$Y(\omega) = \int_{-\infty}^{\infty} y(t)\mathrm{e}^{-\mathrm{i}\omega t}\mathrm{d}t, \quad y(t) = \frac{1}{2\pi}\int_{-\infty}^{\infty} Y(\omega)\mathrm{e}^{\mathrm{i}\omega t}\mathrm{d}\omega,$$

$$\widetilde{H}(\omega) = \int_{-\infty}^{\infty} h(t)\mathrm{e}^{-\mathrm{i}\omega t}\mathrm{d}t, \quad h(t) = \frac{1}{2\pi}\int_{-\infty}^{\infty} \widetilde{H}(\omega)\mathrm{e}^{\mathrm{i}\omega t}\mathrm{d}\omega,$$

则 $Y(\omega) = X(\omega)\widetilde{H}(\omega)$.

可以证明: $\widetilde{H}(\omega) = H(\omega)$, 也就是频率响应函数 $H(\omega)$ 即为脉冲响应 $h(t)$ 的傅里叶变换.

事实上, 一方面,

$$y(t) = \frac{1}{2\pi}\int_{-\infty}^{\infty} Y(\omega)\mathrm{e}^{\mathrm{i}\omega t}\mathrm{d}\omega,$$

另一方面,

$$\begin{aligned}
y(t) &= L[x(t)] = L\left[\frac{1}{2\pi}\int_{-\infty}^{\infty} X(\omega)\mathrm{e}^{\mathrm{i}\omega t}\mathrm{d}\omega\right] \\
&= \frac{1}{2\pi}\int_{-\infty}^{\infty} X(\omega)L(\mathrm{e}^{\mathrm{i}\omega t})\mathrm{d}\omega \\
&= \frac{1}{2\pi}\int_{-\infty}^{\infty} X(\omega)H(\omega)\mathrm{e}^{\mathrm{i}\omega t}\mathrm{d}\omega,
\end{aligned}$$

于是,

$$Y(\omega) = X(\omega)H(\omega).$$

从而 $\widetilde{H}(\omega) = H(\omega)$.

这表明, 从频率域分析, 线性时不变系统输出响应的傅里叶变换 $Y(\omega)$ 是输入的傅里叶变换 $X(\omega)$ 与系统脉冲响应的傅里叶变换 (即频率响应函数)$H(\omega)$ 的乘积.

实际应用中常假定当 $t < 0$ 时, $h(t) = 0$. 相应地,

$$y(t) = \int_0^\infty h(\tau)x(t - \tau)\mathrm{d}\tau, \quad H(\omega) = \int_0^\infty h(t)\mathrm{e}^{-\mathrm{i}\omega t}\mathrm{d}t.$$

## (三) 输出过程的均值函数和相关函数

设线性时不变系统输入的平稳过程为 $\{X(t)\}$, 且对于 $X(t)$ 的任一样本函数 $x(t)$, 有

$$y(t) = \int_{-\infty}^\infty h(t - \tau)x(\tau)\mathrm{d}\tau = \int_{-\infty}^\infty h(\tau)x(t - \tau)\mathrm{d}\tau,$$

则其输出

$$Y(t) = \int_{-\infty}^\infty h(t - \tau)X(\tau)\mathrm{d}\tau = \int_{-\infty}^\infty h(\tau)X(t - \tau)\mathrm{d}\tau,$$

$\{Y(t)\}$ 也是随机过程. 下面讨论输入过程 $\{X(t)\}$ 的均值函数和相关函数与输出过程的均值函数和相关函数的关系.

**定理 5.4.2** 设输入平稳过程 $\{X(t)\}$ 的均值函数为 $\mu_X$, 自相关函数为 $R_X(\tau)$, 则输出过程 $\{Y(t)\}$ 也是平稳过程, 且 $\{X(t)\}$ 和 $\{Y(t)\}$ 是平稳相关的, 其数字特征满足

$$\mu_Y = \mu_X \int_{-\infty}^\infty h(u)\mathrm{d}u,$$

$$R_{XY}(\tau) = \int_{-\infty}^\infty h(u)R_X(\tau - u)\mathrm{d}u,$$

$$R_Y(\tau) = \int_{-\infty}^\infty h(v)R_{XY}(\tau + v)\mathrm{d}v$$

$$= \int_{-\infty}^\infty \int_{-\infty}^\infty h(u)h(v)R_X(\tau - u + v)\mathrm{d}u\mathrm{d}v.$$

**证明** $\mu_Y(t) = E(Y(t)) = E\left[\int_{-\infty}^\infty h(u)X(t - u)\mathrm{d}u\right]$

$$= \int_{-\infty}^\infty h(u)E[X(t - u)]\mathrm{d}u$$

$$= \mu_X \int_{-\infty}^\infty h(u)\mathrm{d}u,$$

$\mu_Y(t)$ 是常数.

$$R_{XY}(t, t+\tau) = E[X(t)Y(t+\tau)]$$

$$= E\left[X(t)\int_{-\infty}^{\infty} h(u)X(t+\tau-u)\mathrm{d}u\right]$$

$$= \int_{-\infty}^{\infty} h(u)E[X(t)X(t+\tau-u)]\mathrm{d}u$$

$$= \int_{-\infty}^{\infty} h(u)R_X(\tau-u)\mathrm{d}u,$$

它是只关于 $\tau$ 的函数.

$$R_Y(t, t+\tau) = E[Y(t)Y(t+\tau)]$$

$$= E\left[\int_{-\infty}^{\infty} h(v)X(t-v)Y(t+\tau)\mathrm{d}v\right]$$

$$= \int_{-\infty}^{\infty} h(v)R_{XY}(\tau+v)\mathrm{d}v$$

$$= \int_{-\infty}^{\infty}\int_{-\infty}^{\infty} h(u)h(v)R_X(\tau-u+v)\mathrm{d}u\mathrm{d}v,$$

它是只关于 $\tau$ 的函数.

从中可以看出, $\{Y(t)\}$ 是平稳过程, 且 $\{X(t)\}$ 和 $\{Y(t)\}$ 是平稳相关的. □

**例 5.4.3** 设线性系统输入一个白噪声过程 $\{X(t)\}$, 即均值为 $\mu_X = 0$、自相关函数为 $R_X(\tau) = S_0\delta(\tau)$ 的平稳过程, $\{Y(t)\}$ 是输出过程, 求 $R_{XY}(\tau)$.

**解** 由定理 5.4.2,

$$R_{XY}(\tau) = \int_{-\infty}^{\infty} h(u)R_X(\tau-u)\mathrm{d}u$$

$$= \int_{-\infty}^{\infty} h(u)S_0\delta(\tau-u)\mathrm{d}u = S_0 h(\tau).$$ □

由此可得, $h(\tau) = \dfrac{R_{XY}(\tau)}{S_0}$, 即可以从实测的互相关函数资料估计线性时不变系统未知的脉冲响应.

## (四) 线性时不变系统的谱密度

**定理 5.4.3** 设输入过程是谱密度为 $S_X(\omega)$ 的平稳过程 $\{X(t)\}$, 输出过程为 $\{Y(t)\}$, 系统的频率响应函数为 $H(\omega)$, 则 $Y(t)$ 的谱密度为

$$S_Y(\omega) = \left|H(\omega)\right|^2 S_X(\omega),$$

$X(t)$ 与 $Y(t)$ 的互谱密度为

$$S_{XY}(\omega) = H(\omega)S_X(\omega),$$

这里称 $\left|H(\omega)\right|^2$ 为系统的频率增益因子或频率传输函数.

证明
$$\begin{aligned}
S_Y(\omega) &= \int_{-\infty}^{\infty} R_Y(\tau)\mathrm{e}^{-\mathrm{i}\omega\tau}\mathrm{d}\tau \\
&= \int_{-\infty}^{\infty}\left[\iint_{-\infty}^{\infty}\int_{-\infty}^{\infty} h(u)h(v)R_X(\tau-u+v)\mathrm{d}u\mathrm{d}v\right]\mathrm{e}^{-\mathrm{i}\omega\tau}\mathrm{d}\tau \\
&= \int_{-\infty}^{\infty} h(u)\mathrm{e}^{-\mathrm{i}\omega u}\mathrm{d}u\int_{-\infty}^{\infty} h(v)\mathrm{e}^{\mathrm{i}\omega v}\mathrm{d}v\int_{-\infty}^{\infty} R_X(s)\mathrm{e}^{-\mathrm{i}\omega s}\mathrm{d}s \\
&= H(\omega)\overline{H(\omega)}S_X(\omega) = \left|H(\omega)\right|^2 S_X(\omega), \\
S_{XY}(\omega) &= \int_{-\infty}^{\infty} R_{XY}(\tau)\mathrm{e}^{-\mathrm{i}\omega\tau}\mathrm{d}\tau \\
&= \int_{-\infty}^{\infty}\int_{-\infty}^{\infty} h(u)R_X(\tau-u)\mathrm{e}^{-\mathrm{i}\omega\tau}\mathrm{d}u\mathrm{d}\tau \\
&\xlongequal{\diamondsuit\ v=\tau-u} \int_{-\infty}^{\infty} h(u)\mathrm{e}^{-\mathrm{i}\omega u}\mathrm{d}u\int_{-\infty}^{\infty} R_X(v)\mathrm{e}^{-\mathrm{i}\omega v}\mathrm{d}v \\
&= H(\omega)S_X(\omega).
\end{aligned}$$
□

**例 5.4.4** 设线性时不变系统的输入 $x(t)$ 与输出 $y(t)$ 满足微分方程

$$y'(t) + \alpha y(t) = \alpha x(t),$$

其中 $\alpha$ 为已知正常数.

今输入过程是白噪声电压 $\{X(t)\}$, 其自相关函数为 $R_X(\tau) = S_0\delta(\tau)$. 求:

(1) 输出电压过程 $\{Y(t)\}$ 的自相关函数, 以及 $X(t)$ 与 $Y(t)$ 的互相关函数.

(2) 输出电压过程 $\{Y(t)\}$ 的谱密度, 以及 $X(t)$ 与 $Y(t)$ 的互谱密度.

**解** 先求系统的频率响应函数 $H(\omega)$ 和脉冲响应函数 $h(t)$.

取 $x(t) = \mathrm{e}^{\mathrm{i}\omega t}$, 则有 $y(t) = H(\omega)\mathrm{e}^{\mathrm{i}\omega t}$, 代入微分方程得

$$\frac{\mathrm{d}[H(\omega)\mathrm{e}^{\mathrm{i}\omega t}]}{\mathrm{d}t} + \alpha H(\omega)\mathrm{e}^{\mathrm{i}\omega t} = \alpha\mathrm{e}^{\mathrm{i}\omega t},$$

计算得

$$H(\omega) = \frac{\alpha}{\mathrm{i}\omega + \alpha}.$$

于是

$$
\begin{aligned}
h(t) &= \frac{1}{2\pi} \int_{-\infty}^{\infty} H(\omega) \mathrm{e}^{\mathrm{i}\omega t} \mathrm{d}\omega \\
&= \frac{1}{2\pi} \int_{-\infty}^{\infty} \frac{\alpha}{\mathrm{i}\omega + \alpha} \mathrm{e}^{\mathrm{i}\omega t} \mathrm{d}\omega \\
&= \frac{1}{2\pi} \int_{-\infty}^{\infty} \frac{\alpha}{\mathrm{i}(\omega - \mathrm{i}\alpha)} \mathrm{e}^{\mathrm{i}\omega t} \mathrm{d}\omega.
\end{aligned}
$$

因为 $\dfrac{\alpha}{\mathrm{i}(\omega - \mathrm{i}\alpha)}$ 在上半平面有一阶极点, 故当 $t \geqslant 0$ 时,

$$
\begin{aligned}
h(t) &= \frac{1}{2\pi} \mathrm{Res}\left[\frac{\alpha}{\mathrm{i}(\omega - \mathrm{i}\alpha)}, \mathrm{i}\alpha\right] \\
&= \alpha \mathrm{e}^{-\alpha t},
\end{aligned}
$$

即

$$
h(t) = \begin{cases} \alpha \mathrm{e}^{-\alpha t}, & t \geqslant 0, \\ 0, & t < 0. \end{cases}
$$

(1) 由定义,

$$
\begin{aligned}
R_Y(\tau) &= \int_{-\infty}^{\infty} \int_{-\infty}^{\infty} h(u)h(v)R_X(\tau - u + v)\mathrm{d}u\mathrm{d}v \\
&= \int_{-\infty}^{\infty} \int_{-\infty}^{\infty} h(u)h(v)S_0\delta(\tau - u + v)\mathrm{d}u\mathrm{d}v \\
&= S_0 \int_{-\infty}^{\infty} h(u)\mathrm{d}u \int_{-\infty}^{\infty} h(v)\delta(\tau - u + v)\mathrm{d}v \\
&= S_0 \int_{-\infty}^{\infty} h(u)h(-\tau + u)\mathrm{d}u \\
&= \begin{cases} S_0 \int_{\tau}^{\infty} \alpha^2 \mathrm{e}^{-\alpha u}\mathrm{e}^{-\alpha(u-\tau)}\mathrm{d}u, & \tau \geqslant 0, \\ S_0 \int_{0}^{\infty} \alpha^2 \mathrm{e}^{-\alpha u}\mathrm{e}^{-\alpha(u-\tau)}\mathrm{d}u, & \tau < 0 \end{cases} \\
&= \frac{\alpha S_0}{2} \mathrm{e}^{-\alpha|\tau|}, \\
R_{XY}(\tau) &= \int_{-\infty}^{\infty} h(u)R_X(\tau - u)\mathrm{d}u = \int_{-\infty}^{\infty} h(u)S_0\delta(\tau - u)\mathrm{d}u \\
&= S_0 h(\tau) = \begin{cases} \alpha S_0 \mathrm{e}^{-\alpha\tau}, & \tau \geqslant 0, \\ 0, & \tau < 0. \end{cases}
\end{aligned}
$$

(2) 已知 $S_X(\omega) = S_0$, 因此, 由公式得

$$S_Y(\omega) = \left|H(\omega)\right|^2 S_X(\omega) = \frac{\alpha}{\mathrm{i}\omega + \alpha} \cdot \frac{\alpha}{-\mathrm{i}\omega + \alpha} S_0 = \frac{\alpha^2 S_0}{\omega^2 + \alpha^2},$$

$$S_{XY}(\omega) = H(\omega)S_X(\omega) = \frac{\alpha S_0}{\mathrm{i}\omega + \alpha}. \qquad \square$$

### 思考题五

1. 严平稳过程一定是宽平稳过程吗?

2. 设 $\{X(t)\}$ 与 $\{Y(t)\}$ 是相互独立的平稳过程, $a,b$ 为常数, $Z(t) = aX(t) + bY(t)$, 则 $\{Z(t)\}$ 是平稳过程吗? 若 $\{X(t)\}$ 与 $\{Y(t)\}$ 是平稳相关过程, 则 $\{Z(t)\}$ 还是平稳过程吗?

3. 若 $\{X(t); -\infty < t < \infty\}$ 是平稳过程, $a \neq 0$ 是常数, 令 $Y(t) = X(t+a) - X(t), Z(t) = X(t+a) - X(a)$, 则 $\{Y(t)\}$ 和 $\{Z(t)\}$ 是平稳过程吗?

4. $\{X(t); -\infty < t < \infty\}$ 是平稳独立增量过程, 且二阶矩存在. 设 $Y(t) = X(t+L) - X(t)$, 其中 $L > 0$ 是常数, 则 $\{Y(t); -\infty < t < \infty\}$ 是否为平稳过程?

5. 什么是平稳过程的各态历经性, 为什么要讨论各态历经性?

6. 若平稳过程 $\{X(t); -\infty < t < \infty\}$ 的均值具有各态历经性, 自协方差函数为 $C_X(\tau)$, 则 $\lim\limits_{\tau \to \infty} C_X(\tau)$ 一定存在吗?

7. 平稳过程的谱密度与自相关函数的关系怎样?

8. 什么是线性时不变系统的输入与输出?

9. 频率响应函数有什么意义?

### 习题五

1. (1) $X_n = X \cos n\omega + Y \sin n\omega, n = 0, \pm 1, \pm 2, \cdots, \omega > 0$ 已知. 设 $E(X) = E(Y) = 0, E(X^2) = E(Y^2) = \sigma^2$, 且 $X$ 与 $Y$ 不相关, 称 $X_n$ 为随机简谐运动. 求 $E(X_n)$, $E(X_n X_{n+m})$, 并证明 $\{X_n; n = 0, \pm 1, \pm 2, \cdots\}$ 是平稳过程.

(2) 设 $\xi_1, \xi_2, \cdots, \xi_m, \eta_1, \eta_2, \cdots, \eta_m$ 两两不相关, 均值都为 0. 对 $1 \leqslant i \leqslant m$, $D(\xi_i) = D(\eta_i) = \sigma_i^2$. 设 $\omega_1, \omega_2, \cdots, \omega_m$ 为正常数, 对 $n \in \mathbf{Z}$, 令

$$X(n) = \sum_{i=1}^{m} (\xi_i \cos(n\omega_i) + \eta_i \sin(n\omega_i)).$$

计算 $\{X(n); n \in \mathbf{Z}\}$ 的均值函数和自相关函数, 并证明它是宽平稳过程.

2. 设随机过程 $X(t) = A \sin(t + \Theta), -\infty < t < \infty$, 其中随机变量 $A$ 与 $\Theta$ 相互独立, $P\left(\Theta = \frac{\pi}{4}\right) = P\left(\Theta = -\frac{\pi}{4}\right) = \frac{1}{2}$, $A$ 服从 $(-1, 1)$ 上均匀分布, 判断 $\{X(t); -\infty < t < \infty\}$ 是否为平稳过程.

3. 设 $\{X(t); -\infty < t < \infty\}$ 是平稳过程, $\mu_X = 0, R_X(\tau) = \mathrm{e}^{-|\tau|}$, 随机变量 $A \sim U(1,2)$, 且 $A$ 与 $\{X(t)\}$ 相互独立. 令 $Y(t) = X(t) - X(0), Z(t) = \dfrac{X(t)}{A}$. 分别求 $Y(t)$ 和 $Z(t)$ 的均值函数和自相关函数, 并判断 $\{Y(t)\}$ 和 $\{Z(t)\}$ 是否为平稳过程.

4. $X(t) = A \sin t - B \cos t, -\infty < t < \infty$, 其中 $A, B$ 独立同分布, 且 $E(A) = \mu, E(A^2) = \sigma^2$.

(1) 求 $\mu_X(t), R_X(t, t+\tau)$;

(2) 若 $\{X(t); -\infty < t < \infty\}$ 是宽平稳过程, 求 $\mu$ 的值;

(3) 若 $P(A = 1) = P(A = -1) = 0.5$, 分别求 $X(0)$ 和 $X\left(\dfrac{\pi}{4}\right)$ 的分布律, 问 $\{X(t); -\infty < t < \infty\}$ 是严平稳过程吗? 说明理由.

5. 设 $X_1, X_2, \cdots$ 相互独立, $E(X_i) = 0$, $E(X_i^2) = 1$. 对 $n \geqslant 1$, 令 $Y_n = X_1 X_2 \cdots X_n$.

(1) 证明 $\{Y_n; n = 1, 2, \cdots\}$ 是宽平稳过程;

(2) 若对任何 $i$, $P(X_i = 2) = P(X_i = -2) = \dfrac{1}{8}$, $P(X_i = 0) = \dfrac{3}{4}$, 那么 $\{Y_n; n = 1, 2, \cdots\}$ 是严平稳过程吗? 为什么?

6. 设 $\{X_n; n = 1, 2, \cdots\}$ 和 $\{\xi_n; n = 1, 2, \cdots\}$ 是两个相互独立的随机过程, $E(X_n^2) = 1$, $E(\xi_i) = 0$, $E(\xi_i^2) = \sigma^2$. 设 $\xi_1, \xi_2, \cdots$ 相互独立, 令 $Y_n = \xi_n X_n$.

(1) 证明 $\{Y_n; n = 1, 2 \cdots\}$ 是宽平稳过程;

(2) 若 $X_n = (-1)^n$, $P(\xi_n = 0) = P(\xi_n = 2) = \dfrac{1}{4}$, $P(\xi_n = -1) = \dfrac{1}{2}$, 那么 $\{Y_n; n = 1, 2, \cdots\}$ 是严平稳过程吗? 为什么?

7. 设 $\{B(t); t \geqslant 0\}$ 是标准布朗运动. 令 $X(t) = B(t+1) - B(t)$.

(1) 计算 $\{X(t); t \geqslant 0\}$ 的均值函数和自相关函数;

(2) 证明 $\{X(t); t \geqslant 0\}$ 是严平稳过程.

8. 设平稳过程 $\{X(t); -\infty < t < \infty\}$ 的自协方差函数为 $C_X(\tau)$, 证明: 对于给定的 $\varepsilon > 0$,

$$P\big(|X(t+\tau) - X(t)| \geqslant \varepsilon\big) \leqslant \frac{2}{\varepsilon^2}(C_X(0) - C_X(\tau)).$$

9. 设 $X(t) = X \cos t$, $-\infty < t < \infty$, 其中 $X \sim N(1, 3)$. 令 $Y(t) = \displaystyle\int_0^t X(u)\mathrm{d}u$, 求 $\mu_Y(t)$ 和 $R_{XY}(s, t)$.

10. 设平稳过程 $\{X(t); -\infty < t < \infty\}$ 的自相关函数 $R_X(\tau) = \mathrm{e}^{-a|\tau|}(1 + a|\tau|) + 1$, 其中 $a > 0$, 若 $\{X(t)\}$ 的均值具有各态历经性, 求均值 $\mu_X$.

11. 对于第 2 题和第 3 题中的平稳过程, 判断它们的均值是否具有各态历经性.

12. 设随机过程 $X(t) = \sqrt{2} X \cos t + Y \sin t$, $-\infty < t < \infty$, 其中 $X, Y$ 相互独立, $X$ 具有密度函数

$$f(x) = \begin{cases} 1 - |x|, & -1 < x < 1, \\ 0, & \text{其他}, \end{cases}$$

$Y$ 服从区间 $(-1, 1)$ 上的均匀分布.

(1) 求 $\mu_X(t)$, $R_X(t, t+\tau)$, 并证明 $\{X(t); -\infty < t < \infty\}$ 是平稳过程;

(2) 求 $\{X(t)\}$ 的时间均值 $\langle X(t)\rangle$, 并判断 $\{X(t); -\infty < t < \infty\}$ 的均值是否具有各态历经性;

(3) 判断 $\{X(t); -\infty < t < \infty\}$ 是否为各态历经过程.

13. 设 $s(t)$ 是一周期为 $T$ 的函数, $\Theta$ 服从 $(0, T)$ 上的均匀分布, 称 $X(t) = s(t + \Theta)$ 为随机相位周期过程, 证明 $\{X(t); -\infty < t < \infty\}$ 为平稳过程. 现有一随机相位周期过程 $\{X(t); -\infty < t < \infty\}$, 它的一个样本函数 $x(t)$ 如图所示.

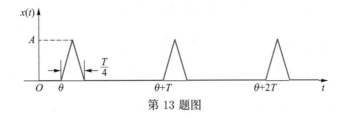

第 13 题图

(1) 求 $\mu_X, R_X\left(\dfrac{T}{8}\right)$;

(2) 求 $\langle x(t)\rangle$.

14. 设 $\{N(t); t \geqslant 0\}$ 是参数为 1 的泊松过程, $A$ 与 $\{N(t); t \geqslant 0\}$ 独立, 且 $A \sim U(0,1)$. 令 $X(t) = A[N(t+1) - N(t)]$.

(1) 计算 $\{X(t); t \geqslant 0\}$ 的均值函数和自相关函数;

(2) 证明 $\{X(t); t \geqslant 0\}$ 是宽平稳过程;

(3) 判断 $\{X(t); t \geqslant 0\}$ 的均值是否具有各态历经性, 说明理由.

15. 令 $X_n = \cos(nU)$, 这里 $U \sim U(-\pi, \pi)$.

(1) 计算 $\{X_n; n = 1, 2, \cdots\}$ 的均值函数和自相关函数;

(2) 证明 $\{X_n; n = 1, 2, \cdots\}$ 是宽平稳过程;

(3) 当 $N \to \infty$ 时, $\dfrac{1}{N}\sum\limits_{i=1}^{N} X_i$ 是否依概率收敛? 如果收敛, 收敛到什么?

16. 设 $X_1, X_2, \cdots$ 相互独立, $E(X_i) = \mu, D(X_i) = \sigma^2 > 0$. 令 $Y_n = X_n X_{n+1} X_{n+2}$.

(1) 计算 $\{Y_n; n \geqslant 1\}$ 的均值函数和自相关函数, 并证明它是平稳过程;

(2) 计算时间均值 $\langle Y_n\rangle$.

17. 设 $X_0, \varepsilon_1, \varepsilon_2, \cdots$ 相互独立, $E(X_0) = \mu, D(X_0) = \sigma^2$. 对 $n \geqslant 1, E(\varepsilon_n) = 0, D(\varepsilon_n) = 1$, 并令 $X_n = \lambda X_{n-1} + \varepsilon_n$, 这里 $0 < \lambda < 1$ 是常数. 若 $\{X_n; n \geqslant 0\}$ 是平稳过程.

(1) 计算 $\mu$ 和 $\sigma^2$ 的值;

(2) 计算均值函数和自相关函数;

(3) 判断均值是否具有各态历经性, 说明理由.

(提示: 对 $n \geqslant 0, X_n = \lambda^n X_0 + \sum\limits_{i=1}^{n} \lambda^{n-i}\varepsilon_i$.)

18. 设 $X(t)$ 是雷达的发射信号, 遇到目标后返回接收机的微弱信号是 $aX(t - \tau_1), a \leqslant 1, \tau_1$ 是信号返回时间, 由于接收到的信号总是伴有噪声的, 记噪声为 $N(t)$, 于是接收到的全信号为 $Y(t) = aX(t - \tau_1) + N(t)$.

(1) 若 $\{X(t)\}$ 和 $\{N(t)\}$ 是平稳相关的, 求互相关函数 $R_{XY}(\tau)$;

(2) 在 (1) 的条件下, 假设 $\{N(t)\}$ 与 $\{X(t)\}$ 相互独立且 $\mu_N(t) = 0$, 求 $R_{XY}(\tau)$(这是利用互相关函数从全信号中检测小信号的相关接收法).

19. 设平稳过程 $\{X(t); -\infty < t < \infty\}$ 的谱密度为

$$S_X(\omega) = \frac{1}{\omega^4 + 5\omega^2 + 6},$$

求 $\{X(t)\}$ 的自相关函数.

20. 设平稳过程 $\{X(t); -\infty < t < \infty\}$ 的自相关函数为

$$R_X(\tau) = \mathrm{e}^{-|\tau|}(1 + \cos\pi\tau),$$

求 $X(t)$ 的谱密度.

21. 设 $X(t) = A\cos t + B\sin t + C, -\infty < t < \infty$, 其中 $A, B, C$ 相互独立且同服从区间 $[-1, 1]$ 上的均匀分布.

(1) 证明 $\{X(t); -\infty < t < \infty\}$ 是平稳过程;

(2) 计算 $\langle X(t)\rangle$, 判断 $X(t)$ 的均值是否具有各态历经性, 说明理由;

(3) 求 $\{X(t)\}$ 的谱密度 $S_X(\omega)$.

22. 已知平稳过程 $\{X(t); -\infty < t < \infty\}$ 的谱密度为

$$S_X(\omega) = \begin{cases} 2\delta(\omega) + 1 - |\omega|, & |\omega| < 1, \\ 0, & \text{其他,} \end{cases}$$

求 $\{X(t)\}$ 的自相关函数.

23. 设 $\{X(t); -\infty < t < \infty\}$ 是宽平稳过程, 谱密度

$$S_X(\omega) = \begin{cases} 1, & |\omega| \leqslant 1, \\ 0, & |\omega| > 1, \end{cases}$$

求自相关函数 $R_X(\tau)$. 当均值函数 $\mu_X$ 为何值时, $\{X(t)\}$ 的均值具有各态历经性?

24. 设 $\{X(t); -\infty < t < \infty\}$ 是均值为零的平稳过程, $Y(t) = X(t)\cos(t + \Theta)$, 其中 $P\left(\Theta = \frac{\pi}{4}\right) = P\left(\Theta = -\frac{\pi}{4}\right) = 0.5$, 且 $\{X(t)\}$ 与 $\Theta$ 相互独立. 记 $\{X(t)\}$ 的自相关函数为 $R_X(\tau)$, 谱密度为 $S_X(\omega)$. 证明:

(1) $\{Y(t); -\infty < t < \infty\}$ 是平稳过程, 其自相关函数 $R_Y(\tau) = \frac{1}{2}R_X(\tau)\cos\tau$;

(2) $\{Y(t)\}$ 的谱密度为 $S_Y(\omega) = \frac{1}{4}[S_X(\omega - 1) + S_X(\omega + 1)]$.

25. 设平稳过程 $\{X(t); -\infty < t < \infty\}$ 的谱密度为 $S_X(\omega)$, 令 $Y(t) = X(t + L) - X(t)$, 证明: $\{Y(t)\}$ 的谱密度为

$$S_Y(\omega) = 2S_X(\omega)(1 - \cos\omega L).$$

26. 设平稳过程 $X(t) = \alpha\cos(t + \Theta)$, $Y(t) = \beta\cos(t + \Theta)$, $-\infty < t < \infty$, 其中 $\alpha, \beta$ 均为正常数, $\Theta$ 服从 $(0, 2\pi)$ 上的均匀分布, 求互相关函数 $R_{XY}(\tau)$ 和互谱密度 $S_{XY}(\omega)$.

27. 设 $\{X(t)\}$ 和 $\{Y(t)\}$ 是两个不相关的平稳过程, 均值 $\mu_X$ 和 $\mu_Y$ 都不为零, 且 $S_X(\omega)$ 已知, 定义 $Z(t) = X(t) + Y(t)$, 求互谱密度 $S_{XY}(\omega)$ 和 $S_{XZ}(\omega)$.

28. 判断下列系统是不是线性时不变系统:

(1) $y(t) = L[x(t)] = \dfrac{\mathrm{d}x(t)}{\mathrm{d}t} + 2x(t)$;

(2) $y(t) = L[x(t)] = [x(t)]^2$.

29. 设系统的输出 $y(t)$ 与输入 $x(t)$ 有以下关系:

$$a\frac{\mathrm{d}^2 y(t)}{\mathrm{d}t^2} + by(t) = \frac{\mathrm{d}x(t)}{\mathrm{d}t} \quad (a, b \neq 0),$$

求系统的频率响应函数.

30. 设线性时不变系统的输入是平稳过程 $\{X(t)\}$, 其谱密度为 $S_X(\omega)$, 系统响应频率函数为 $H(\omega)$, 输出为 $\{Y(t)\}$, 误差过程 $E(t) = Y(t) - X(t)$, 求 $\{E(t)\}$ 的谱密度 $S_E(\omega)$.

31. 设线性时不变系统输入一个均值为零的平稳过程 $\{X(t); t \geqslant 0\}$, 其自相关函数为 $R_X(\tau) = \delta(\tau)$. 若系统的脉冲响应为

$$h(t) = \begin{cases} 1, & 0 < t < T, \\ 0, & \text{其他}, \end{cases}$$

求:

(1) 系统的频率响应函数;

(2) 系统输出过程 $\{Y(t)\}$ 的谱密度和自相关函数;

(3) $\{X(t)\}$ 和 $\{Y(t)\}$ 的互谱密度.

32. 设一个线性时不变系统由微分方程 $\dfrac{\mathrm{d}y(t)}{\mathrm{d}t} + by(t) = ax(t)$ 确定, 其中 $a, b$ 是正常数, $x(t), y(t)$ 分别为输入平稳过程 $\{X(t)\}$ 和输出平稳过程 $\{Y(t)\}$ 的样本函数, 设输入过程均值为零, $X(0) = 0, R_X(\tau) = \sigma^2 \mathrm{e}^{-\beta|\tau|}, \beta \neq b$, 求:

(1) 系统的频率响应函数 $H(\omega)$;

(2) 输出过程 $\{Y(t)\}$ 的谱密度 $S_Y(\omega)$ 和自相关函数 $R_Y(\tau)$.

# 附　录

## 附录 1　三角函数公式

$$\sin(\alpha + \beta) = \sin\alpha\cos\beta + \cos\alpha\sin\beta,$$

$$\sin(\alpha - \beta) = \sin\alpha\cos\beta - \cos\alpha\sin\beta,$$

$$\cos(\alpha + \beta) = \cos\alpha\cos\beta - \sin\alpha\sin\beta,$$

$$\cos(\alpha - \beta) = \cos\alpha\cos\beta + \sin\alpha\sin\beta.$$

## 附录 2　柯西–施瓦茨不等式

柯西–施瓦茨不等式　设 $E(X^2) < \infty, E(Y^2) < \infty,$ 则

$$E(|XY|) \leqslant \sqrt{E(X^2)}\sqrt{E(Y^2)}.$$

证明　如果 $E(X^2) = 0$ 或 $E(Y^2) = 0$, 则 $P(X = 0) = 1$ 或 $P(Y = 0) = 1$, 从而

$$E(|XY|) = 0 \leqslant \sqrt{E(X^2)}\sqrt{E(Y^2)}.$$

接下来只需考虑 $0 < E(X^2) < \infty$ 且 $0 < E(Y^2) < \infty$ 的情形. 令

$$X_1 = \frac{|X|}{\sqrt{E(X^2)}}, \quad Y_1 = \frac{|Y|}{\sqrt{E(Y^2)}},$$

则 $X_1 X_2 \leqslant \dfrac{1}{2}(X_1^2 + X_2^2)$ 从而 $E(X_1 X_2) \leqslant \dfrac{1}{2}E(X_1^2 + X_2^2).$ 由此推得

$$E(|XY|) \leqslant \sqrt{E(X^2)}\sqrt{E(Y^2)}. \qquad \square$$

## 附录 3　全期望公式

全期望公式是全概率公式的推广. $A_1, A_2, \cdots, A_n$ 是样本空间 $S$ 的一个划分是指它们两两互斥, 并且 $S = \bigcup\limits_{i=1}^{n} A_i$. 对于随机变量 $X$ 和满足 $P(A) > 0$ 的事件 $A$, 令 $E(X|A)$ 表示 $X$ 关于条件概率 $P(\cdot|A)$ 的期望.

**全期望公式**　设 $A_1, A_2, \cdots, A_n$ 是样本空间 $S$ 的一个划分, 且对所有 $i$ 有 $P(A_i) > 0$. 设 $X$ 是随机变量, 而且 $E(|X|) < \infty$. 那么

$$E(X) = \sum_{i=1}^{n} P(A_i) E(X|A_i).$$

**证明**　这里只考虑 $X$ 是离散型随机变量的情形. 设 $X$ 的分布律为 $P(X = x_j) = p_j$, $j = 1, 2, \cdots$, 则 $E(X) = \sum\limits_{j} x_j p_j$. 根据全概率公式得

$$p_j = P(X = x_j) = \sum_{i=1}^{n} P(A_i) P(X = x_j | A_i),$$

因此

$$\begin{aligned}
E(X) &= \sum_{j} \sum_{i=1}^{n} x_j P(A_i) E(X = x_j | A_i) \\
&= \sum_{i=1}^{n} \sum_{j} x_j P(A_i) P(X = x_j | A_i) \\
&= \sum_{i=1}^{n} P(A_i) E(X|A_i). \qquad\qquad\qquad \square
\end{aligned}$$

另外, 全期望公式与全概率公式一样, 并不要求上面 $n$ 有限, 也就是这一个划分可以是有限划分, 也可以是可列划分.

## 附录 4　控制收敛定理

**控制收敛定理**　设数列 $\{a_{mn}; m, n \geqslant 1\}$ 满足:

(1) 对任何 $m$, $\lim\limits_{n \to \infty} a_{mn} = a_m$;

(2) 存在数列 $\{b_m\}$ 使得 $\sum\limits_{m=1}^{\infty} b_m < \infty$ 且 $|a_{mn}| \leqslant b_m$ 对所有 $m, n$ 成立, 则

$$\lim_{n \to \infty} \sum_{m=1}^{\infty} a_{mn} = \sum_{m=1}^{\infty} a_m.$$

**证明**　对任何 $\varepsilon > 0$, 由 (2) 知存在 $M$ 使得 $\sum\limits_{m=M+1}^{\infty} b_m < \dfrac{\varepsilon}{3}$. 根据 (1), 存在 $N$ 使得当 $n > N$ 时, $|a_{mn} - a_m| < \dfrac{\varepsilon}{3M}$ 对所有 $m \leqslant M$ 成立. 再结合 (1) 和 (2) 推出当 $n > N$ 时,

$$\left| \sum_{m=1}^{\infty} a_{mn} - \sum_{m=1}^{\infty} a_m \right|$$

$$\leqslant \sum_{m=1}^{M} |a_{mn} - a_m| + \sum_{m=M+1}^{\infty} |a_{mn}| + \sum_{m=M+1}^{\infty} |a_m|$$

$$< M \frac{\varepsilon}{3M} + \sum_{m=M+1}^{\infty} b_m + \sum_{m=M+1}^{\infty} b_m < \varepsilon.$$

因此 $\lim\limits_{n \to \infty} \sum\limits_{m=1}^{\infty} a_{mn} = \sum\limits_{m=1}^{\infty} a_m.$ □

# 附录 5   随机过程模拟算法

在本节中, 我们将介绍有限马尔可夫链、泊松过程和标准布朗运动的模拟算法, 并给出相应的 R 程序. R 软件是免费的, 用户可以从官网下载相应的程序, 然后安装即可. R 语句中 "#" 之后的语句是注释语句, 是不会被执行的. 更多关于统计模拟与 R 软件的内容, 读者可以参阅参考文献 [8].

一般的软件都有产生 $U(0,1)$ 的命令. 如果已经生成了 $U \sim U(0,1)$, 如何找到合适的函数 $g$, 使得 $X = g(U)$ 服从给定的分布呢?

**定理 1**   设 $U \sim U(0,1)$, $n$ 是正整数, $x_1, x_2, \cdots, x_n$ 是 $n$ 个不同的数, $p_1, p_2, \cdots, p_n$ 是正数, 且 $p_1 + p_2 + \cdots + p_n = 1$. 令

$$X = \begin{cases} x_1, & U < p_1, \\ x_2, & p_1 \leqslant U < p_1 + p_2, \\ x_3, & p_1 + p_2 \leqslant U < p_1 + p_2 + p_3, \\ \cdots, & \\ x_n, & p_1 + p_2 + \cdots + p_{n-1} \leqslant U, \end{cases}$$

则 $X$ 的分布律是 $P(X = x_i) = p_i$, $i = 1, 2, \cdots, n$.

下面的算法将返回状态空间为 $I = \{1, 2, \cdots, n\}$、初始分布为 $\boldsymbol{u}$、一步转移矩阵为 $\boldsymbol{P}$ 的时齐马尔可夫链 $\{X_0, X_1, \cdots, X_T\}$ 的一条样本轨道 $x_0, x_1, \cdots, x_T$.

**算法 1** (模拟时齐有限马尔可夫链):

输入: 状态个数 $n$, 初始分布 $\boldsymbol{u} = (u_1, u_2, \cdots, u_n)$, 一步转移矩阵 $\boldsymbol{P} = (p_{ij})_{n \times n}$, 时间 $T$;

算法:

步骤 1: 生成 $U \sim U(0,1)$;

步骤 2: $k = 1, F = u_1$;

步骤 3: 如果 $U < F$, 则令 $x_0 = k$; 否则 $k$ 增加 $1, F$ 增加 $u_k$, 并转到步骤 3;

步骤 4: 对 $j = 1, 2, \cdots, T$, 执行

步骤 4.1: 生成 $U \sim U(0,1)$;

步骤 4.2: $k = 1, i = x_{j-1}, F = P_{i1}$;

步骤 4.3: 如果 $U < F$, 则令 $x_j = k$; 否则 $k$ 增加 $1$, $F$ 增加 $P_{ik}$, 并转到步骤 4.2;

步骤 5: 返回 $x_0, x_1, \cdots, x_T$.

R 程序为

```
Homo_Markov<-function(n,u,P,T){
    x<-rep(0,T+1)          # 令 x 为长度是 T+1 的 0 向量
    U<-runif(1)            # 令 U 服从 U(0,1)
    k<-1
    F<-u[1]
  while(U>=F){
    k<-k+1
    F<-F+u[k]
  }
  x[1]<-k                  # 生成 x(0)
  for(j in 1:T){
    U<-runif(1)            # 令 U 服从 U(0,1)
    k<-1
    i<-x[j]
    F<-P[i,1]
  while(U>=F){
    k<-k+1
    F<-F+P[i,k]
  }
  x[j+1]<-k                # 生成 x(j)
  }
  return(x)                # 返回向量 x
}
```

例如，运行

```
n<-4
u<-c(0.5,0,0,0.5)
P<-matrix(c(0,1/3,1/3,1/3,1/2,0,1/2,0,1/2,1/2,0,0,1,0,0,0),
        ncol=4,byrow=TRUE)
T<-30
x<-Homo_Markov(n,u,P,T)
x
```

得到

```
[1] 1 3 2 3 1 3 1 3 1 2 1 4 1 2 3 1 2 3 2 3 1 3 2 1 4 1 4 1 2 1 3
```

即得到状态空间为 $I = \{1, 2, 3, 4\}$、初始分布为 $\boldsymbol{u} = (0.5, 0, 0, 0.5)$、一步转移矩阵为

$$\boldsymbol{P} = \begin{pmatrix} 0 & \frac{1}{3} & \frac{1}{3} & \frac{1}{3} \\ \frac{1}{2} & 0 & \frac{1}{2} & 0 \\ \frac{1}{2} & \frac{1}{2} & 0 & 0 \\ 1 & 0 & 0 & 0 \end{pmatrix}$$

的时齐马尔可夫链 $\{X_0, X_1, \cdots, X_{30}\}$ 的一条样本轨道为

$$1\ 3\ 2\ 3\ 1\ 3\ 1\ 3\ 1\ 2\ 1\ 4\ 1\ 2\ 3\ 1\ 2\ 3\ 2\ 3\ 1\ 3\ 2\ 1\ 4\ 1\ 4\ 1\ 2\ 1\ 3.$$

运行

```
t<-c(0:T)        # t 是时间坐标, 分别是 0,1,…,T
plot(t,x,"b")    # 画图
```

得到这条样本轨道的图形 ( 图 1 ).

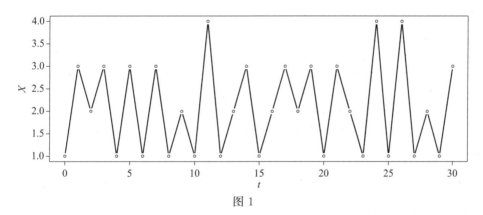

图 1

下面的 R 程序 hard.core.square(n,N) 将给出 $n \times n$ 图上可行配置 1 的平均个数的 MCMC 算法, 这里 N 表示总的模拟步数, 返回的是一个向量 average=(average[1],…, average[N]), average[k] 表示前 $k$ 步可行配置中 1 的平均个数:

```
hard.core.square<-function(n,N){       # n×n 正方形, 模拟 N 步
  average<-rep(0,N)
  sum<-0
  X<-matrix(rep(0,n*n),nrow =n)        # X0 配置为全 0
  number<-0                            # X0 配置中 1 的个数为 0
  for(k in 1:N){
```

```
  i<-sample(1:n,1)                            # 从 1,2,…,n 中任取一数 i
  j<-sample(1:n,1)                            # 从 1,2,…,n 中任取一数 j
  if(X[i,j]==1){                              # 如果 (i,j) 顶点上的值为 1
    X[i,j]=0                                  # 将 (i,j) 顶点上的值变成 0
    number<-number-1                          # 新配置中 1 的个数减少 1
  }
  else if (X[min(i+1,n),j]+X[max(i-1,1),j]+
    X[i,min(j+1,n)]+X[i,max(j-1,1)]==0)       # 如果 (i,j) 和所有邻居值
                                              # 都为 0
  {
    X[i,j]= 1                                 # 将 (i,j) 顶点上的值变成 1
    number<-number+1                          # 新配置中 1 的个数增加 1
  }
  sum<-sum+number                             # 前 k 步配置 1 的个数之和
  average[k]<-sum/k                           # 前 k 步配置 1 的平均个数
}
  return(average)                             # 返回向量 average
}
```

例如

```
theta<-hard.core.square(2,10000)
            # 令 theta 为前 10000 步 2×2 图上可行配置 1 的平均个数关于
              步数的向量
theta[10000]
[1] 1.1404   # 说明前 10000 步 1 的平均个数为 1.1404
            # 非常接近 2×2 图上可行配置 1 的平均个数真实值 8/7≈1.143
plot(theta,type="l",pch=16)
```

画出 1 的平均个数关于步数的图形 (图 2), 可以看到一开始波动得非常厉害, 大概在 1 500 步后基本趋于稳定.

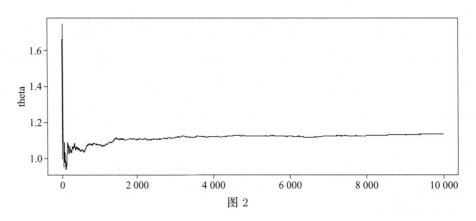

图 2

```
theta<-hard.core.square(10,10000)
    # 令 theta 为前 10000 步 10×10 图上可行配置 1 的平均个数向量
theta[10000]
[1] 23.9475                          # 说明前 10000 步 1 的平均个数
                                     # 为 23.9475
plot(theta,type="l" ,pch=16)         # 画出 1 的平均个数关于步数的图形,
                                     # 见图 3
theta<-hard.core.square(50,100000)   # n=50, 总步数 N=100000
theta[100000]
[1] 565.7535                         # 50×50 图上可行配置 1 的平均个数
plot(theta,type="l" ,pch=16)         # 画出 1 的平均个数关于步数的图形,
                                     # 见图 4
```

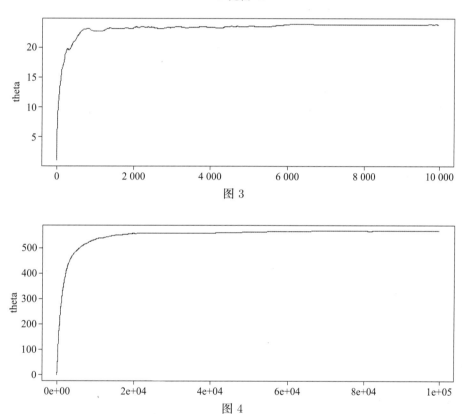

图 3

图 4

  下面的算法将返回强度为 $\lambda$ 的齐次泊松过程在 $(0,T]$ 内各事件依次发生的时刻 $w_1, w_2, \cdots, w_i$, 这里 $i$ 是在 $(0,T]$ 内发生事件的总数. 若返回 0, 则说明在 $(0,T]$ 内没有事件发生.

**算法 2** (模拟齐次泊松过程) :

输入: 强度 $\lambda$, 时间 $T$;

算法:

步骤 1: $t = 0$, $i = 0$;

步骤 2: 生成 $X$ 服从参数为 $\lambda$ 的指数分布;

步骤 3: 令 $t$ 增加 $X$;

步骤 4: 如果 $t > T$, 结束; 否则 $i$ 增加 1, 令 $w_i = t$ 并转到步骤 2;

步骤 5: 如果 $i = 0$, 则返回 0; 否则, 返回 $w_1, w_2, \cdots, w_i$.

其 R 程序为

```
Homo_Poi<-function (lambda,T){
     t<-0
     i<-0
     w<-0
     X<-rexp(1,lambda)          # 令 X 服从参数为 lambda 的指数分布
     t<-t+X                     # 令 t 增加 X
    while(t<=T){
    i<-i+1                      # i 增加 1
    w[i]<-t                     # 令 w(i) 为 t
    X<-rexp(1,lambda)           # 令 X 服从参数为 lambda 的指数分布
    t<-t+X                      # 令 t 增加 X
    }
     return(w)                  # 如果 w=0, 则说明没有事件发生,
                                # 否则返回各事件依次发生的时刻
}
```

例如:

```
Homo_Poi(0.02,10)
        # 生成强度为 0.02 的泊松过程在 (0,10] 内各事件发生的时刻
[1] 0   # 说明没有事件发生
Homo_Poi(0.2,10)
        # 生成强度为 0.2 的泊松过程在 (0,10] 内各事件发生的时刻
[1] 1.737169 3.089457 3.307048 6.378552 8.993599
        # 说明有 5 个事件发生
w<-Homo_Poi(2,10)
        # 令 w 是强度为 2 的泊松过程在 (0,10] 内各事件发生的时刻
w       # 显示 w 的值
[1] 0.4350010  0.6861441  0.8525672  2.9167618
```

```
     3.1072139    4.9168411    7.2639588
[8]  7.4745245    8.0078910    8.1201672    8.8059392
     9.0108572    9.2858456    9.3904992
[15] 9.7614117    # 说明有 15 个事件发生
```

运行

```
plot(xlab="t",ylab="N(t)",w,1:15,"s")
```

得到对应的样本轨道 (图 5).

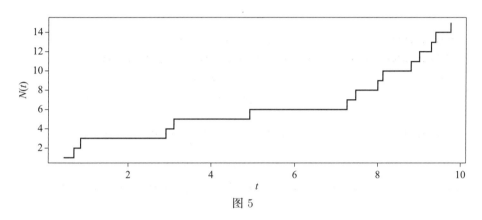

图 5

对于非齐次泊松过程, 可以利用可加性、可分性、时间变换等性质来进行模拟. 这里只介绍一种利用可分性的模拟方法. 假设存在 $\lambda$ 使得 $\lambda(t) \leqslant \lambda$ 对所有 $0 \leqslant t \leqslant T$ 成立. 令 $p(t) = \dfrac{\lambda(t)}{\lambda}$, 则 $0 \leqslant p(t) \leqslant 1$. 设 $\{M(t); 0 \leqslant t \leqslant T\}$ 是强度为 $\lambda$ 的齐次泊松过程, 在 $(0, T]$ 内共发生 $M(T)$ 个事件, 事件发生的时刻依次为 $W_1, W_2, \cdots, W_{M(T)}$. 设第 $i$ 个事件以概率 $p(W_i)$ 保留 (类型 1), 以概率 $1 - p(W_i)$ 删除 (类型 2), 并且各事件是否保留相互独立, 那么保留下来的事件形成的计数过程就是强度函数为 $\lambda(t)$ 的非齐次泊松过程.

**算法 3** (模拟非齐次泊松过程):

输入: 强度函数 $\lambda(t)$, 强度函数上界 $\lambda$, 时间 $T$;

算法:

步骤 1: $t = 0$, $i = 0$;

步骤 2: 生成 $X$ 服从参数为 $\lambda$ 的指数分布;

步骤 3: 令 $t$ 增加 $X$;

步骤 4: 若 $t > T$, 则结束; 否则生成 $U \sim U(0, 1)$, 若 $U\lambda \leqslant \lambda(t)$,

则令 $i$ 增加 1, 令 $w_i = t$ 并转到步骤 2;

步骤 5: 若 $i = 0$, 则返回 0; 否则返回 $w_1, w_2, \cdots, w_i$.

其 R 程序为

```
NonHomo_Poi<-function(Lambda,lambda,T){
  t<-0
  i<-0
  w<-0                    # 初始化事件发生时刻向量
  X<-rexp(1,lambda)       # 令 X 服从参数为 lambda 的指数分布
  t<-t+X
  while (t<=T){
    U<-runif(1)           # 令 U 服从 U(0,1)
    if(U*lambda<= Lambda(t)){  # 如果 U*lambda 不大于 Lambda(t)
      i<-i+1              # 发生个数增加 1
      w[i]<-t            # 记录发生时刻
    }
    X<-rexp(1,lambda)     # 令 X 服从参数为 lambda 的指数分布
    t<-t+X
  }
  return(w)    # 如果 w=0, 则说明没有事件发生, 否则返回各事件依次发生时刻
}
```

例如

```
Lambda<-function(t){
  return(3*t^2)
}                         # 此函数实现 Lambda(t)=3×t×t
w<-NonHomo_Poi(Lambda,27,3)
            # 生成强度函数为 Lambda(t)=3×t×t 在 (0,3] 内各事件发生时刻
w                         # 显示 w 的值
[1] 0.5489153 0.9540838 1.5207518 1.5505446 1.5656492 1.6038477 1.8701875
[8] 1.8744346 1.8937945 1.9221224 2.0116244 2.0961913 2.1755818 2.2401770
[15] 2.3155367 2.4281543 2.4828168 2.5255385 2.5963626 2.6301434 2.7132772
[22] 2.8590946 2.8900257 2.8924437 2.9042123 2.9516014 2.9886722 2.9918343
                    # 说明共有 28 个事件发生
```

运行

```
plot(xlab="t",ylab="N(t)",w,1:28,"s")
```

得到对应的样本轨道 (图 6).

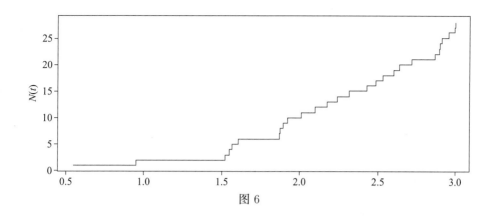

图 6

接下来我们模拟标准布朗运动 $\{B(t); t \leqslant T\}$ 的一条样本轨道. 我们无法模拟 $B(t)$ 在 $t \in [0, T]$ 内的所有值, 不过可以把 $[0, T]$ 进行 $n$ 等分, 得到相邻时间跨度 $\Delta = \dfrac{T}{n}$, 时间端点分别为 $0, \Delta, 2\Delta, \cdots, n\Delta$. 我们只模拟 $B(t)$ 在这 $n+1$ 个时间点的所有值.

**算法 4** (模拟标准布朗运动):

输入: 时间 $T$, 等分数目 $n$;

算法:

步骤 1: $B(0) = 0$, $\Delta = T/n$;

步骤 2: 对 $i = 1, 2, \cdots, n$ 执行

步骤 2.1: 生成 $X \sim N(0, \Delta)$;

步骤 2.2: 令 $B(i\Delta) = B((i-1)\Delta) + X$;

步骤 3: 返回 $B(0), B(\Delta), B(2\Delta), \cdots, B(n\Delta)$.

其 R 程序为

```
BM<-function(T,n){
    B<-rep(0,n+1)              # 令 B 是长度为 n+1 的零向量
    Delta<-T/n                 # 令 Delta 为时间间隔
    a<-sqrt(Delta)             # 令 a 为 Delta 的算术平方根
  for (i in 1:n){
    X<-rnorm(1,0,a)            # 令 X~N(0,a*a)=N(0,Delta)
    B[i+1]<-B[i]+X             # 生成 B(i*Delta) 的值
  }
    return(B)                  # 返回向量 B
}
```

例如, 运行

```
BM(1,10)                 # 生成 B(t) 在时间点 t=0,0.1,0.2,…,1 的值
[1]0.00000000  0.38309406  0.43821658  0.58413309  0.11933970
[6]0.05714465  -0.08923935  -0.42653284  -0.40781944  -0.52373340
[11]-0.77418786           # 这就是对应的 11 个值
```

我们也可以通过画图来看布朗运动的一条样本轨道. 例如, 运行

```
b<-BM(10,1000)     # 得到 B(t) 在时间点 t=0,0.01,0.02,…,10 的值
t<-(0:1000)/100    # 得到时间坐标分别是 0,0.01,0.02,…,10
plot(xlab="t",ylab="B(t)",main="标准布朗运动的一条样本轨道",
  t,b,type="l",pch=16)
```

得到图 7.

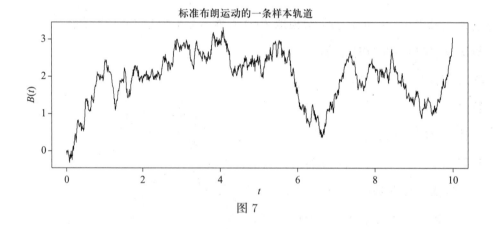

图 7

# 附　表

## 附表 1　几种常用的概率分布表

| 分布 | 参数 | 分布律或密度函数 | 数学期望 | 方差 |
|---|---|---|---|---|
| $(0-1)$ 分布 | $0<p<1$ | $P\{X=k\}=p^k(1-p)^{1-k}, k=0,1$ | $p$ | $p(1-p)$ |
| 二项分布 $X\sim B(n,p)$ | $n\geqslant 1$ $0<p<1$ | $P(X=k)=\mathrm{C}_n^k p^k(1-p)^{n-k}, k=0,1,\cdots,n$ | $np$ | $np(1-p)$ |
| 几何分布 | $0<p<1$ | $P(X=k)=(1-p)^{k-1}p, k=1,2,\cdots$ | $\dfrac{1}{p}$ | $\dfrac{1-p}{p^2}$ |
| 负二项分布 (帕斯卡 (Pascal) 分布) | $r\geqslant 1$ $0<p<1$ | $P(X=k)=\mathrm{C}_{k-1}^{r-1}p^r(1-p)^{k-r}, k=r,r+1,\cdots$ | $\dfrac{r}{p}$ | $\dfrac{r(1-p)}{p^2}$ |
| 超几何分布 | $N,M,n$ $(M\leqslant N,$ $n\leqslant N)$ | $P(X=k)=\dfrac{\mathrm{C}_M^k \mathrm{C}_{N-M}^{n-k}}{\mathrm{C}_N^n},$ $k$ 为整数, $\max\{0,n-N+M\}\leqslant k\leqslant\min\{n,M\}$ | $\dfrac{nM}{N}$ | $\dfrac{nM}{N}\left(1-\dfrac{M}{N}\right)\cdot$ $\left(\dfrac{N-n}{N-1}\right)$ |
| 泊松分布 $X\sim\pi(\lambda)$ | $\lambda>0$ | $P(X=k)=\dfrac{\lambda^k\mathrm{e}^{-\lambda}}{k!}, k=0,1,2,\cdots$ | $\lambda$ | $\lambda$ |
| 均匀分布 $X\sim U(a,b)$ | $a<b$ | $f(x)=\begin{cases}\dfrac{1}{b-a}, & a<x<b,\\ 0, & 其他\end{cases}$ | $\dfrac{a+b}{2}$ | $\dfrac{(b-a)^2}{12}$ |
| 正态分布 $X\sim N(\mu,\sigma^2)$ | $\mu,$ $\sigma>0$ | $f(x)=\dfrac{1}{\sqrt{2\pi}\sigma}\mathrm{e}^{\frac{-(x-\mu)^2}{2\sigma^2}}$ | $\mu$ | $\sigma^2$ |
| 指数分布 (负指数分布) $X\sim Exp(\lambda)$ | $\lambda>0$ | $f(x)=\begin{cases}\lambda\mathrm{e}^{-\lambda x}, & x>0,\\ 0, & 其他\end{cases}$ | $\dfrac{1}{\lambda}$ | $\dfrac{1}{\lambda^2}$ |
| $\Gamma$ 分布 | $\alpha>0,$ $\beta>0$ | $f(x)=\begin{cases}\dfrac{\beta^\alpha}{\Gamma(\alpha)}x^{\alpha-1}\mathrm{e}^{-\beta x}, & x>0,\\ 0, & 其他\end{cases}$ | $\dfrac{\alpha}{\beta}$ | $\dfrac{\alpha}{\beta^2}$ |
| $\chi^2$ 分布 | $n\geqslant 1$ | $f(x)=\begin{cases}\dfrac{1}{2^{n/2}\Gamma(n/2)}x^{n/2-1}\mathrm{e}^{-x/2}, & x>0,\\ 0, & 其他\end{cases}$ | $n$ | $2n$ |

| 分布 | 参数 | 分布律或密度函数 | 数学期望 | 方差 |
|------|------|------------------|----------|------|
| 韦布尔 (Weibull) 分布 | $\eta > 0,$ $\beta > 0$ | $f(x) = \begin{cases} \dfrac{\beta}{\eta} \left( \dfrac{x}{\eta} \right)^{\beta-1} \mathrm{e}^{-\left( \frac{x}{\eta} \right)^{\beta}}, & x > 0, \\ 0, & \text{其他} \end{cases}$ | $\eta \Gamma \left( \dfrac{1}{\beta} + 1 \right)$ | $\eta^2 \left\{ \Gamma \left( \dfrac{2}{\beta} + 1 \right) - \left[ \Gamma \left( \dfrac{1}{\beta} + 1 \right) \right]^2 \right\}$ |
| 瑞利 (Rayleigh) 分布 | $\sigma > 0$ | $f(x) = \begin{cases} \dfrac{x}{\sigma^2} \mathrm{e}^{-x^2/(2\sigma^2)}, & x > 0, \\ 0, & \text{其他} \end{cases}$ | $\sqrt{\dfrac{\pi}{2}} \sigma$ | $\dfrac{4-\pi}{2} \sigma^2$ |
| $\beta$ 分布 | $\alpha > 0,$ $\beta > 0$ | $f(x) = \begin{cases} \dfrac{\Gamma(\alpha+\beta)}{\Gamma(\alpha)\Gamma(\beta)} x^{\alpha-1}(1-x)^{\beta-1}, & 0 < x < 1, \\ 0, & \text{其他} \end{cases}$ | $\dfrac{\alpha}{\alpha+\beta}$ | $\dfrac{\alpha\beta}{(\alpha+\beta)^2(\alpha+\beta+1)}$ |
| 对数 正态分布 | $\mu,$ $\sigma > 0$ | $f(x) = \begin{cases} \dfrac{1}{\sqrt{2\pi}\sigma x} \mathrm{e}^{-(\ln x - \mu)^2/(2\sigma^2)}, & x > 0, \\ 0, & \text{其他} \end{cases}$ | $\mathrm{e}^{\mu + \frac{\sigma^2}{2}}$ | $\mathrm{e}^{2\mu+\sigma^2}(\mathrm{e}^{\sigma^2} - 1)$ |
| 柯西分布 | $a,$ $\lambda > 0$ | $f(x) = \dfrac{1}{\pi} \dfrac{1}{\lambda^2 + (x-a)^2}$ | 不存在 | 不存在 |
| $t$ 分布 | $n \geqslant 1$ | $f(x) = \dfrac{\Gamma\left(\dfrac{n+1}{2}\right)}{\sqrt{n\pi}\,\Gamma\left(\dfrac{n}{2}\right)} \left( 1 + \dfrac{x^2}{n} \right)^{-\frac{n+1}{2}}$ | $0, n > 1$ | $\dfrac{n}{n-2}, n > 2$ |
| $F$ 分布 | $n_1, n_2$ | $f(x) = \begin{cases} \dfrac{\Gamma[(n_1+n_2)/2]}{\Gamma(n_1/2)\Gamma(n_2/2)} \left( \dfrac{n_1}{n_2} \right) \cdot \\ \left( \dfrac{n_1}{n_2}x \right)^{\frac{n_1}{2}-1} \left( 1 + \dfrac{n_1}{n_2}x \right)^{-\frac{n_1+n_2}{2}}, & x > 0, \\ 0, & \text{其他} \end{cases}$ | $\dfrac{n_2}{n_2-2},$ $n_2 > 2$ | $\dfrac{2n_2^2(n_1+n_2-2)}{n_1(n_2-2)^2(n_2-4)},$ $n_2 > 4$ |

# 附表 2 标准正态分布表

$$\Phi(x) = \int_{-\infty}^{x} \frac{1}{\sqrt{2\pi}} e^{-t^2/2} dt$$

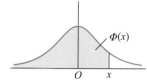

| $x$ | 0.00 | 0.01 | 0.02 | 0.03 | 0.04 | 0.05 | 0.06 | 0.07 | 0.08 | 0.09 |
|---|---|---|---|---|---|---|---|---|---|---|
| 0.0 | 0.500 0 | 0.504 0 | 0.508 0 | 0.512 0 | 0.516 0 | 0.519 9 | 0.523 9 | 0.527 9 | 0.531 9 | 0.535 9 |
| 0.1 | 0.539 8 | 0.543 8 | 0.547 8 | 0.551 7 | 0.555 7 | 0.559 6 | 0.563 6 | 0.567 5 | 0.571 4 | 0.575 3 |
| 0.2 | 0.579 3 | 0.583 2 | 0.587 1 | 0.591 0 | 0.594 8 | 0.598 7 | 0.602 6 | 0.606 4 | 0.610 3 | 0.614 1 |
| 0.3 | 0.617 9 | 0.621 7 | 0.625 5 | 0.629 3 | 0.633 1 | 0.636 8 | 0.640 6 | 0.644 3 | 0.648 0 | 0.651 7 |
| 0.4 | 0.655 4 | 0.659 1 | 0.662 8 | 0.666 4 | 0.670 0 | 0.673 6 | 0.677 2 | 0.680 8 | 0.684 4 | 0.687 9 |
| 0.5 | 0.691 5 | 0.695 0 | 0.698 5 | 0.701 9 | 0.705 4 | 0.708 8 | 0.712 3 | 0.715 7 | 0.719 0 | 0.722 4 |
| 0.6 | 0.725 7 | 0.729 1 | 0.732 4 | 0.735 7 | 0.738 9 | 0.742 2 | 0.745 4 | 0.748 6 | 0.751 7 | 0.754 9 |
| 0.7 | 0.758 0 | 0.761 1 | 0.764 2 | 0.767 3 | 0.770 4 | 0.773 4 | 0.776 4 | 0.779 4 | 0.782 3 | 0.785 2 |
| 0.8 | 0.788 1 | 0.791 0 | 0.793 9 | 0.796 7 | 0.799 5 | 0.802 3 | 0.805 1 | 0.807 8 | 0.810 6 | 0.813 3 |
| 0.9 | 0.815 9 | 0.818 6 | 0.821 2 | 0.823 8 | 0.826 4 | 0.828 9 | 0.831 5 | 0.834 0 | 0.836 5 | 0.838 9 |
| 1.0 | 0.841 3 | 0.843 8 | 0.846 1 | 0.848 5 | 0.850 8 | 0.853 1 | 0.855 4 | 0.857 7 | 0.859 9 | 0.862 1 |
| 1.1 | 0.864 3 | 0.866 5 | 0.868 6 | 0.870 8 | 0.872 9 | 0.874 9 | 0.877 0 | 0.879 0 | 0.881 0 | 0.883 0 |
| 1.2 | 0.884 9 | 0.886 9 | 0.888 8 | 0.890 7 | 0.892 5 | 0.894 4 | 0.896 2 | 0.898 0 | 0.899 7 | 0.901 5 |
| 1.3 | 0.903 2 | 0.904 9 | 0.906 6 | 0.908 2 | 0.909 9 | 0.911 5 | 0.913 1 | 0.914 7 | 0.916 2 | 0.917 7 |
| 1.4 | 0.919 2 | 0.920 7 | 0.922 2 | 0.923 6 | 0.925 1 | 0.926 5 | 0.927 8 | 0.929 2 | 0.930 6 | 0.931 9 |
| 1.5 | 0.933 2 | 0.934 5 | 0.935 7 | 0.937 0 | 0.938 2 | 0.939 4 | 0.940 6 | 0.941 8 | 0.942 9 | 0.944 1 |
| 1.6 | 0.945 2 | 0.946 3 | 0.947 4 | 0.948 4 | 0.949 5 | 0.950 5 | 0.951 5 | 0.952 5 | 0.953 5 | 0.954 5 |
| 1.7 | 0.955 4 | 0.956 4 | 0.957 3 | 0.958 2 | 0.959 1 | 0.959 9 | 0.960 8 | 0.961 6 | 0.962 5 | 0.963 3 |
| 1.8 | 0.964 1 | 0.964 9 | 0.965 6 | 0.966 4 | 0.967 1 | 0.967 8 | 0.968 6 | 0.969 3 | 0.969 9 | 0.970 6 |
| 1.9 | 0.971 3 | 0.971 9 | 0.972 6 | 0.973 2 | 0.973 8 | 0.974 4 | 0.975 0 | 0.975 6 | 0.976 1 | 0.976 7 |
| 2.0 | 0.977 2 | 0.977 8 | 0.978 3 | 0.978 8 | 0.979 3 | 0.979 8 | 0.980 3 | 0.980 8 | 0.981 2 | 0.981 7 |
| 2.1 | 0.982 1 | 0.982 6 | 0.983 0 | 0.983 4 | 0.983 8 | 0.984 2 | 0.984 6 | 0.985 0 | 0.985 4 | 0.985 7 |
| 2.2 | 0.986 1 | 0.986 4 | 0.986 8 | 0.987 1 | 0.987 5 | 0.987 8 | 0.988 1 | 0.988 4 | 0.988 7 | 0.989 0 |
| 2.3 | 0.989 3 | 0.989 6 | 0.989 8 | 0.990 1 | 0.990 4 | 0.990 6 | 0.990 9 | 0.991 1 | 0.991 3 | 0.991 6 |
| 2.4 | 0.991 8 | 0.992 0 | 0.992 2 | 0.992 5 | 0.992 7 | 0.992 9 | 0.993 1 | 0.993 2 | 0.993 4 | 0.993 6 |
| 2.5 | 0.993 8 | 0.994 0 | 0.994 1 | 0.994 3 | 0.994 5 | 0.994 6 | 0.994 8 | 0.994 9 | 0.995 1 | 0.995 2 |
| 2.6 | 0.995 3 | 0.995 5 | 0.995 6 | 0.995 7 | 0.995 9 | 0.996 0 | 0.996 1 | 0.996 2 | 0.996 3 | 0.996 4 |
| 2.7 | 0.996 5 | 0.996 6 | 0.996 7 | 0.996 8 | 0.996 9 | 0.997 0 | 0.997 1 | 0.997 2 | 0.997 3 | 0.997 4 |
| 2.8 | 0.997 4 | 0.997 5 | 0.997 6 | 0.997 7 | 0.997 7 | 0.997 8 | 0.997 9 | 0.997 9 | 0.998 0 | 0.998 1 |
| 2.9 | 0.998 1 | 0.998 2 | 0.998 2 | 0.998 3 | 0.998 4 | 0.998 4 | 0.998 5 | 0.998 5 | 0.998 6 | 0.998 6 |
| 3.0 | 0.998 7 | 0.998 7 | 0.998 7 | 0.998 8 | 0.998 8 | 0.998 9 | 0.998 9 | 0.998 9 | 0.999 0 | 0.999 0 |
| 3.1 | 0.999 0 | 0.999 1 | 0.999 1 | 0.999 1 | 0.999 2 | 0.999 2 | 0.999 2 | 0.999 2 | 0.999 3 | 0.999 3 |
| 3.2 | 0.999 3 | 0.999 3 | 0.999 4 | 0.999 4 | 0.999 4 | 0.999 4 | 0.999 4 | 0.999 5 | 0.999 5 | 0.999 5 |
| 3.3 | 0.999 5 | 0.999 5 | 0.999 5 | 0.999 6 | 0.999 6 | 0.999 6 | 0.999 6 | 0.999 6 | 0.999 6 | 0.999 7 |
| 3.4 | 0.999 7 | 0.999 7 | 0.999 7 | 0.999 7 | 0.999 7 | 0.999 7 | 0.999 7 | 0.999 7 | 0.999 7 | 0.999 8 |

# 部分思考题、习题参考答案

## 第 2 章

**思考题二**

1. 不对.

2. 不一定.

3. 对.

4. 不对.

5. 对.

6. 不相关不能推出相互独立; 相互独立并且都是二阶矩过程时, 一定不相关.

7. 不对.

**习题二**

1. (1) $P(Y_n = k) = \dfrac{k^n - (k-1)^n}{6^n}$, $k = 1, 2, 3, 4, 5, 6$;  (2) $\dfrac{1}{324}$.

2. (1) 四个样本函数: $x_1(t) = t + 1$, $x_2(t) = t - 1$, $x_3(t) = -t + 1$, $x_4(t) = -t - 1$;

(2) $P(X(1) = 0, X(2) = 1) = P(X(1) = 0, X(2) = -1) = P(X(1) = 2, X(2) = 3) =$

$P(X(1) = -2, X(2) = -3) = \dfrac{1}{4}$, $P(X(1) = 0) = \dfrac{1}{2}$, $P(X(1) = 2) = P(X(1) = -2) = \dfrac{1}{4}$,

$P(X(2) = 1) = P(X(2) = -1) = P(X(2) = 3) = P(X(2) = -3) = \dfrac{1}{4}$.

3. (1) 五个样本函数: $x_1(t) = 0, x_2(t) = 1$, $x_3(t) = -1$, $x_4(t) = t, x_5(t) = -t$;

(2) $\dfrac{4}{9}, \dfrac{1}{9}, \dfrac{1}{9}$.

4. (1) $\dfrac{1}{4}, \dfrac{3}{4}, \dfrac{1}{4}$;  (2) $\dfrac{t+1}{2}, \dfrac{1}{2} + st$.

5. (1) $\dfrac{25}{6^6}$;  (2) 0.977 2;  (3) 0.013 9.

6. $\dfrac{7}{16}, \dfrac{3}{8}$.

7. (B), (F), (H), (D).

8. $N(0, 1)$, $N(0, 2 + 2\cos(t - s))$.

9. (1) $\mu_X(t) = \mu(t + 1)$, $R_X(s, t) = \sigma^2(ts + 1) + \mu^2(t + 1)(s + 1)$, $C_X(s, t) = \sigma^2(ts + 1)$;

(2) $X(t) \sim N(0, t^2 + 1)$, $X(t) - X(s) \sim N(0, (t - s)^2)$, $X(t) + X(s) \sim N(0, (t + s)^2 + 4)$.

10. (1) $P(Y_n = i) = C_3^i p^i (1 - p)^{3-i}$, $i = 0, 1, 2, 3$;

(2) $P(Y_1 = 1 \mid Y_0 = 2) = \dfrac{2}{3}(1 - p)$, $P(Y_1 = 2 \mid Y_0 = 2) = \dfrac{1 + p}{3}$, $P(Y_1 = 3 \mid Y_0 = 2) =$

$\dfrac{p}{3}$;

(3) $p^2(1-p)^3$;

(4) $\mu_Y(n) = 3p, C_Y(m,n) = \begin{cases} (3 - |n-m|)p(1-p), & |n-m| < 3, \\ 0, & |n-m| \geqslant 3. \end{cases}$

11. $\mu_X(t) = F(t)$, 对 $t \geqslant s$ 有 $C_X(s,t) = \dfrac{1}{n}F(s)(1 - F(t))$.

12. $\mu_X(n) = 0, C_X(m,n) = \begin{cases} \displaystyle\sum_{i=0}^{r-|n-m|} \alpha_i \alpha_{i+|n-m|}, & |n-m| \leqslant r, \\ 0, & |n-m| > r. \end{cases}$

13. $\mu_Z(t) = \mu_X(t) + \displaystyle\sum_{i=1}^{n} a_i \mu_{X_i}(t),$

$C_Z(t,s) = C_X(t,s) + \displaystyle\sum_{i=1}^{n} a_i^2 C_{X_i}(t,s),$

$C_{ZX}(t,s) = C_X(t,s).$

14. $\mu_Z(t) = a(t)\mu_X(t) + b(t)\mu_Y(t) + c(t),$

$C_Z(s,t) = a(t)a(s)C_X(s,t) + b(t)b(s)C_Y(s,t).$

15. $\mu_Y(t) = \mu_X(t) + \mu_X(t+1),$

$R_Y(s,t) = R_X(s,t) + R_X(s,t+1) + R_X(s+1,t) + R_X(s+1,t+1),$

$R_{XY}(s,t) = R_X(s,t) + R_X(s,t+1).$

16. $\mu_Z(t) = \mu_X(t)\mu_Y(t),$

$R_Z(s,t) = R_X(s,t)R_Y(s,t),$

$R_{XZ}(s,t) = \mu_Y(t)R_X(s,t).$

# 第 3 章

## 思考题三

1. 不对. 马尔可夫性是指在知道现在状态的条件下, 过去与将来相互独立. 过去和将来不一定独立, 第三章习题的 6(1) 就给出了一个反例.

2. $\boldsymbol{P}^{(m)} = \boldsymbol{P}^m$.

3. 首先计算多步转移概率, 然后对任何 $n_1 < n_2 < \cdots < n_k$,

$$P(X_{n_1} = i_1, X_{n_2} = i_2, \cdots, X_{n_k} = i_k)$$
$$= \sum_i P(X_0 = i)p_{ii_1}^{(n_1)} p_{i_1 i_2}^{(n_2 - n_1)} \cdots p_{i_{k-1} i_k}^{(n_k - n_{k-1})}.$$

4. 方法一: 计算 $f_{ii}$, 若 $f_{ii} = 1$, 则 $i$ 常返, 否则暂留;

方法二: 计算 $\sum_n p_{ii}^{(n)}$, 若 $\sum_n p_{ii}^{(n)} = \infty$, 则 $i$ 常返, 否则暂留;

方法三: 考虑状态 $i$ 的互达等价类, 若互达等价类不是闭的, 则 $i$ 暂留; 若互达等价类是闭的且是有限集, 则 $i$ 正常返; 若互达等价类是闭的且是可数集, 则在此互达等价类中找一个容易判断常返性的状态, $i$ 的常返性与这个状态的常返性相同.

5. 方法一: 若 $f_{ii} = \sum_n f_{ii}^{(n)} = 1$ 且 $\mu_i = \sum_n n f_{ii}^{(n)} < \infty$, 则 $i$ 正常返, 否则不是正常返的;

方法二: 与上题中方法三相同;

方法三: 若 $i$ 的互达等价类是闭的且是可数集, 我们可以将马尔可夫链限制在这个互达等价类上考虑, 此时 $i$ 正常返当且仅当存在平稳分布.

6. 方法一: $\mu_i = \sum_n n f_{ii}^{(n)}$;

方法二: 将马尔可夫链限制在 $i$ 的互达等价类上考虑, 计算出平稳分布, 则 $\mu_i = \dfrac{1}{\pi_i}$.

7. 不一定. 如果一个状态的互达等价类是闭的且是有限集, 则它一定是正常返态. 如果一个状态的互达等价类是闭的且是可数集, 则它可能暂留, 可能零常返, 也有可能正常返, 爬梯子模型就是这样的例子.

8. 对.

9. 不对, 取决于过程的常返性. 对于不可约非周期马尔可夫链, 若正常返, 则对任何 $i, j$, $\lim\limits_{n \to \infty} p_{ij}^{(n)} = \pi_j > 0$, 否则对任何 $i, j$, $\lim\limits_{n \to \infty} p_{ij}^{(n)} = 0$.

10. 不对. 如果状态 $i$ 的周期为 $d$, 则 $p_{ii}^{(n)} > 0$ 推出 $n$ 是 $d$ 的整数倍; 反之, 不一定对, 例如在爬梯子模型中, 对任何 $n \geqslant 2$, $p_{11}^{(n)} \geqslant p_{10} p_{00}^{n-2} p_{01} > 0$, 所以状态 1 的周期为 1, 但是 $p_{11} = 0$.

11. 根据一步转移来分析并利用马尔可夫性建立方程组来解决.

12. 可逆分布 $\boldsymbol{\pi}$ 是满足 $\pi_i p_{ij} = \pi_j p_{ji}$, $\forall i, j \in I$ 的分布律. 可逆分布一定是平稳分布, 平稳分布则不一定是可逆分布. 当马尔可夫链不可约时, 若存在可逆分布, 则它是唯一的平稳分布.

**习题三**

1. $I = \{0, 1, \cdots, m\}, p_{i,i+1} = \dfrac{(m-i)^2}{m^2}, p_{ii} = \dfrac{2i(m-i)}{m^2}, p_{i,i-1} = \dfrac{i^2}{m^2}, \forall i \in I.$

2. $I = \{0, 1, 2, \cdots\}$, 当 $j \geqslant i \geqslant 0$ 时, $p_{ij} = p_{j-i}$, 当 $0 \leqslant j < i$ 时, $p_{ij} = 0$.

3. $I = \{0, 1, 2, \cdots\}, p_{i,i+1} = p, p_{i0} = 1 - p, \forall i \in I.$

4. $I = \{0, 1, \cdots, N\}, p_{i,i+1} = \dfrac{2i(N-i)p}{N(N-1)}, p_{ii} = 1 - \dfrac{2i(N-i)p}{N(N-1)}, \forall i \in I.$

5. (1) $0, \dfrac{1}{66}$;　(2) $\dfrac{1}{6}, \dfrac{1}{36}$;　(3) 不具有马尔可夫性.

6. (1) $\dfrac{p^2}{2}, 0$, 不独立;　(2) $p, p^2 + (1-p)^2$;　(3) 不具有马尔可夫性.

7. (1) $I = \{0, 1, 2\}$,　$\boldsymbol{P} = \begin{pmatrix} 0 & \dfrac{2}{3} & \dfrac{1}{3} \\ \dfrac{1}{3} & 0 & \dfrac{2}{3} \\ \dfrac{2}{3} & \dfrac{1}{3} & 0 \end{pmatrix}$;　(2) $\dfrac{2}{81}, \dfrac{5}{18}$.

8. (1) $\dfrac{5}{9}, \dfrac{5}{13}$;　(2) $\dfrac{1}{3}, \dfrac{70}{729}$;

(3) $f_{11}^{(1)} = 0$, $f_{11}^{(2)} = \dfrac{7}{9}$, $f_{11}^{(n)} = \dfrac{4}{9}\left(\dfrac{1}{3}\right)^{n-2}$, $n \geqslant 3$, $f_{11} = 1$, $\mu_1 = \dfrac{7}{3}$.

9. (1) 0.3;　(2) 0.15;　(3) $\dfrac{5}{6}$;　(4) $\dfrac{1}{6}$.

10. (1) $\dfrac{7}{36}, \dfrac{11}{36}, \dfrac{1}{3 \cdot 2^{10}}$;　(2) $1, 2, 3$ 正常返, $0$ 暂留, $\mu_1 = \dfrac{5}{2}$, $\mu_2 = \dfrac{5}{3}$, $\mu_3 = 1$.

11. $f_{00}^{(1)} = \alpha$, $f_{00}^{(n)} = (1-\alpha)^2 \alpha^{n-2}$, $\forall n \geqslant 2$; $f_{01}^{(n)} = \alpha^{n-1}(1-\alpha)$, $\forall n \geqslant 1$.

12. $\boldsymbol{\pi} = \left(\dfrac{3}{7}, \dfrac{3}{7}, \dfrac{1}{7}\right)$.

13. (1) $I = \{0, 1, 2, 3\}$, $\boldsymbol{P} = \begin{pmatrix} \dfrac{1}{6} & \dfrac{1}{3} & \dfrac{1}{3} & \dfrac{1}{6} \\ \dfrac{1}{6} & \dfrac{1}{6} & \dfrac{1}{3} & \dfrac{1}{3} \\ \dfrac{1}{3} & \dfrac{1}{6} & \dfrac{1}{6} & \dfrac{1}{3} \\ \dfrac{1}{3} & \dfrac{1}{3} & \dfrac{1}{6} & \dfrac{1}{6} \end{pmatrix}$, $\boldsymbol{\pi} = \left(\dfrac{1}{4}, \dfrac{1}{4}, \dfrac{1}{4}, \dfrac{1}{4}\right)$;　(2) $\dfrac{1}{4}$.

14. (1) $I = \{0, 1, \cdots, N\}$, $p_{i,i+1} = \dfrac{p(N-i)}{N}$, $p_{ii} = \dfrac{ip + (1-p)(N-i)}{N}$, $p_{i,i-1} = \dfrac{(1-p)i}{N}$;

(2) $\boldsymbol{\pi} = \left(\dfrac{1}{8}, \dfrac{3}{8}, \dfrac{3}{8}, \dfrac{1}{8}\right)$, $\mu_0 = 8$.

15. (1) $I = \{0, 1, 2, 3\}$, $\boldsymbol{P} = \begin{pmatrix} 0 & 0 & 0 & 1 \\ 0 & 0 & 1-p & p \\ 0 & 1-p & p & 0 \\ 1-p & p & 0 & 0 \end{pmatrix}$,

$$\boldsymbol{\pi} = \left( \frac{1-p}{4-p}, \frac{1}{4-p}, \frac{1}{4-p}, \frac{1}{4-p} \right);$$

(2) $\frac{p(1-p)}{4-p}$, 因为 $\frac{p(1-p)}{4-p} \leqslant \frac{1}{4(4-p)} \leqslant \frac{1}{12}$.

16. $\lim\limits_{n \to \infty} P(X_n = 0) = 0$, $\lim\limits_{n \to \infty} P(X_n = 1) = \frac{4}{15}$, $\lim\limits_{n \to \infty} P(X_n = 2) = \frac{2}{5}$, $\lim\limits_{n \to \infty} P(X_n = 3) = \frac{1}{3}$.

17. (1) $\{0, 1, 2, 3\}$ 是闭的, $\{6, 7\}$ 是闭的, $\{4, 5\}$ 不是闭的;

(2) $0, 1, 2, 3, 6, 7$ 正常返, $4, 5$ 暂留, $4, 5, 6, 7$ 非周期, $0, 1, 2, 3$ 周期为 $2$, $\mu_0 = \mu_3 = 6$, $\mu_1 = \mu_2 = \mu_6 = 3$, $\mu_7 = \frac{3}{2}$;

(3) $0, \frac{2}{3}$;

(4) 对 $i = 4, 5, 6, 7$, $\lim\limits_{n \to \infty} P(X_n = i)$ 分别为 $0, 0, \frac{2}{36}, \frac{4}{36}$.

18. (1) $\{0, 1, 2\}$ 是闭的, 所有状态正常返周期为 $2$, $\mu_0 = 6$, $\mu_1 = 2$, $\mu_2 = 3$;

(2) $\begin{pmatrix} \frac{1}{3} & 0 & \frac{2}{3} \\ 0 & 1 & 0 \\ \frac{1}{3} & 0 & \frac{2}{3} \end{pmatrix}$, $\{0, 2\}$ 是闭的, $\{1\}$ 是闭的, 所有状态非周期正常返, $\mu_0 = 3$, $\mu_1 = 1$, $\mu_2 = 1.5$.

19. $\frac{4}{9}$.

20. $I = \{1, 2, \cdots, 9\}$, $\boldsymbol{P} = \begin{pmatrix} 0 & \frac{1}{2} & 0 & \frac{1}{2} & 0 & 0 & 0 & 0 & 0 \\ \frac{1}{3} & 0 & \frac{1}{3} & 0 & \frac{1}{3} & 0 & 0 & 0 & 0 \\ 0 & \frac{1}{2} & 0 & 0 & 0 & \frac{1}{2} & 0 & 0 & 0 \\ \frac{1}{3} & 0 & 0 & 0 & \frac{1}{3} & 0 & \frac{1}{3} & 0 & 0 \\ 0 & \frac{1}{4} & 0 & \frac{1}{4} & 0 & \frac{1}{4} & 0 & \frac{1}{4} & 0 \\ 0 & 0 & \frac{1}{3} & 0 & \frac{1}{3} & 0 & 0 & 0 & \frac{1}{3} \\ 0 & 0 & 0 & 0 & 0 & 0 & 1 & 0 & 0 \\ 0 & 0 & 0 & 0 & \frac{1}{3} & 0 & \frac{1}{3} & 0 & \frac{1}{3} \\ 0 & 0 & 0 & 0 & 0 & 0 & 0 & 0 & 1 \end{pmatrix}$,

老鼠被猫吃掉的概率是 $\dfrac{3}{5}$.

21. (1) $I = \{(0,0),(1,1),(0,1),(1,0)\}$, $\boldsymbol{P} = \begin{pmatrix} 1 & 0 & 0 & 0 \\ 0 & 1 & 0 & 0 \\ 0.1 & 0.4 & 0.4 & 0.1 \\ 0.2 & 0.3 & 0.3 & 0.2 \end{pmatrix}$;　(2) $\dfrac{2}{9}$;　(3) 2.

22. (1) $\begin{cases} \left(\dfrac{1}{6}\right)^{\frac{n}{2}}, & n \text{ 为偶数}, \\[2mm] \left(\dfrac{1}{6}\right)^{\frac{n-1}{2}} \cdot \dfrac{5}{12}, & n \text{ 为奇数}; \end{cases}$　(2) $\dfrac{3}{10}$;　(3) 2.2 元;　(4) 1.7.

23. (1) $\dfrac{1}{18}$;　(2) $\dfrac{1}{7}$;　(3) $\begin{cases} 0, & n \text{ 为偶数}, \\[2mm] \left(\dfrac{1}{6}\right)^{\frac{n-1}{2}} \cdot \dfrac{1}{3}, & n \text{ 为奇数}; \end{cases}$　(4) $\dfrac{2}{5}$;　(5) $\dfrac{5}{2}$.

24. $\displaystyle\lim_{n\to\infty} P(X_n = 0) = \dfrac{1}{C}$, 对 $1 \leqslant i \leqslant M$ 有

$$\lim_{n\to\infty} P(X_n = i) = \frac{\alpha_0 \alpha_1 \cdots \alpha_{i-1}}{C(1-\alpha_1)(1-\alpha_2)\cdots(1-\alpha_i)},$$

这里 $C = 1 + \displaystyle\sum_{i=1}^{M} \frac{\alpha_0 \alpha_1 \cdots \alpha_{i-1}}{(1-\alpha_1)(1-\alpha_2)\cdots(1-\alpha_i)}.$

# 第 4 章

## 思考题四

1. (1), (3).

2. $\mathrm{Cov}(N(2), N(5) - N(1)) = \mathrm{Cov}(N(2), N(5)) - \mathrm{Cov}(N(2), N(1)) = \lambda$.

3. (1) $\{N(t) < n\} = \{W_n > t\}$;　(2) $\{N(t) > n\} \subset \{W_n < t\}$;

(3) $\{N(t) \leqslant n\} \supset \{W_n \geqslant t\}$;　(4) $\{N(t) \geqslant n\} = \{W_n \leqslant t\}$.

4. (3) 不正确, 其余都正确.

5. 布朗运动是正态过程, 反之不一定.

6. 不成立, $\mathrm{Cov}(B(3), B(5) - B(2)) = \mathrm{Cov}(B(3), B(5)) - \mathrm{Cov}(B(3), B(2)) = 1$.

7. 不独立.

## 习题四

1. (1) 略;　(2) 充要条件是 $\{X_n\}$ 为平稳增量过程.

2. (1) $N(0, 2(t-s))$;　(2) 是;　(3) 是.

3. (1) $1 - (1 + 2\lambda)e^{-2\lambda}$;   (2) $1 - e^{-2\lambda}$;   (3) $\dfrac{\lambda e^{-\lambda}(1 - e^{-2\lambda})}{1 - (1 + 3\lambda)e^{-3\lambda}}$.

4. $\mu_X(t) = \lambda$, $R_X(s,t) = \begin{cases} \lambda^2 + \lambda(1 - |t - s|), & |t - s| \leqslant 1, \\ \lambda^2, & |t - s| > 1. \end{cases}$

5. $\mu_X(t) = 0$, $R_X(s,t) = \begin{cases} \lambda t(1 - s), & 0 < t \leqslant s < 1, \\ \lambda s(1 - t), & 0 < s < t < 1. \end{cases}$

6. 略.

7. (1) $1 - \left[1 + 3(\lambda_1 + \lambda_2) + \dfrac{9(\lambda_1 + \lambda_2)^2}{2}\right] \cdot e^{-3(\lambda_1 + \lambda_2)}$;

(2) $1 - [1 + 2(\lambda_1 + \lambda_2 + \lambda_3)]e^{-2(\lambda_1 + \lambda_2 + \lambda_3)}$.

8. $C_n^k \left(\dfrac{\lambda}{\lambda + \mu}\right)^k \left(\dfrac{\mu}{\lambda + \mu}\right)^{n-k}$.

9. (1) $\dfrac{(\lambda p t)^k}{k!}e^{-\lambda p t}$;   (2) $\lambda p \min\{s,t\}$.

10. (1) $C_n^k \left(\dfrac{s}{t}\right)^k \left(1 - \dfrac{s}{t}\right)^{n-k}$;   (2) $1 - e^{-2\lambda}$;   (3) $\displaystyle\sum_{i=k}^{n} C_n^i \left(\dfrac{s}{t}\right)^i \left(1 - \dfrac{s}{t}\right)^{n-i}$.

11. (1) $\dfrac{(2\lambda)^3}{3!}e^{-2\lambda}$;   (2) $\left(1 + \lambda + \dfrac{\lambda^2}{2}\right)e^{-\lambda} - (1 + 2\lambda + 2\lambda^2)e^{-2\lambda}$.

12. (1) $1 - \dfrac{17}{2}e^{-3}$; (2) $1 - 179.8e^{-6}$.

13. (1) $F_X(x) = \begin{cases} 0, & x < 2 \\ 1 - e^{-0.4x}, & x \geqslant 2; \end{cases}$   (2) $P(Y = i) = \begin{cases} 1.8e^{-0.8}, & i = 1 \\ e^{-0.8}\dfrac{0.8^i}{i!}, & i \geqslant 2; \end{cases}$

(3) $0.8 + e^{-0.8}$;   (4) $e^{-0.4}$.

14. (1) $3e^{-5}$;   (2) $\dfrac{25}{2}e^{-5}$;   (3) $\dfrac{81}{2}e^{-10}$;   (4) $1.5e^{-0.5} - 2e^{-1}$.

15. (1) $10e^{-10}(1 - e^{-30})$;   (2) $e^{-10} - e^{-20}$;   (3) $1 - e^{-5t}$.

16. (1) $2e^{-3}$;   (2) $e^{-1} - e^{-2}$;   (3) $\dfrac{5}{16}$.

17. (1) $\dfrac{9}{2}e^{-3}$; (2) $\dfrac{81}{64}e^{-3}$;   (3) $e^{-6}$;   (4) $\dfrac{1}{9}$.

18. (1) $\dfrac{4}{3}e^{-2}$;   (2) $\dfrac{9}{64}e^{-2}$;   (3) $\dfrac{27}{128}$.

19. (1) $e^{-1-\pi} - e^{-2\pi}$;   (2) $\dfrac{2}{27}e^{-\pi-1}(1 + \pi)^3$.

20. $f(x) = \dfrac{1}{\sqrt{10\pi}}\mathrm{e}^{\frac{-x^2}{10}}$, $-\infty < x < \infty$.

21. (1) $\Phi(1)$;  (2) 2;  (3) 10.

22. 略.

23. (1) 略; (2) 不具有. 因为当 $t > s$ 时,

$$\mathrm{Cov}(X(s), X(t)) = s\sqrt{st} \neq s^2 = \mathrm{Cov}(Y(s), Y(t)),$$

所以 $(X(s), X(t))$ 与 $(Y(s), Y(t))$ 不服从同一分布.

24. $0, 2, \Phi(\sqrt{3})$.

25. $3t, 13\min\{s, t\}, 2\min\{s, t\}$.

26. $\mathrm{e}^{\frac{t}{2}}, \mathrm{e}^{2t} - \mathrm{e}^t$

27. (1) $1 - \Phi(1.5) = 0.066\,8$;  (2) $N(1.2, 0.04)$.

28. 略.

29. (1) $2\Phi\left(\dfrac{x}{\sqrt{t}}\right) - 1$;  (2) $2\Phi\left(\dfrac{x}{\sqrt{t}}\right) - 1$.

# 第 5 章

## 思考题五

1. 不一定.

2. 都是.

3. $\{Y(t); -\infty < t < \infty\}$ 是平稳过程, $\{Z(t); -\infty < t < \infty\}$ 不是平稳过程.

4. 是.

5. 见定义 5.2.4. 对于各态历经过程, 可以通过记录一个样本函数来估计均值函数和相关函数.

6. 不一定存在, 如随机相位余弦波过程.

7. 见维纳 – 辛钦公式.

8. 略.

9. 对线性时不变系统, 频率响应函数 $H(\omega)$ 表示输入谐波信号时, 输出的同频率谐波的振幅和相位的变化.

## 习题五

1. (1) $0, \sigma^2\cos m\omega$;  (2) $0, \displaystyle\sum_{i=1}^{m}\sigma_i^2\cos\omega_i\tau$.

2. 是. $\mu_X(t) = 0, R_X(t, t+\tau) = \dfrac{1}{6}\cos\tau$.

3. $\mu_Y(t) = 0, R_Y(t, t+\tau) = 1 + \mathrm{e}^{-|\tau|} - \mathrm{e}^{-|t+\tau|} - \mathrm{e}^{-|t|}$, $\{Y(t)\}$ 不是平稳过程; $\mu_Z(t) = 0, R_Z(t, t+\tau) = \dfrac{1}{2}\mathrm{e}^{-|\tau|}$, $\{Z(t)\}$ 是平稳过程.

4. (1) $\mu_X(t) = \mu(\sin t - \cos t), R_X(t, t+\tau) = \sigma^2 \cos \tau - \mu^2 \sin(2t + \tau)$;

(2) 0;

(3) $P(X(0) = \pm 1) = 0.5$,

$$P\left(X\left(\frac{\pi}{4}\right) = \pm\sqrt{2}\right) = \frac{1}{4},$$

$$P\left(X\left(\frac{\pi}{4}\right) = 0\right) = \frac{1}{2}, \{X(t)\} \text{ 不是严平稳过程}.$$

5. (1) 略;  (2) 不是, 因为 $P(Y_2 = 4) > 0 = P(Y_1 = 4)$.

6. (1) 略;  (2) 不是, 因为 $P(Y_1 = -2) > 0 = P(Y_2 = -2)$.

7. (1) $\mu_X(t) = 0, R_X(s, t) = \begin{cases} 1 - |t - s|, & |t - s| < 1, \\ 0, & \text{其他}; \end{cases}$  (2) 略.

8. 略.

9. $\mu_Y(t) = \sin t, R_{XY}(s, t) = 4 \sin t \cos s$.

10. $\pm 1$.

11. 均值都具有各态历经性.

12. (1) $\mu_X(t) = 0, R_X(t, t+\tau) = \frac{1}{3} \cos \tau$;  (2) 0, 是;  (3) 不是.

13. (1) $\dfrac{A}{8}, \dfrac{A^2}{48}$;  (2) $\dfrac{A}{8}$.

14. (1) $\mu_X(t) = \dfrac{1}{2}, R_X(s, t) = \begin{cases} \dfrac{1}{3}(2 - |t - s|), & |t - s| < 1, \\ \dfrac{1}{3}, & \text{其他}; \end{cases}$

(2) 略;

(3) 不具有, 因为 $\lim\limits_{\tau \to \infty} R_X(\tau) = \dfrac{1}{9} \neq \mu_X^2$.

15. (1) $\mu_X(n) = 0, R_X(m, n) = \begin{cases} \dfrac{1}{2}, & m = n, \\ 0, & \text{其他}; \end{cases}$

(2) 略;

(3) 是, 收敛到 $\mu_X = 0$, 这是因为 $\lim\limits_{\tau \to \infty} R_X(\tau) = 0 = \mu_X^2$.

16. (1) $\mu_Y(n) = \mu^3, R_Y(m, n) = \begin{cases} (\sigma^2 + \mu^2)^{3-|n-m|} \mu^{2|n-m|}, & |n-m| \leqslant 2, \\ \mu^6, & |n-m| \geqslant 3, \end{cases} \{Y_n\}$ 是平稳过程;

(2) $\lim\limits_{n \to \infty} C_Y(n) = 0$, 所以均值具有各态历经性, 因此 $\langle Y_n \rangle = \mu_Y = \mu^3$.

17. (1) $\mu = 0, \sigma^2 = \dfrac{1}{1 - \lambda^2}$;

(2) $\mu_X = 0$, $R_X(m) = \dfrac{\lambda^{|m|}}{1 - \lambda^2}$;

(3) 因为 $\lim\limits_{m \to \infty} C_X(m) = 0$, 所以均值具有各态历经性.

18. (1) $aR_X(\tau - \tau_1) + R_{XN}(\tau)$;   (2) $aR_X(\tau - \tau_1)$.

19. $\dfrac{\sqrt{2}}{4} e^{-\sqrt{2}|\tau|} - \dfrac{\sqrt{3}}{6} e^{-\sqrt{3}|\tau|}$.

20. $\dfrac{2}{\omega^2 + 1} + \dfrac{1}{(\omega + \pi)^2 + 1} + \dfrac{1}{(\omega - \pi)^2 + 1}$.

21. (1) 略;

(2) $\langle X(t) \rangle = C$, $P(\langle X(t) \rangle = 0) = 0 \neq 1$, 均值不具有各态历经性;

(3) $\dfrac{\pi}{3}[\delta(\omega + 1) + \delta(\omega - 1) + 2\delta(\omega)]$.

22. $\dfrac{1}{\pi}\left[1 + \dfrac{2\sin^2(\tau/2)}{\tau^2}\right]$.

23. $R_X(\tau) = \dfrac{\sin \tau}{\pi \tau}$; 当 $\mu_X = 0$ 时 $\{X(t)\}$ 的均值具有各态历经性.

24, 25. 略.

26. $\dfrac{\alpha\beta}{2}\cos\tau$, $\dfrac{\pi\alpha\beta}{2}[\delta(\omega + 1) + \delta(\omega - 1)]$.

27. $S_{XY}(\omega) = 2\pi\mu_X\mu_Y\delta(\omega)$, $S_{XZ}(\omega) = S_X(\omega) + 2\pi\mu_X\mu_Y\delta(\omega)$.

28. (1) 是;   (2) 不是.

29. $H(\omega) = \dfrac{-\mathrm{i}\omega}{a\omega^2 - b}$.

30. $|H(\omega) - 1|^2 S_X(\omega)$.

31. (1) $H(\omega) = \dfrac{T(\sin T\omega/2)}{T\omega/2} e^{-\mathrm{i}T\omega/2}$;

(2) $S_Y(\omega) = T^2\left[\dfrac{(\sin T\omega/2)}{T\omega/2}\right]^2$, $R_Y(\tau) = \begin{cases} T - |\tau|, & |\tau| \leqslant T, \\ 0, & |\tau| > T; \end{cases}$

(3) $S_{XY}(\omega) = \dfrac{T(\sin T\omega/2)}{T\omega/2} e^{-\mathrm{i}T\omega/2}$.

32. (1) $H(\omega) = \dfrac{a}{\mathrm{i}\omega + b}$;

(2) $S_Y(\omega) = \dfrac{2\beta a^2 \sigma^2}{\beta^2 - b^2}\left(\dfrac{1}{\omega^2 + b^2} - \dfrac{1}{\omega^2 + \beta^2}\right)$, $R_Y(\tau) = \dfrac{a^2\sigma^2}{\beta^2 - b^2}\left(\dfrac{\beta}{b}e^{-b|\tau|} - e^{-\beta|\tau|}\right)$.

# 参考文献

[1] 邓永录. 应用概率及其理论基础. 北京: 清华大学出版社, 2005.

[2] 方兆本, 缪柏其. 随机过程. 合肥: 中国科学技术大学出版社, 1993.

[3] 林元烈. 应用随机过程. 北京: 清华大学出版社, 2002.

[4] 林正炎, 苏中根. 概率论. 2 版. 杭州: 浙江大学出版社, 2008.

[5] 刘次华. 随机过程及其应用. 3 版. 北京: 高等教育出版社, 2004.

[6] 陆大绘. 随机过程及其应用. 北京: 清华大学出版社, 1986.

[7] 盛骤, 谢式千, 潘承毅. 概率论与数理统计. 4 版. 北京: 高等教育出版社, 2008.

[8] 肖枝洪, 朱强. 统计模拟及其 R 实现. 武汉: 武汉大学出版社, 2010.

[9] 应坚刚, 金蒙伟. 随机过程基础. 上海: 复旦大学出版社, 2005.

[10] BOSQ D, NGUYEN H T. A course in stochastic processes. Dordrecht: Kluwer Academic Publishers, 1996.

[11] GRIMMETT G, STIRZAKER D R. Probability and random processes. Oxford: Oxford University Press, 2001.

[12] HÄGGSTRÖM O. Finite Markov chains and algorithmic applications. Cambridge: Cambridge University Press, 2002.

[13] KAO E P C. 随机过程导论. 英文版. 北京: 机械工业出版社, 2003.

[14] KARLIN S, TAYLOR H M. A first course in stochastic processes. New York: Academic Press, 1975.

[15] KOLMOGOROV. A N. Foundations of the theory of probability. New York: Chelsea Pub. Co., 1956.

[16] ROSS S M. 随机过程. 何声武, 谢盛荣, 程依明, 译. 北京: 中国统计出版社, 1997.

[17] ROSS S M. 应用随机过程: 概率模型导论. 10 版. 龚光鲁, 译. 北京: 人民邮电出版社, 2011.

**读者意见反馈**

为收集对教材的意见建议，进一步完善教材编写并做好服务工作，读者可将对本教材的意见建议通过如下渠道反馈至我社。

咨询电话　400-810-0598

反馈邮箱　hepsci@pub.hep.cn

通信地址　北京市朝阳区惠新东街 4 号富盛大厦 1 座　高等教育出版社理科事业部

邮政编码　100029